Mathematik à la Carte

Franz Lemmermeyer

Mathematik à la Carte

Elementargeometrie an Quadratwurzeln mit einigen geschichtlichen Bemerkungen

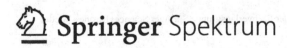
Springer Spektrum

Franz Lemmermeyer
Jagstzell, Deutschland

ISBN 978-3-662-45269-1   ISBN 978-3-662-45270-7 (eBook)
DOI 10.1007/978-3-662-45270-7

Die Deutsche Nationalbibliothek verzeichnet diese Publikation in der Deutschen Nationalbibliografie; detaillierte bibliografische Daten sind im Internet über http://dnb.d-nb.de abrufbar.

Springer Spektrum
© Springer-Verlag Berlin Heidelberg 2015

Planung und Lektorat: Dr. Andreas Rüdinger
Redaktion: Tatjana Strasser

Gedruckt auf säurefreiem und chlorfrei gebleichtem Papier

Springer-Verlag GmbH Berlin Heidelberg ist Teil der Fachverlagsgruppe Springer Science+Business Media
(www.springer.com)

Vorwort

Ein Buch über Elementargeometrie im 21. Jahrhundert? Wer soll das lesen?

Diese Frage ist schwieriger zu beantworten als die meisten, deren Schulzeit schon länger zurückliegt, sich vielleicht vorstellen können. Inzwischen ist die Geometrie im Mathematikunterricht nämlich mehr oder weniger komplett abgeschafft; Punkte, Geraden und Ebenen sind die einzigen geometrischen Objekte, die im baden-württembergischen Abitur noch eine Rolle spielen, und in anderen Bundesländern – von einigen im Osten abgesehen, wo es immerhin noch Kreise und Kugeln gibt – dürfte es im Wesentlichen genauso aussehen.

Wozu also ein Buch über die Geometrie, die man auf der Schule gelernt hat, bevor Dieudonné und Konsorten Euklid ermordet[1] und die Dreiecke abgeschafft haben? Die einfache Antwort ist die, dass man mit Euklid und den Dreiecken auch die Schönheit in der Mathematik geopfert hat: Es ist etwas anderes, Euklids Beweis für den Satz des Pythagoras nachvollziehen zu können, als sich Bilder von Fraktalen anzuschauen oder sich mit Fahrplannetzen zu befassen. Wer gelernt hat, wie Thales mit dem Strahlensatz die Höhe der Pyramiden oder die Entfernung von Schiffen auf dem Meer bestimmt hat, wie man mit einfachsten Beobachtungen und etwas Geometrie erstaunliche Erkenntnisse über unser Sonnensystem gewinnen kann, der wird Aufgaben des Typs „Die Marketingabteilung einer Firma geht davon aus, dass die Verkaufszahlen einer CD beschrieben werden durch die Funktion f mit …" oder, um bei der Geometrie zu bleiben, „Ein Raubvogel gleitet geradlinig gleichförmig in der Morgensonne über den Frühnebel" als die Inkarnation dessen erkennen, was der copy editor „Beispiele für die veränderten Anforderungen unseres heutigen Bildungssystems" nennt. Diese moderne didaktische Strömung der „realitätsnahen Mathematik" kommt aus den Niederlanden, wo man aber, wie Rainer Kaenders in [6] zeigt, schon gegengesteuert hat, als man in Deutschland erst Kurs auf den Abgrund genommen hat. Laurent Lafforgue, einer der ganz großen Mathematiker unserer Tage und Träger der Fields-Medaille, dem „Nobelpreis" in der Mathematik, benutzt eine Wortwahl, die der ursprünglich von mir gewählten etwas näher kommt, und der in seinem zusammen mit Liliane Lurçat herausgegebenen Buch „La débacle de l'école. Une tragédie incomprise" [7] und auf seiner Homepage Rolle der nationalen Bildungsexperten [Frankreichs]

---

[1] Wer den K(r)ampf um die Einführung der Mengenlehre in Kindergarten und Grundschule noch miterlebt hat, wird diese Anspielung auf Dieudonnés „Nieder mit Euklid – Tod den Dreiecken" verstehen.

in der modernen Schulbildung mit den Roten Khmer in Sachen Menschenrechte vergleicht.

Die Abschaffung von Euklid war nicht das einzige Resultat der Reformen: Das Minimieren des Übens auf der Grundschule hat zu katastrophalen Ergebnissen für Kinder aus bildungsfernen Schichten geführt, die Erhöhung der Übergangsquote zum Gymnasium zu einer Senkung des Niveaus und einem Ausbremsen der begabten Schüler. Um so mehr haben Mathematiklehrer in Baden-Württemberg die Einrichtung eines „Vertiefungskurses Mathematik" begrüßt, der die Schäden, welche die Abschaffung der Elementargeometrie, der Algebra und der Leistungskurse, sowie die Einführung von graphikfähigen Taschenrechnern und G8 in Baden-Württemberg angerichtet haben, wenn nicht zumindest teilweise beheben, dann doch etwas abmildern soll. Vorgesehen ist, dass der Vertiefungskurs die Rechenfertigkeiten ausbaut (will heißen: den Umgang mit Brüchen und Potenzen wieder lehrt) und grundlegende Beweisverfahren der Mathematik vorstellt. In dieser Hinsicht ist der Vertiefungskurs ein Feigenblatt, mit dem man kaschieren möchte, dass die Schavansche Reform des Mathematikunterrichts an baden-württembergischen Gymnasien von 2004, die mit der Einführung von G8 einherging, vollkommen misslungen ist und dass ein Abitur nur noch auf dem Papier die allgemeine Hochschulreife bestätigt.

Der Inhalt dieses Buches orientiert sich aber nur grob an den Vorgaben des Vertiefungskurses. Die hier vorgestellte Mathematik ist ein Teil des Stoffs, der früher an Gymnasien unterrichtet wurde und der auch heute zum großen Teil unverzichtbar ist, wenn man bei Landes- und Bundeswettbewerben oder Mathematik-Olympiaden wenigstens einige wenige Erfolgserlebnisse haben möchte. Es geht um klassische Sätze der Geometrie und um eine Einführung in die Welt des Beweisens. Es geht nicht um „vergessene Schätze der Schulmathematik", sondern um entsorgte Mathematik: die eigentlichen Schätze fangen erst da an, wo ich aufzuhören gedenke, nämlich bei den Kegelschnitten. Diese gehörten früher zu den Höhepunkten der gymnasialen Schulmathematik (in [102] ist ein Kapitel den Kegelschnitten gewidmet), und zwar zu recht: Kegelschnitte sind eines der wenigen elementaren Themen, an denen die ganze Vielfalt der Mathematik deutlich wird oder deutlich gemacht werden kann:

- Geometrie: Kegelschnitte sind ihrer Definition nach geometrische Objekte, und viele ihrer wichtigsten Eigenschaften kann man rein geometrisch einsehen und beweisen. Insbesondere lassen sich Tangenten an Kegelschnitte konstruieren, und zwar ganz ohne Analysis.

- Algebra: Kegelschnitte lassen sich durch quadratische Gleichungen beschreiben, sind also vom algebraischen Standpunkt aus gesehen die einfachsten Objekte nach Geraden und Ebenen.

- Analysis: Die ersten nichttrivialen Flächenbestimmungen im Altertum waren die des Kreises und von Segmenten einer Parabel. Archimedes hat sich mit diesen Leistungen unsterblich gemacht und damit den Grundstein zur Integralrechnung gelegt. Die andere Säule der Infinitesimalrechnung, die Differentialrechnung, geht auf die Konstruktion von Tangenten an Kreise, Ellipsen,

Parabeln und Hyperbeln zurück, welche ebenfalls die Griechen entdeckt haben.

Auch die beiden wichtigsten Zahlen der Analysis sind mit Kegelschnitten verbunden: Es ist nämlich

$$\pi = 4 \int_0^1 \sqrt{1 - x^2} \, dx \quad \text{und} \quad 1 = \int_1^e \frac{1}{x} \, dx,$$

wobei $y = \sqrt{1 - x^2}$ die obere Hälfte des Einheitskreises und $y = \frac{1}{x}$ eine Hyperbel ist.

- Arithmetik: In der Zahlentheorie sind Gruppen auf Kegelschnitten die einfachsten „algebraischen Gruppen". Die nächste Stufe besteht aus den „elliptischen Kurven", die man im Zusammenhang mit dem Umfang von Ellipsen entdeckt hat, und deren Untersuchung in der zweiten Hälfte des 20. Jahrhunderts eine zentrale Rolle gespielt hat, die 1995 im Beweis der Fermatschen Vermutung gipfelte. Was die Wenigsten wissen: Elliptische Kurven werden heutzutage in smartphones bei der Verschlüsselung verwendet.

- Astronomie und Physik: Die Bahnen von Planeten und Kometen sind, wie man seit Kepler weiß, in erster Näherung Kegelschnitte (näherungsweise zum einen, weil andere Planeten die Bahnbewegung „stören", zum andern, wie Einstein gezeigt hat, weil die Raumzeit gekrümmt ist). Der Physiker und Nobelpreisträger von 1965, Richard Feynman (1918–1988), hat es sich nicht nehmen lassen, eine Vorlesung [3] über Newtons Ableitung der Planetenbahnen mithilfe der klassischen Geometrie zu halten. Diese Achtung vor den Leistungen der klassischen Mathematik, die der Physiker Feynman hier zelebriert, sucht man bei den Entscheidungsträgern der heutigen Bildungspolitik vergeblich, sodass hierzulande kaum ein Abiturient weiß, was der Brennpunkt einer Parabel oder der Schwerpunkt eines Dreiecks ist.

Allein mit dem hier vorgestellten Material, das sich im Wesentlichen auf elementare Geometrie beschränkt, könnte man locker mehr als vier Halbjahre füllen; man kann nicht erwarten, in so kurzer Zeit den Stoff nachzuholen, der in den Reformen der letzten 30 Jahren abgeschafft werden musste, um die Vorgaben der OECD und die Vorschläge der empirischen Bildungsforschung umsetzen zu können. Außerdem wird man im Vertiefungskurs schon deshalb auf Tiefe in diesem Bereich verzichten müssen, um sicher zu stellen, dass die anderen Pflichtthemen (Gleichungen, Ungleichungen, Folgen und Reihen, Grenzwerte, Integration einfacher Funktionen, vollständige Induktion, um nur einige zu nennen) nicht zu kurz kommen. Jedenfalls findet man in diesem Buch genügend Material, um dem Namen Vertiefungskurs gerecht werden zu können, und vielleicht auch Anregungen für den „normalen" Unterricht. Insbesondere die Seiten in „Kastenform" sind ohne große Vorarbeit verständlich und können bei sich bietenden Gelegenheiten in den Unterricht selbst oder in AGs eingebaut werden.

Bei der Präsentation des Stoffs habe ich mich um historische Genauigkeit bemüht – gerade in unseren Zeiten, in denen Unmengen an Information (wahre und falsche) aus dem Internet gezogen werden, ist es wichtig, Angaben nicht unkritisch zu übernehmen, sondern sie zu verifizieren. Ebenfalls habe ich durchgehend versucht, die Beiträge der Alten mit modernen Fragen und Problemen zu verbinden.

Zu den Literaturhinweisen ist zu bemerken, dass es vermutlich unmöglich ist, bei jeder Aufgabe den wirklichen Urheber zu finden. Interessante Aufgaben entwickeln sich zu Dauerbrennern und tauchen in Variationen in vielen Zeitschriften, Büchern und Wettbewerben auf. Die Verweise bei den Aufgaben dienen daher in erster Linie nicht dazu, die Herkunft des Problems anzugeben, sondern sollen vor allem Werbung für eine ganze Reihe von Quellen sein, die einen höheren Bekanntheitsgrad verdient hätten.

Unterschieden habe ich weiter zwischen Aufgaben, die im Text verstreutund zur Kontrolle des Verständnisses erforderlich sind, und Übungen, die im Wesentlichen zur Erlangung von Routine gedacht und am Ende der jeweiligen Kapitel angeführt sind (ohne dass aber alle diese Aufgaben ohne Nachdenken zu lösen wären). Routine bedeutet einerseits, dass man *weiß*, dass man eine Aufgabe lösen kann, bevor man sie durchgerechnet hat, und andererseits, dass man die oft auftretenden Leichtsinnsfehler auf ein erträgliches Maß reduziert hat.

Endlich habe ich mich in Sachen Bebilderung sehr zurückgehalten, und das obwohl ich an anderen Stellen diverse Bildbände über Mathematik lobend erwähnt habe (so wie an dieser Stelle z.B. [124]). Den Hauptgrund dafür lehrt ein Blick in ein heutiges Schulbuch: Mathematik ist neben Bildern, die kaum zum Thema gehören, und kleinen Geschichten, die rein gar nichts mit Mathematik zu tun haben, zur Nebensache degradiert worden. Der Fortschritt in Sachen Schulmathematik ist auch hier in der Vergangenheit zu suchen.

Zum Erstellen dieses Buchs habe ich vor allem folgende (frei erhältlichen) Programme genutzt:

- `emacs` als editor,

- LaTeX als Textverarbeitungsprogramm,

- `geogebra` zum Erstellen der Zeichnungen,

- `pari` zur Approximation von Quadratwurzeln.

Ein Programm wie `geogebra` ist ein sehr hilfreiches Werkzeug, aber nur dann, wenn man den Benutzern ein solides Grundwissen in Geometrie mitgibt. Wer die klassischen Sätze (und Beweise!) der Dreiecks- und Kreisgeometrie nicht kennt, für den wird `geogebra` nur ein hübsches Spielzeug bleiben. Warum die Didaktiker die Schulgeometrie *de facto* abgeschafft haben und gleichzeitig nicht müde werden, die Einführung dynamischer Geometriesoftware zu forcieren, mag verstehen wer will.

Zum Schluss sei noch gesagt, dass mir bewusst ist, dass jedes einzelne Kapitel ein ganzes Buch verdient hätte. Es war alles andere als leicht, wesentliche Dinge, über die man viel mehr sagen müsste, kurz und bündig abzuhandeln. Aber, und damit sind wir wieder am Anfang: Wer soll das lesen?

Jagstzell, August 2014   Franz Lemmermeyer

Danksagung

Danken möchte ich Herrn Rüdinger vom Spektrum-Verlag, der die Buchidee von Anfang an unterstützt und begleitet hat, Frau Strasser für ihr genaues Lesen des Manuskripts (die jetzt noch vorhandenen orthographischen Abweichungen von der Norm sind einem Autor anzurechnen, der die Rechtschreibreform als Erlaubnis für diverse sprachliche Freiheiten ansieht), Thomas Sonar, der meinen Ärger über die Entwicklung der Schulmathematik in den letzten 20 Jahren teilt und der mir ebenso wie Herr Volk und Herr Rüdinger einige Tippfehler mitgeteilt hat. Bill Casselman hat mir erlaubt, eine seiner Fotografien von YBC 7289 aus der Yale Babylonian Collection zu benutzen; den Fotografen von Plimpton 322 konnte ich nicht ermitteln. Das Bild von Pythagoras aus dem Ulmer Münster hat mir dankenswerterweise Wolfgang Volk (`http://www.w-volk.de/museum/`) zur Verfügung gestellt. Danken möchte ich auch den elf Schülerinnen meines ersten Vertiefungskurses im Schuljahr 2013/14, die für viele Dinge als Versuchskaninchen herhalten mussten.

Inhaltsverzeichnis

1. Sokrates

Zu sagen, dass die griechische Kultur das Abendland geprägt habe, ist eine gewaltige Untertreibung. Mathematik wird auch heute noch so betrieben, wie dies die Griechen vor 2500 Jahren vorgemacht haben, und auch Konzepte wie Demokratie sind nicht nur dem Namen nach griechisch. Ob andere Kulturen auf diesen Gebieten ähnlich weit waren, ist schwer zu sagen, da unser Wissen über die Antike von erhaltenen schriftlichen Zeugnissen abhängt. Große Teile der Werke von Denkern wie Platon (428–348 v.Chr.), Aristoteles (384–322 v.Chr.), Euklid (um 300 v.Chr.) und Archimedes (287–212 v.Chr.) sind heute noch zugänglich, weil sie im Laufe der Jahrtausende immer wieder abgeschrieben worden sind. Werke, die nicht kopiert wurden, weil sie überholt, zu einfach oder bisweilen auch zu schwierig zu verstehen waren, sind verloren gegangen, und von manchen Büchern ist nicht viel mehr geblieben als der Titel. Die Geschichte eines Manuskripts von Archimedes hat es, vor allem wegen der Geheimnisse um seine Versteigerung vor einigen Jahren, zu einem lesenswerten Buch gebracht: *Der Kodex des Archimedes* [112] von Netz und Noel.

Der für die Mathematik prägende Abschnitt der Geschichte Griechenlands beginnt mit der Besiedlung des Mittelmeerraums durch griechische Stämme um 1200 v.Chr. Über diese Zeit ist mangels Quellen sehr wenig bekannt. Um das 5. Jahrhundert v.Chr. bestand Griechenland vor allem aus Stadtstaaten[1], deren bekannteste Sparta, Athen und Theben waren. Die ersten griechischen[2] Mathematiker Thales und Pythagoras brachten mathematische Kenntnisse aus Ägypten nach Griechenland; der Blüte der griechischen Philosophie, die mit den Namen Sokrates, Platon und Aristoteles verbunden ist, folgte die Glanzzeit der klassischen griechischen Mathematik: Euklids Bücher, die *Elemente*, sind die wohl berühmteste mathematische Publikation aller Zeiten, und Archimedes, ein genialer Mathematiker und ein begnadeter Ingenieur, gelang unter anderem die Bestimmung von Oberfläche und Volumen der Kugel.

Im ersten Kapitel wird sich alles um Sokrates drehen, oder genauer um das Bild von Sokrates, das dessen Schüler Platon entworfen hat. Sokrates wurde 469

---

[1] Das griechische Wort dafür ist „polis", das in unserem Wort Politik steckt; „Neustadt" wäre auf griechisch „neapolis", und in der Tat wurde Neapel von Griechen gegründet.

[2] Man darf sich beim Stichwort „griechisch" in diesem Zusammenhang nicht auf die Assoziation „waren aus Griechenland" beschränken – die Griechen siedelten im ganzen Mittelmeerraum. So stammt Thales aus Milet in der heutigen Türkei und Pythagoras von Samos, einer kleinen Insel vor der heutigen Türkei; Euklid lebte in Alexandria in Ägypten, Archimedes in Syrakus in Süditalien.

v. Chr. in Alopeke bei Athen geboren. Seine Mutter war Hebamme, und aus Platons Erzählungen wissen wir, dass auch Sokrates hin und wieder diese „Kunst" ausgeübt hat. Über seine Lehren wissen wir nur etwas aus zweiter Hand, vor allem durch die Werke Platons. Auf die Schnelle fallen mir nur zwei Philosophen ein, deren Grundhaltung man in einem kleinen Sätzchen zusammengefasst hat: René Descartes („Ich denke, also bin ich") und Sokrates, dessen „Ich weiß, dass ich nichts weiß" vielleicht noch bekannter ist.

Im Alter von 70 Jahren wurde Sokrates, unter anderem wegen angeblicher Gottlosigkeit und weil er die Jugend verdorben haben soll, der Prozess gemacht. In Wirklichkeit ging es, wenn man Platon glauben darf, um die Ablehnung, die Sokrates den damals vorherrschenden Sophisten entgegenbrachte. Diese betrachteten den Begriff der Wahrheit als etwas Relatives und im Grunde Subjektives; Moral und Verstand dienten nicht mehr als Richtschnur, es galt das Recht des Stärkeren, und erlaubt war alles, was sich durchsetzen ließ.[3] Ob die Sophisten wirklich derart schamlose Zeitgenossen waren, wie Platon sie beschrieb, oder eher nicht: Was Platons Beschreibung der Haltung von Sokrates bedeutend macht, sind nicht historische Details, sondern die zeitlose Kritik an gewissenlosen Führern und gedankenlosen Mitläufern.

Im Gegensatz zu vielen seiner Zeitgenossen hatte Sokrates dagegen Rückgrat; Platons Bruder Glaukon redete er so ins Gewissen:

> *Merkst du nicht, wie leichtsinnig es ist, etwas zu tun oder über etwas zu reden, wovon man nichts versteht?*

Mit einer solchen Haltung macht man sich heutzutage keine Freunde, egal ob es um Schulunterricht, die Energiewende oder um das Ausspähen von Daten geht, welches das in Orwells 1984 gesetzte Maß schon weit überschritten hat; das war vor 2400 Jahren auch nicht anders. Daher kam der Schuldspruch für Sokrates nicht wirklich überraschend, vor allem deswegen, weil dieser vor Gericht nicht wie ein geknickter Angeklagter, sondern wie ein Ankläger auftrat. Nachdem er schuldig gesprochen worden war, durfte der Verurteilte nach damaligem Brauch eine Strafe für sich selbst vorschlagen. Sokrates beantragte die Speisung im Prytaneion, die z.B. Olympiasieger erhielten. Daraufhin verurteilten ihn die 501 Geschworenen zum Tode.

Sokrates wurde im Gefängnis von seinen Freunden zur Flucht gedrängt, lehnte aber aus Respekt vor den Gesetzen ab. Er starb durch Gift, der ihm gereichte Schierlingsbecher brachte es zu sprichwörtlicher Berühmtheit.

Der griechische Philosoph Platon lässt in seinem Dialog „Menon" seinen Lehrer Sokrates ein langes Gespräch mit Menon von Pharsalos führen, in welchem er die sokratischen Ideen vorstellt. Die beiden unterhalten sich über die Frage, ob Tugend angeboren oder anerzogen ist. Sokrates glaubt, dass alles Wissen angeboren ist und im Laufe der Zeit durch Erinnerung aktiviert wird. Sokrates versucht Menon durch ein Experiment zu überzeugen, in welchem er dessen Sklaven durch Fragen dazu bringt, sich an „Wissen zu erinnern", das er zuvor nicht besessen hat.

---

[3] Eine Einstellung, die sich heute in der gesamten Politik und Finanzwelt breit gemacht zu haben scheint.

1.1 Der Dialog mit Menon

Für den folgenden Dialog[4], ebenso wie weitere Schriften Platons zu Sokrates, verweise ich auf [45, I, S. 411–458].

Sokrates: Sag' mir, Junge, weißt du, was ein Quadrat ist? Eine Figur wie diese?

Sklave: Ja.

Sokrates: Es ist also eine viereckige Figur, in welcher alle vier Seiten gleich sind?

Sklave: Allerdings.

Sokrates: Hat sie nicht auch diese durch die Mitte gezogenen Linien gleich?

Sklave: Ja.

Sokrates: Nicht wahr, eine solche Figur könnte doch wohl auch größer oder kleiner sein?

Sklave: Allerdings.

Sokrates: Angenommen, diese Seite wäre zwei Fuß lang und jene auch zwei, wie viel Quadratfuß enthielte das Ganze? – Betrachte es einmal so: Wenn es hier zwei Fuß wären, dort aber nur ein Fuß, enthielte dann nicht die Figur genau einmal zwei Quadratfuß?

Sklave: Ja.

Sokrates: Da es nun aber auch hier zwei Fuß sind, macht es dann nicht notwendig zweimal zwei Quadratfuß?

Sklave: Doch.

Sokrates: Also ergibt sich eine Figur von zweimal zwei Quadratfuß?

Sklave: Ja.

Sokrates: Wie viel sind nun diese zweimal zwei Quadratfuß?

Sklave: Vier, Sokrates.

Sokrates: Ließe sich nun nicht eine andere Figur zeichnen, welche doppelt so groß ist als jene und doch wie jene lauter gleiche Seiten hätte?

---

[4] Dieser Auszug stammt von `http://www.zeno.org`; ich habe mir erlaubt, einige Passagen dem heutigen Sprachgebrauch anzupassen. Insbesondere habe ich im Gegensatz zu Platon zwischen „Fuß" und „Quadratfuß" unterschieden. Der Text folgt der Übersetzung durch Ludwig von Georgii von 1860.

Sklave: Ja.

Sokrates: Und wie viel Quadratfuß wird sie haben?

Sklave: Acht.

Sokrates: Wohlan, versuche es mir nun zu sagen: Wie groß wird jede Seite dieser zweiten Figur sein? Im ersten Viereck hat jede zwei Fuß; wie viel hat nun jede in diesem, das doppelt so groß ist?

Sklave: Offenbar, Sokrates, das Doppelte.

Sokrates (zu Menon): Du siehst, Menon, wie ich ihn nichts lehre, sondern alles frage? Und zwar meint er jetzt zu wissen, wie groß die Seite sei, aus der das acht Quadratfuß große Viereck entstehe. Oder kommt er dir nicht so vor?

Menon: Doch.

Sokrates: Weiß er es nun auch?

Menon: Nein.

Sokrates: Er meint, sie sei doppelt so groß.

Menon: Ja.

Sokrates: Schau nun, wie er sich eines ums andere wieder erinnern wird, so wie man sich erinnern muss!

(Zum Sklaven) Du aber sage mir nun – du behauptest, aus der doppelt so großen Linie entstehe eine doppelt so große Figur? Ich meine aber nicht eine solche, welche hier lang und dort kurz wäre, sondern sie soll auf allen Seiten gleich sein, gerade wie diese, aber noch einmal so groß wie diese, nämlich acht Quadratfuß. Bist du immer noch der Meinung, dass dieselbe aus der noch einmal so großen Seite entstehen werde?

Sklave: Doch, ja.

Sokrates: Wird nun nicht diese Seite noch einmal so groß wie zuvor, wenn wir ihr eine zweite derselben Länge anfügen?

Sklave: Gewiss.

Sokrates: Du behauptest also, aus dieser werde das Quadrat mit acht Quadratfuß hervorgehen, wenn nämlich die vier Seiten gleich lang gemacht werden?

Sklave: Ja.

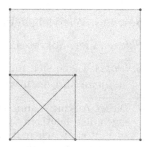

Sokrates: Lass uns nun von ihr aus vier gleichlange Seiten zeichnen! – Dieses also wäre die Figur, welche du genau für das acht Quadratfuß große Viereck erklärst?

Sklave: Allerdings.

Sokrates: Sind nun nicht in dieser Figur vier Quadrate, von denen jedes dem vier Quadratfuß großen gleich ist?

Sklave: Ja.

Sokrates: Wie groß wird es also sein? Nicht wahr, viermal so groß?

Sklave: Wie anders?

Sokrates: Ist nun das viermal so große das doppelt so große?

Sklave: Nein, beim Zeus!

Sokrates: Sondern das Wievielfache?

Sklave: Das Vierfache.

Sokrates: Aus der doppelt so großen Seite, mein Junge, ergibt sich also nicht ein doppelt so großes, sondern ein viermal so großes Viereck?

Sklave: Ganz richtig.

Sokrates: Denn viermal vier gibt sechzehn. Nicht wahr?

Sklave: Ja.

Sokrates: Aus welcher Linie aber entsteht nun das Quadrat mit acht Quadratfuß? Also nicht wahr, aus dieser da entsteht das viermal so große?

Sklave: Das stimmt.

Sokrates: Aus dieser da aber, die nur halb so groß ist, das mit vier Quadratfuß?

Sklave: Ja.

Sokrates: Gut! Das Quadrat mit acht Quadratfuß aber ist nun doppelt so groß wie dieses und halb so groß wie jenes?

Sklave: Allerdings.

Sokrates: Wird es also nicht aus einer Linie entstehen, die größer ist als die da und kleiner als die dort? Oder nicht?

Sklave: Ich denke wohl.

Sokrates: Schön! Antworte nur immer, was du denkst! – Und nun sage mir: War nicht diese Linie zwei Fuß lang und diese vier?

Sklave: Ja.

Sokrates: Es muss also die Kante des Quadrats von acht Quadratfuß größer sein als diese zwei Fuß lange, aber kleiner als die vier Fuß lange?

Sklave: Notwendig.

Sokrates: Versuche mir nun zu sagen, wie groß sie wohl sei?

Sklave: Drei Fuß.

Sokrates: Nun ja, wenn sie drei Fuß haben soll, so wollen wir noch von dieser die Hälfte hinzunehmen, so wird sie drei Fuß haben. Denn dies sind zwei Fuß und dies einer. Und von dieser Seite ebenso, dies zwei und dies einer. Und dieses wird nun die Figur sein, die du meinst.

Sklave: Ja.

Sokrates: Wird nun aber, wenn die ganze Figur hier drei und hier drei Fuß hat, wird sie da nicht dreimal drei Quadratfuß halten?

Sklave: Offenbar.

Sokrates: Dreimal drei Fuß aber macht wie viel?

Sklave: Neun.

Sokrates: Die doppelt so große Figur aber sollte wie viel Quadratfuß haben?

Sklave: Acht.

Sokrates: Also auch aus der dreifüßigen Linie entsteht das Quadrat mit acht Quadratfuß noch nicht.

Sklave: In der Tat nicht.

Sokrates: Aus welcher denn? Versuche es uns genau zu sagen! Und wenn du es nicht in Zahlen ausdrücken willst, so zeige mir nur, aus welcher Linie das doppelt so große Quadrat entsteht!

Sklave: Aber beim Zeus, Sokrates, ich weiß es nicht.

Sokrates (zu Menon): Merkst du nicht abermals, Menon, wie weit dieser schon auf dem Wege des Wiedererinnerns gekommen ist? Zuerst wusste er zwar nicht, welches die Seite des achtfüßigen Vierecks sei, wie er das auch jetzt noch nicht weiß. Aber damals glaubte er doch zu wissen und antwortete forsch, als ob er es wüsste, ohne sich im Mindesten in Verlegenheit zu sehen. Nun aber sieht er sich bereits in Verlegenheit, und er bildet sich auch nicht mehr ein, es zu wissen.

Menon: Du hast ganz recht.

Sokrates: Steht es nun nicht besser mit ihm hinsichtlich des Gegenstandes, den er nicht wusste?

Menon: Ich denke schon.

Sokrates: Indem wir ihn also in Verlegenheit gesetzt und nach Art des Zitterrochens erzittern gemacht haben, haben wir ihm da wohl etwas geschadet?

Menon: Nein, ich denke nicht.

Sokrates: Wir haben ihm also wohl, wie es scheint, einen Dienst geleistet für die Auffindung der Wahrheit. Denn jetzt dürfte er auch mit Lust weiter suchen als ein noch nicht Wissender. Vorhin aber bildete er sich ein, von der doppelt so großen Figur mit Leichtigkeit behaupten zu können, dass sie auch eine doppelt so große Seite haben müsse.

Menon: Es scheint so.

Sokrates: Meinst du nun, er hätte es früher unternommen, das zu untersuchen oder zu lernen, was er sich einbildete zu wissen und doch nicht wusste, ehe er in Verlegenheit kam durch die Überzeugung, es nicht zu wissen, und sofort nach dem Wissen sich sehnte?

Menon: Ich denke nicht, Sokrates.

Sokrates: Nützte ihm also das Erzittern?

Menon: So scheint es.

Sokrates: Beachte nun, wie er von dieser Verlegenheit aus mit mir suchen und finden wird, indem ich immer nur frage und nicht lehre! Achte darauf, ob du findest, dass ich ihn lehre und es ihm erläutere, oder ob ich nicht vielmehr nur seine Ansichten erfrage!
(Zum Sklaven) Sag mir doch, ist dies nicht unsere vierfüßige Figur? Verstehst du?

Sklave: Ja.

Sokrates: Können wir ihr nicht eine gleiche anfügen, diese da?

Sklave: Ja.

Sokrates: Und noch eine dritte hier, welche jeder von diesen beiden gleich ist?

Sklave: Ja.

Sokrates: Können wir nicht zur Vervollständigung auch noch hier in den Winkel eine zeichnen?

Sklave: Ganz wohl.

Sokrates: Werden damit nun nicht genau vier gleiche Figuren hier entstehen?

Sklave: Ja.

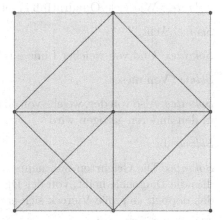

Sokrates: Und nun? Das Ganze da, wievielmal so groß wird es sein als diese da?

Sklave: Viermal so groß.

Sokrates: Für uns aber hätte es sollen nur zweimal so groß werden. Oder erinnerst du dich nicht?

Sklave: Allerdings.

Sokrates: Wird nun nicht diese Linie, die man von einem Winkel zum anderen zieht, jedes von diesen Vierecken in zwei Hälften schneiden?

Sklave: Ja.

Sokrates: Entstehen nun nicht so diese vier gleichen Linien, welche diese Figuren da einschließen?

Sklave: Ja.

Sokrates: Und nun sieh einmal, wie groß wohl diese Figur ist?

Sklave: Ich weiß es nicht.

Sokrates: Hat nicht diese Linie von diesen vier Vierecken jedesmal die Hälfte innen abgeschnitten?

Sklave: Ja.

Sokrates: Wie viele solche Hälften sind nun in dieser Figur enthalten?

Sklave: Vier.

Sokrates: Wie viele aber in dieser?

Sklave: Zwei.

Sokrates: Was ist aber vier gegen zwei?

Sklave: Doppelt so groß.

Sokrates: Wie viele Quadratfuß ergeben sich also nun für diese Figur?

Sklave: Acht.

Sokrates: Und von welcher Linie aus?

Sklave: Von dieser.

Sokrates: Also von der, welche von einem Winkel des Quadrats mit vier Quadratfuß in den anderen gezogen wird?

Sklave: Ja.

Sokrates: Die Gelehrten nun nennen diese Linie die Diagonale, sodass also, wenn dies die Diagonale heißt, von der Diagonale aus, wie du, Sklave des Menon, sagst, das doppelt so große Viereck sich ergeben wird.

Sklave: Allerdings, Sokrates.

*   *   *

An dieser Stelle verlassen wir Platons Dialog zwischen Sokrates und Menon (bzw. dessen Sklaven) und widmen uns der Mathematik dahinter. Vor allem wollen wir uns mit einigen Untersuchungen befassen, in welchen das gleichschenklige rechtwinklige Dreieck (also ein halbes Quadrat) eine Rolle spielt.

Das erste Mal taucht dieses Dreieck bei der Bestimmung der Höhen der Pyramiden in Ägypten auf; dies soll Thales als Erstem gelungen sein (die Ägypter, die diese Pyramide bauten, wussten das natürlich auch schon, aber dieses Wissen ist in den 2000 Jahren zwischen dem Bau und der Messung von Thales verloren gegangen). Dieser hatte, so berichtet es die griechische Geschichte, den Schatten der Pyramide zu einer Zeit gemessen, als der Schatten ebensolang war wie die Pyramide hoch, als die Sonnenstrahlen also unter einem Winkel von 45° einfielen (es gibt andere Versionen, die anstatt von einem 45°-Winkel von ähnlichen Dreiecken sprechen).

Aufgabe 1.1. *Was kann man aus dieser Erzählung über den Neigungswinkel der Pyramiden schließen?*

So ziemlich jeder griechische Autor, der etwas über die Geschichte der griechischen Mathematik hinterlassen hat, hat die Rolle der Ägypter betont, die diese für die griechische Mathematik gespielt haben. Ihnen wurde die Erfindung der Geometrie zugeschrieben, da die jährlichen Überschwemmungen des Nils regelmäßige Vermessungen des Ackerlandes notwendig machten, für welche die Bauern Steuern abzuführen hatten. Die Erfindung der ersten Beweise dagegen schreiben die Griechen sich selbst zu, vor allem Pythagoras (mit Abstrichen) und Thales. In der Tat finden sich in den erhaltenen ägyptischen Papyri keine Andeutung von Beweisen, sondern „nur" praktische Regeln zum Berechnen von Flächen und Volumina einfacher geometrischer Objekte.

So banal diese Idee ist, so hilfreich ist sie in ganz unerwarteten Situationen. Die beiden Kästen über die Bestimmung der Entfernung von Venus und Mars zur Sonne mögen dafür als Beispiel genügen.

1.2 Die Platonschen Diagonalzahlen

Nur auf den ersten Blick ist die Quadratwurzel aus 2 eine Zahl unter vielen; immerhin hat sie es zu einer eigenen Wikipedia-Seite gebracht. Bei den Griechen hatte $\sqrt{2}$ noch nicht den Status einer Zahl; tatsächlich waren die Griechen zu Zeiten Euklids (also um 300 v.Chr.) in dieser Hinsicht etwas eigen und akzeptierten nur 2, 3, 4, ... als Zahlen: Die 1 war etwas Besonderes, nämlich die *Einheit*. Da die Einheit unteilbar war, ging Euklid sogar Brüchen aus dem Weg. Stattdessen studierten sie Verhältnisse; beispielsweise war das, was für uns $\sqrt{2}$ ist, für die Griechen das Verhältnis von Diagonale und Seite in einem Quadrat.

Wenn wir uns die Mathematik der Griechen ansehen, vergessen wir oft, was für eine großartige Erfindung das Dezimalsystem ist und wie kompliziert manche Dinge werden, wenn man versucht, es zu vermeiden. Auf die Frage, ob $\frac{4}{7}$ oder $\frac{2}{5}$ größer ist, gibt uns die Dezimalbruchentwicklung $\frac{4}{7} \approx 0{,}571\ldots$ und $\frac{3}{5} = 0{,}6$ eine

Der Abstand von Venus und Sonne

Eine meiner Lieblingsaufgaben ist folgende:

Bestimme den Abstand von Venus und Sonne.

Natürlich merken alle Schüler sofort, dass hier Angaben fehlen. Peu à peu werden dann folgende Informationen preisgegeben:

1. Der Abstand ist in Astronomischen Einheiten anzugeben; das ist die mittlere Entfernung von der Erde zur Sonne (also 1 AE ≈ 149,6 Mio km, aber das tut hier nichts zur Sache).

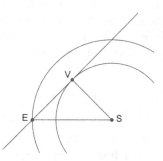

2. Die Venus heißt deswegen Morgen- bzw. Abendstern, weil sie entweder morgens vor der Sonne aufgeht oder abends nach ihr untergeht, während Mars manchmal auch bei Mitternacht zu sehen ist. Das liegt daran, dass die Umlaufbahn der Venus innerhalb der Erdbahn verläuft.

Die wesentliche Information ist dann, dass die Venus maximal drei Stunden vor der Sonne auf- bzw. maximal drei Stunden nach ihr untergeht.

Aus dieser Zeitangabe kann man den Winkel der maximalen Auslenkung der Venus zu $45°$ ermitteln. Daher ist das rechtwinklige (Tangenten an Kreise stehen senkrecht auf den Radius) Dreieck EVS gleichschenklig, d.h. es ist $\overline{EV} = \overline{SV}$. Also ist $\overline{ES}$ die Diagonale eines Quadrats mit Seitenlänge $\overline{VS}$, d.h. $\overline{ES} = \sqrt{2} \cdot \overline{VS}$. Da $\overline{VE}$ eine Astronomische Einheit ist, folgt für die Entfernung Venus–Sonne $\overline{VS} \approx 0{,}7$ AE wegen $\frac{1}{\sqrt{2}} \approx 0{,}7$.

Bei dieser Abschätzung haben wir natürlich einige vereinfachende Annahmen gemacht, die allesamt das Ergebnis nicht allzusehr verfälschen. Insbesondere haben wir angenommen, dass Erde und Venus sich auf Kreisbahnen um die Sonne bewegen, die in derselben Ebene liegen. Dass die Bahnebenen in Wirklichkeit gegeneinander geneigt sind erkennt man daran, dass die Venus, würde ihre Bahnebene mit derjenigen der Erde zusammenfallen, alle 584 Tage vor der Sonne vorbeiziehen müsste. Tatsächlich ist ein „Venustransit" äußerst selten: Der letzte war im Juni 2012, den nächsten kann man erst wieder am 11.12.2117 beobachten.

Für die Abschätzung der Entfernung von Merkur und Sonne benötigt man schon etwas Trigonometrie; natürlich kann man damit umgekehrt aus dem Abstand die maximale Zeit berechnen, um welche Merkur der Sonne voraus- bzw. hinterherläuft. Allerdings ergeben sich aus der Elliptizität der Merkurbahn und ihrer Neigung gegenüber der Ekliptik viel größere Schwankungen als bei der Venus.

Diese Aufgabe ist eine Variation einer Aufgabe, die ich in Glaesers wunderschönem Buch [87, S. 119] gefunden habe (und die man auch in Ryden [10] finden kann). Bei dieser Gelegenheit sei auch gleich auf andere nicht weniger schöne Bücher desselben Autors hingewiesen, nämlich auf [119] und [120].

Der Abstand von Mars und Sonne

Oben haben wir gesehen, wie man mit ganz einfachen Beobachtungen die Entfernung der Venus von der Sonne (in Astronomischen Einheiten – das ist die durchschnittliche Entfernung von Erde und Sonne) bestimmen kann. Beim Mars ist das ähnlich leicht (Ryden [10]).

> An einem bestimmten Tag steht der Mars um Mitternacht an der Stelle, an der mittags die Sonne gestanden hat (man sagt, Mars sei in Opposition). Ein Viertel Jahr später geht der Mars um Mitternacht gerade am Horizont auf (man spricht von der Quadratur). Die Umlaufsdauer des Mars um die Sonne beträgt etwa zwei Jahre.
> Bestimme daraus die Entfernung des Mars von der Sonne.

Dazu betrachten wir folgende Skizze: In einem Vierteljahr dreht sich die Erde um $\sphericalangle M_1SE_2 = 90°$; im gleichen Zeitraum dreht sich der Mars, dessen Umlaufsdauer etwa zwei Jahre sind, um etwa 45°. Also muss das Dreieck M_2ES ein gleichschenkliges rechtwinkliges Dreieck sein, was auf $\overline{M_2S}^2 = 2\overline{ES}^2$ führt. Also ist der Mars etwa 1,4-mal so weit von der Sonne entfernt wie die Erde.

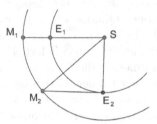

In Wirklichkeit verstreichen zwischen Opposition und Quadratur des Mars 104 Tage, und die Umlaufsdauer des Mars beträgt 687 Tage. Das führt auf $\sphericalangle M_1SE_2 = 103°$ und $\sphericalangle M_1SM_2 = \frac{104}{687} \cdot 360° \approx 55°$, was mit $\sphericalangle M_2SE_2 \approx 48°$ und etwas Trigonometrie auf eine Entfernung von 1,5 AE führt.

Kepler hat die damals äußerst genauen Beobachtungen von Tycho Brahe (1546–1601) benutzt, um auf diese Weise die Entfernung von Sonne und Mars an vielen Punkten seiner Bahn zu berechnen; das hat ihn schließlich zur Erkenntnis geführt (das erste Keplersche Gesetz), dass die Marsbahn eine Ellipse ist, in deren einem Brennpunkt sich die Sonne befindet.

Tycho Brahe hat seine Beobachtungen noch ohne Fernrohr gemacht – der Erste, der das neu erfundene Teleskop auf den Himmel richtete, war Galilei (1564–1641/42), der damit 1610 die Monde des Jupiters entdeckte; schon eine Nacht später hat sie der Ansbacher Hofastronom Simon Marius (1573–1624) aus Gunzenhausen ebenfalls entdeckt. Damit war die Vorstellung ad absurdum geführt, die Planeten würden sich auf Kristallsphären um die Erde bewegen – Galilei befürwortete das heliozentrische Weltbild von Kopernikus (1473–1543) und wurde dafür 1633 von Rom unter Hausarrest gestellt; das Urteil wurde 1992 von Papst Johannes Paul II aufgehoben.

Johannes Kepler wurde am 27. Dezember 1571 in Weil der Stadt geboren. Sein Vater war Legionär und starb vermutlich in den Niederlanden; sein Sohn hat ihn mit fünf Jahren zuletzt gesehen. Während seines Studiums in Tübingen lernte er das damals vorherrschende geozentrische Weltbild kennen, in welchem die Sonne und alle Planeten um die Erde kreisen. Kepler wurde später Assistent Tycho Brahes in Prag, und widmete sich nach dessen Tod im Jahre 1601 der Bestimmung der Marsbahn; von seinen Berechnungen sind fast 1000 Seiten noch erhalten. Kepler starb am 15. November 1630 in Regensburg; da er Protestant war, wurde er außerhalb der Stadtmauern begraben.

befriedigende Antwort. Ohne Dezimalsystem müssen wir beide Brüche auf den Hauptnenner bringen und finden $\frac{4}{7} = \frac{20}{35} < \frac{21}{35} = \frac{3}{5}$. Die Frage, wie man Zahlen vergleicht, die keine Brüche sind (z.B. $\sqrt{10}$ und π) führt auf sehr interessante Untersuchungen, wie sie im 5. Buch von Euklids *Elementen* stehen.

Im Dialog zwischen Sokrates und einem Sklaven Menons taucht $\sqrt{2}$ noch nicht explizit auf: Sokrates bringt den Sklaven durch geschicktes Fragen auf die Konstruktion eines Quadrats, dessen Fläche doppelt so groß ist wie die eines gegebenen: Man braucht nur das Quadrat auf der Diagonalen des ursprünglichen Quadrats zu errichten. Bezeichnet a die Seitenlänge des gegebenen und b diejenige des verdoppelten Quadrats, dann folgt aus den Überlegungen im Menon-Dialog, dass $b^2 = 2a^2$ und damit $b = \sqrt{2} \cdot a$ ist.

Nachdem der Sklave eingesehen hat, dass eine Verdoppelung der Kantenlänge von a zu einer Vervierfachung der Fläche führt, und dass die richtige Kantenlänge des großen Quadrats (bei der von Sokrates getroffenen Wahl von $a = 2$) zwischen 2 und 4 liegen muss, schlägt er vor, dass die richtige Kantenlänge 3 ist, was $b = \frac{3}{2}a$ und damit $4b^2 = 9a^2$ liefert. Dies ist immer noch nicht die korrekte Lösung, gibt aber immerhin die Näherung $\sqrt{2} = \frac{b}{a} \approx \frac{3}{2}$.

In einer (in der Mathematik) berühmten Passage[5] aus seinem Buch *Der Staat* unterscheidet Platon die „irrationale Diagonale" eines Quadrats der Seitenlänge 5, also $\sqrt{50}$, und die „rationale Diagonale" 7, deren Quadrat um 1 geringer ist als die irrationale. Platon weist damit auf die Gleichung $7^2 + 1 = 50 = 5^2 + 5^2$ hin.

Wir können Platon so verstehen, dass im Quadrat mit Seitenlänge 5 die Diagonale $\sqrt{50} = 5\sqrt{2}$ ist, während die „Approximation" 7 einen zu kleinen Wert liefert; in jedem Fall folgt aus Platons Bemerkung, dass $7 < 5\sqrt{2}$ und daher $\frac{7}{5} < \sqrt{2}$ ist.

Während die Mathematik nach[6] der Eroberung des Mittelmeerraums durch die Römer und der Einführung des Christentums als Staatsreligion auf Talfahrt ging, blieben Platons Schriften zur Politik ein beliebter Lesestoff, und viele Kommentatoren versuchten, ihren Zeitgenossen das bisschen Mathematik zu erklären, das zum Verständnis von Platon notwendig war. Einer der frühen Kommentatoren

---

[5] Diese Stelle Platons wurde von Dutzenden Historikern übersetzt, und noch mehr Wissenschaftler haben sich mit der Deutung der Stelle befasst.

[6] Ich schreibe hier „nach" und nicht „wegen"; von der chronologischen Reihenfolge auf eine Ursache zu schließen ist der Fehlschluss *post hoc propter hoc*. Dennoch gibt es sicherlich Zusammenhänge: Die Römer waren sehr gute Ingenieure, haben aber zur Mathematik nichts Wesentliches beigetragen, wenn man, um es zynisch zu sagen, von der Erschlagung des Archimedes und dem Brand der Bibliothek in Alexandria absieht. Auch das frühe Christentum konnte mit der klassischen Mathematik deutlich weniger anfangen als ein paar Jahrhunderte später ihre muslimischen Kollegen. Während christliche Mönche Abhandlungen des Archimedes von Papyrusrollen löschten und mit Gebeten überschrieben (vgl. [112]), haben arabische Mathematiker die Klassiker bewahrt und übersetzt und so manches Buch dadurch vor der völligen Vernichtung bewahrt.

DIN-A4

Will man zwei DIN-A4-Blätter auf eine Seite kopieren, so muss man die einzelnen Seiten verkleinern, und zwar, wie das Kopiergerät verlangt, jede Seite auf etwa 70 % der ursprünglichen Größe.

Dieser Faktor ergibt sich aus folgender Überlegung: Die beiden kleinen Seiten sollten nach der Verkleinerung dasselbe Verhältnis von langer zu kurzer Seite haben, d.h., es sollte

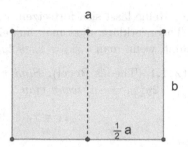

$$a : b = b : \frac{1}{2}a$$

gelten, was auf $a^2 = 2b^2$ oder $a^2 : b^2 = 2$ führt. Wurzelziehen zeigt, dass $a : b = \sqrt{2} \approx 1{,}414$ sein muss.

Beim Verkleinern muss man a mit demjenigen Faktor c multiplizieren, für den $a \cdot c = b$ wird, also mit

$$c = \frac{b}{a} = \frac{1}{\sqrt{2}} \approx 0{,}7071.$$

Dies erklärt die 70 %.

Das Verhältnis von großer zu langer Seite bei einem gewöhnlichen DIN-A4-Blatt lässt sich messen: Man findet $a = 29{,}7$ cm für die lange und $b = 21$ cm für die kurze Seite. Das Verhältnis beider Seiten ist also etwa

$$\frac{29{,}7}{21} \approx 1{,}414,$$

also ziemlich genau gleich $\sqrt{2}$. Faltet man das Papier entlang der langen Seite, erhalten wir zwei Seiten vom Format DIN-A5, mit Seitenlängen $a' = 21$ cm und $b' = \frac{1}{2}a = 14{,}85$ cm. Auch hier ist das Verhältnis von langer zu kurzer Seite etwa $a' : b' \approx 21 : 14{,}85 \approx 1{,}414$.

Damit liegt das Verhältnis $a : b$ einer DIN-A4-Seite fest. Wie kommt es zu den tatsächlichen Werten? Diese hat man so gewählt, dass das DIN-A0-Blatt eine Fläche von 1 m^2 hat: Aus $\frac{a}{b} = \sqrt{2}$ und $ab = 1$ folgt dann $1 = ab = a \cdot \frac{a}{\sqrt{2}}$, also $a^2 = \sqrt{2}$ und damit $a = \sqrt{\sqrt{2}}$, was etwa 1,189 m ausmacht, und $b = a/\sqrt{2}$, also 0,851 m. Bei A2 sind beide Seiten halb so lang, bei A4 nur ein Viertel davon: Es ist daher

$$\frac{1}{4}\sqrt[4]{2} = 0{,}2973\ldots, \qquad \frac{1}{4\sqrt[4]{2}} = 0{,}21022\ldots$$

in genauer Übereinstimmung mit den DIN-A4-Vorgaben.

DIN steht übrigens für Deutsches Industrie-Norm; dieses hat die Papierformate 1922 für Deutschland festgelegt, als noch niemand auch im Entferntesten an Kopiergeräte gedacht hat. Damals hat man sich so etwas noch getraut – heute verlegt sich Brüssel auf das Festlegen des Krümmungsradius von Gurken und Bananen anstatt auf z.B. gemeinsame Steckdosen.

war Theon[7] von Smyrna[8], der den beiden Näherungen $\frac{3}{2}$ und $\frac{7}{5}$ weitere hinzufügte, insbesondere $\frac{17}{12}$. Ein Bruch $\frac{b}{a}$ wird eine gute Näherung für $\sqrt{2}$ sein, wenn $b^2 - 2a^2$ klein ist (ein exakter Wert erfüllt $b^2 - 2a^2 = 0$). Die Näherungen von Theon genügen den Gleichungen

$$3^2 - 2 \cdot 2^2 = 1, \quad 7^2 - 2 \cdot 5^2 = -1, \quad 17^2 - 2 \cdot 12^2 = 1.$$

Diese Reihe lässt sich fortsetzen – wir werden darauf wieder zurückkommen.

Theon erklärt, dass man aus einer solchen Näherung x_n/y_n eine bessere bekommt, wenn man $x_{n+1} = x_n + 2y_n$ und $y_{n+1} = x_n + y_n$ setzt:

Satz 1.1 (Theons Regel). *Sind x_n und y_n Zahlen mit $x_n^2 - 2y_n^2 = a$, dann ist $x_{n+1}^2 - 2y_{n+1}^2 = -a$, wenn man*

$$x_{n+1} = x_n + 2y_n \quad und \quad y_{n+1} = x_n + y_n$$

setzt.

Aufgabe 1.2. *Beweise Theons Regel.*

Aufgabe 1.3. *Zeige, dass man durch zweimaliges Anwenden der Theonschen Regel aus einer Lösung (x,y) der Gleichung $x^2 - 2y^2 = 1$ eine weitere erhält, wenn man $(x_1, y_1) = (3x + 4y, 2x + 3y)$ setzt.*

Mit Hilfe von Theons Regel erhält man so

n	x_n	y_n	$x_n^2 - 2y_n^2$	$\frac{x_n}{y_n} - \sqrt{2}$	n	x_n	y_n	$x_n^2 - 2y_n^2$	$\frac{x_n}{y_n} - \sqrt{2}$
0	1	0	$+1$	$-$	4	17	12	$+1$	$0,002453$
1	1	1	-1	$-0,414213$	5	41	29	-1	$-0,000420$
2	3	2	$+1$	$0,085786$	6	99	70	$+1$	$0,000072$
3	7	5	-1	$-0,014213$	7	239	169	-1	$-0,000012$

Die Zahl 239 in der letzten Lösung ist etwas Besonderes, was vor allem daran liegt, dass die zugehörige y-Koordinate $169 = 13^2$ eine Quadratzahl ist. Diese 239 taucht an den verschiedensten Stellen der Mathematik (und auch in diesem Buch: Vgl. S. 20, S. 57, sowie die Übungen 2.1 und 3.37) auf, die auf den ersten Blick gar nichts mit dieser Zahlenreihe zu tun haben.

Die Zahlen x_n und y_n, welche der Gleichung $x_n^2 - 2y_n^2 = (-1)^n$ genügen, kann man zur Berechnung von $\sqrt{2}$ verwenden. Ist z.B. $x^2 - 2y^2 = +1$, so folgt nach Division durch $y \neq 0$, dass $(\frac{x}{y})^2 - 2 = \frac{1}{y^2}$ ist, und je größer y ist, desto näher liegt $\frac{x}{y}$ an $\sqrt{2}$. Tatsächlich ergibt sich aus

---

[7] Theon lebte im ersten und zweiten nachchristlichen Jahrhundert; das einzig von ihm erhaltene Werk ist *Das an mathematischem Wissen für die Lektüre Platons Nützliche*. Darin behandelt er elementare Fragen in drei mathematischen Disziplinen, nämlich Arithmetik, Musik und Astronomie.

[8] Smyrna, auch bekannt als die Stadt, aus welcher der heilige Nikolaus stammt, ist das heutige Izmir in der Türkei.

239 und π

Die vielleicht bekannteste Inkarnation der 239 ist die Machinsche Formel zur Berechnung von π. Dazu müssen wir etwas ausholen.

Die Funktion $f(x) = \arctan x$ (arcus tangens), die Umkehrfunktion des Tangens, kennen Schüler heute leider nur noch in Form der Taste $\tan^{-1}$ auf dem Taschenrechner. Dabei hat die Funktion erstaunliche Eigenschaften: Es ist

$$f'(x) = \frac{1}{x^2 + 1},$$

woraus sich nach Integration der Reihe

$$\frac{1}{1 + x^2} = 1 - x^2 + x^4 - x^6 + \dots$$

zusammen mit der Anfangsbedingung $\arctan(0) = 0$ ergibt, dass

$$f(x) = \arctan(x) = x - \frac{1}{3}x^3 + \frac{1}{5}x^5 - \frac{1}{7}x^7 \pm \dots \tag{1.1}$$

für alle reellen x mit $|x| < 1$ gilt. Für kleine x liefert diese Formel schnell gute Ergebnisse; so ist $\arctan(01) = 0,099668\dots$, während der erste Term der obigen Reihe $\arctan(0,1) \approx \frac{1}{10}$ liefert, und die ersten beiden Terme schon $\arctan(0m1) \approx \frac{1}{10} - \frac{1}{3000} \approx 0,099666\dots$ ergeben.

Tatsächlich gilt die Formel (1.1) sogar für $x = 1$: Wegen $\tan\frac{\pi}{4} = 1$ ist $\arctan(1) = \frac{\pi}{4}$, sodass (1.1) für $x = 1$ auf

$$\frac{\pi}{4} = 1 - \frac{1}{3} + \frac{1}{5} - \frac{1}{7} + \dots \tag{1.2}$$

hinausläuft. Die Entdeckung dieser Reihe kommentierte Leibniz (1646–1716) mit dem Ausspruch „Gott liebt die ungeraden Zahlen".

Zur Berechnung von π ist (1.2) weniger geeignet, da man sehr viele Glieder aufsummieren muss, um auch nur auf zwei Nachkommastellen zu kommen. Eine viel bessere Formel ist nach John Machin (1685–1751) benannt:

$$\frac{\pi}{4} = 4\arctan\frac{1}{5} - \arctan\frac{1}{239} = 4\left(\frac{1}{5} - \frac{1}{3 \cdot 5^3} + \frac{1}{5 \cdot 5^5} - \dots\right) - \left(\frac{1}{239} - \frac{1}{3 \cdot 239^3} + \dots\right).$$

Damit kann man die Zahl π ohne allzu große Mühe auf viele Dezimalstellen genau ausrechnen. Bereits das erste Glied $\frac{\pi}{4} \approx 4\arctan\frac{1}{5} \approx \frac{4}{5}$ liefert $\pi \approx 3{,}2$, und die nächsten Terme ergeben

$$\frac{\pi}{4} \approx \frac{4}{5} - \frac{4}{375} - \frac{1}{239} \approx 3{,}14.$$

Der Beweis der Machinschen Formel erfordert nur ein wenig Trigonometrie; richtig verstehen kann man sie aber erst nach Einführung der komplexen Zahlen.

Aufgabe 1.4. *Zeige mit dem Taschenrechner, dass im Rahmen der Genauigkeit*

$$\arctan\frac{120}{119} = 4\arctan\frac{1}{5}$$

gilt.

$$\left(\frac{x}{y} - \sqrt{2}\right)\left(\frac{x}{y} + \sqrt{2}\right) = \left(\frac{x}{y}\right)^2 - 2 = \frac{1}{y^2}$$

die Gleichung

$$\frac{x}{y} - \sqrt{2} = \frac{1}{y^2} \cdot \frac{1}{\frac{x}{y} + \sqrt{2}}.$$

Wegen $\frac{x}{y} > \sqrt{2}$ in unserem Falle ist $\frac{x}{y} + \sqrt{2} > 2\sqrt{2}$ und daher $\frac{1}{\frac{x}{y} + \sqrt{2}} < \frac{1}{2\sqrt{2}}$. Wir finden so

$$0 < \frac{x}{y} - \sqrt{2} < \frac{1}{2\sqrt{2}y^2}.$$

Will man also $\sqrt{2}$ auf 10 Dezimalstellen genau wissen, muss man eine Lösung von $x^2 - 2y^2 = 1$ suchen, für die $\frac{1}{2,8y^2} < 10^{-10}$ ist, was in etwa auf $y > 60\,000$ führt. Mit $(x, y) = (114243, 80782)$ ist dann in der Tat

$$\frac{x}{y} \approx 1,4142135624\ldots,$$

was sich um weniger als $6 \cdot 10^{-11}$ vom richtigen Wert unterscheidet.

Figurierte Zahlen

Platon bedient sich in seinen Dialogen der pythagoreischen Mathematik. Eines ihrer zentralen Themen waren die „figurierten Zahlen". Die einfachsten figurierten Zahlen sind wohl die Quadratzahlen, die entstehen, wenn man aus Kieselsteinen[9] Quadrate legt:

$$Q_1 = 1 \qquad Q_2 = 4 \qquad Q_3 = 9$$

Auf diese Weise entstehen die Quadratzahlen $Q_n = n^2$. Legt man in ähnlicher Weise Dreiecke, erhält man die Dreieckszahlen T_n:

---

[9] Die Verbindung von Steinen und Zählen ist alt. Hirten, die nicht zählen konnten, hatten für jedes ihrer Schafe einen Stein in einem Beutel, um die Vollständigkeit der Herde prüfen zu können. Später benutzte man „Rechensteine", um größere Rechnungen zu erledigen; das lateinische Wort *calculus* für Kieselstein wurde damit zum Vater vieler ähnlicher Wörter in diversen Sprachen. Im Englischen bedeutet *calculus* die Differential- und Integralrechnung, im Deutschen kennen wir „kalkulieren" und „Kalkül".

$$T_1 = 1 \qquad T_2 = 3 \qquad T_3 = 6 \qquad T_4 = 10$$

Von der Enstehung dieser Zahlen her ist klar, dass

$$1 + 2 = 3, \quad 3 + 3 = 6, \quad 6 + 4 = 10$$

usw. ist oder, etwas anders geschrieben,

$$T_1 = 1, \quad T_2 = 1 + 2, \quad T_3 = 1 + 2 + 3, \quad T_4 = 1 + 2 + 3 + 4 \quad \text{usw.}$$

Auch für die Dreieckszahlen gibt es einen „geschlossenen" Ausdruck. Das Diagramm

$$T_3 \qquad + \qquad T_3 \qquad = \qquad 3 \cdot 4$$

zeigt, dass $T_3 + T_3 = 3 \cdot 4$ und allgemeiner

$$T_n + T_n = n(n + 1),$$

also

$$T_n = \frac{n(n + 1)}{2}$$

ist. In moderner Form ausgedrückt besagt dies

Satz 1.2. *Die Summe der ersten n natürlichen Zahlen ist gegeben durch*

$$1 + 2 + 3 + 4 + \ldots + n = \frac{n(n + 1)}{2}.$$

Schauen wir uns die entsprechende Eigenschaft bei den Quadraten an, so stellen wir fest, dass

$$1 + 3 = 4, \quad 1 + 3 + 5 = 9, \quad 1 + 3 + 5 + 7 = 16 \quad \text{usw.}$$

ist. Das führt uns auf

Satz 1.3. *Die Summe der ersten n ungeraden natürlichen Zahlen ist gegeben durch*

$$1 + 3 + 5 + \ldots + (2n - 1) = n^2.$$

Legt man aus Kieselsteinen Fünfecke (Sechsecke, ...), erhält man die Pentagonalzahlen P_n (Hexagonalzahlen, ...).

Aufgabe 1.5. *Bestimme die ersten 4 Pentagonal- und Hexagonalzahlen. Finde einen geschlossenen Ausdruck für diese Zahlen.*

Während figurierte Zahlen, sieht man einmal von Quadratzahlen ab, in Euklids *Elementen* nicht auftauchen, werden sie von Nikomachus behandelt; seine Tabelle kommt später durch die Übersetzung von Thabit ibn Qurra auch in die arabische Welt:

	1	2	3	4	5	6	7	8
Dreieckszahlen	1	3	6	10	15	21	28	36
Quadratzahlen	1	4	9	16	25	36	49	64
Pentagonalzahlen	1	5	12	22	35	51	70	92
Hexagonalzahlen	1	6	15	28	45	66	91	120

Bereits Nikomachus wusste, dass jede Zahl in dieser Tabelle die Summe aus der darüber stehenden Zahl und der Zahl in der ersten Zeile und der Spalte links davon ist.

Schließlich kann man sich fragen, ob es Zahlen gibt, die zugleich z.B. Dreiecks- und Quadratzahlen sind. Solche Fragen gehen auf den alexandrinischen Mathematiker Diophant zurück, von dessen Büchern ein großer Teil verschollen ist. Erst indische und arabische Mathematiker haben diese Tradition fortgesetzt, und im europäischen Raum konnten die wenigsten Mathematiker solchen Problemen etwas abgewinnen, obwohl Pierre Fermat[10] unablässig versucht hat, diese zu popularisieren. Erst im Gefolge der Arbeiten von Euler[11] gewann die Theorie der diophantischen Gleichungen (das sind solche, bei denen nur ganzzahlige oder auch nur rationale Lösungen zugelassen sind) und die Zahlentheorie eine breitere Anhängerschaft.

Eulers Freund und Kollege Goldbach (1690–1764) hat einen fehlerhaften Beweis dafür veröffentlicht, dass es nur eine solche Zahl gibt, die gleichzeitig Dreiecks- und Quadratzahl ist, nämlich die 1; Euler hat dagegen sofort gesehen, dass es unendlich viele Lösungen gibt. Aus $T_m = Q_n$ ergibt sich nämlich

---

[10] Pierre Fermat wurde vermutlich 1607 oder Anfang 1608 geboren, und zwar in Beaumont de Lomagne bei Toulouse. Lange Zeit hat man den Geburtstag 17.08.1601 favorisiert, weil das Taufbuchverzeichnis von Beaumont einen entsprechenden Eintrag enthielt. Inzwischen vermutet man, dass dies ein schon kurz nach der Geburt gestorbener älterer Bruder des Mathematikers Fermat war. Das erklärt (nicht wirklich) die folgende Stelle in der FAZ (Frankfurter Allgemeine Zeitung) vom 17. August 2001:

Der große französische Mathematiker Fermat kam am 17. August 1601 – heute vor dreihundert Jahren – zur Welt.

Dieses Kleinod stammt aus Paul [114, S. 18].

[11] Leonhard Euler (1707–1783) war der vielleicht produktivste Mathematiker aller Zeiten. Er erlernte die Mathematik von Johann Bernoulli, einem der besten Mathematiker seiner Zeit, und ging, als er in seiner Heimatstadt Basel keine Anstellung fand, nach St. Petersburg. Friedrich II. holte ihn von 1741 bis 1750 an die Akademie der Wissenschaften nach Berlin, dann kehrte Euler wieder nach St. Petersburg zurück.

$$\frac{m(m+1)}{2} = n^2 \qquad\qquad \Big| \cdot 8$$

$$4m^2 + 4m = 8n^2 \qquad\qquad \Big| +1$$

$$(2m+1)^2 = 8n^2 + 1 \qquad\qquad \Big| -8n^2$$

$$(2m+1)^2 - 2(2n)^2 = 1$$

Die Lösung unseres Problems wird also von den Platonschen Diagonalzahlen geliefert: Aus $17^2 - 2 \cdot 12^2 = 1$ folgt $m = 8$ und $n = 6$, und in der Tat ist

$$T_8 = \frac{8 \cdot 9}{2} = 36 = 6^2 = Q_6.$$

Aufgabe 1.6. *Finde die nächsten beiden Dreieckszahlen, die gleichzeitig Quadrate sind.*

Goldbachs Interesse an diesem Problem geht auf die Behauptung Fermats zurück, dass 1 die einzige Dreieckszahl ist, die eine vierte Potenz ist. Das ist ein deutlich schwierigeres Problem, das etwas mehr Zahlentheorie erfordert als wir an dieser Stelle zur Verfügung stellen können.

Fermats Herausforderung

Die Platonschen Diagonalzahlen tauchen in vielerlei Problemen auf. Pierre de Fermat hat 1643 den Mathematikern seiner Zeit (Fermat selbst war hauptberuflich eine Art Jurist) folgende Aufgabe vorgelegt ([41, vol. II, 258–259]):

Fermat à Saint-Martin   Dimanche 31 Mai 1643

Donner le sixième triangle qui a l'unité pour différence de ses deux petits côtés.

Fermat verlangte also, das sechste (rechtwinklige) Dreieck (mit ganzen Seitenlängen) zu finden, in dem die Differenz der beiden kleinen Seiten (also der Katheten) gleich 1 ist.
Fermat löste das Problem wie folgt:

Pour la première question, le premier triangle qui a pour différence de ses deux côtés l'unité, lequel est: 3, 4, 5, donne aisément tous les autres par ordre, et voici comme je procède:

Du double de la somme de tous les trois côtés, ôtez-en séparément les deux petits côtés, et ajoutez-y le plus grand côté, vous aurez le second triangle, lequel par la même règle donnera le troisième, celui-là le quatrième, etc. à l'infini.

Fermat ging also so vor: Sicherlich ist $(3, 4, 5)$ ein solches Tripel von Seitenlängen wegen $3^2 + 4^2 = 5^2$ und $4 - 3 = 1$. Ist (a, b, c) ein Tripel mit den geforderten Eigenschaften, dann ist auch

$$(2a + b + 2c, a + 2b + 2c, 2a + 2b + 3c)$$

ein solches. Aus $(3, 4, 5)$ erhält man mit dieser Methode folgende Tripel:

a	3	20	119	696	4059	23660
b	4	21	120	697	4060	23661
c	5	29	169	985	5741	33461

Aufgabe 1.7. *Seien a, b, c positive ganze Zahlen mit $a^2 + b^2 = c^2$ und $a + 1 = b$. Zeige, dass*

$$(2a + b + 2c)^2 + (a + 2b + 2c)^2 = (2a + 2b + 3c)^2 \quad und \quad 2a + b + 2c + 1 = a + 2b + 2c$$

gilt.

Das Tripel $(119, 120, 169)$ hat eine auffällige Eigenschaft: Es ist $119 + 120 = 239$, und es ist, wie wir wissen, $239^2 - 2 \cdot 169^2 = -1$. Das ist kein Zufall, sondern folgt aus der im Folgenden dargestellten Erklärung von Fermats Methode.

In der Tat: Ist $a^2 + b^2 = c^2$ und $b = a + 1$, dann folgt

$$c^2 = a^2 + (a + 1)^2 = 2a^2 + 2a + 1.$$

Um auf der rechten Seite quadratisch ergänzen zu können (binomische Formel!), multiplizieren wir die Gleichung mit 2 und finden

$$2c^2 = 4a^2 + 4a + 2 = (2a + 1)^2 + 1.$$

Gesucht sind also die sechs kleinsten Lösungen der Gleichung

$$(2a + 1)^2 - 2c^2 = -1.$$

Ist $x^2 - 2y^2 = -1$, so folgt aus Theons Regel, dass $(x + 2y)^2 - 2(x + y)^2 = 1$ ist; nochmalige Anwendung derselben Regel ergibt

$$(3x + 4y)^2 - 2(2x + 3y)^2 = -1.$$

Ist also (a, b, c) ein Tripel mit den von Fermat verlangten Eigenschaften, somit $(2a + 1)^2 - 2c^2 = -1$, dann ist auch

$$(3(2a + 1) + 2c)^2 - 2(4a + 2 + 3c)^2 = -1,$$

und wenn man diese Gleichung in der Form

$$2((2a + (a + 1) + c) + 1)^2 - 2(2a + 2(a + 1) + 3c)^2 = -1$$

schreibt, so sieht man, dass

$$(2a + (a + 1) + 2c , \ a + 2(a + 1) + 2c , \ 2a + 2(a + 1) + 3c)$$

wieder ein „Fermatsches Tripel" ist.

1.3 Die Irrationalität der Wurzel aus 2

Die Existenz von guten rationalen Näherungen für $\sqrt{2}$ legt die Frage nahe, ob es nicht vielleicht einen Bruch gibt, der genau gleich $\sqrt{2}$ ist. Bereits zu Platons Zeiten muss den Griechen bekannt gewesen sein, dass es einen solchen Bruch nicht geben kann; jedenfalls spielt Aristoteles in seinen Schriften [38, 1.23.41a.26-27] auf den klassischen Beweis der Irrationalität von $\sqrt{2}$ an, der wie folgt läuft.

Wir nehmen an, dass es einen solchen Bruch gibt, dass also $\sqrt{2} = \frac{a}{b}$ für natürliche Zahlen $a, b > 0$ ist. Dabei dürfen wir annehmen, dass der Bruch gekürzt ist.

Aus $a^2 = 2b^2$ folgt, dass a^2 gerade ist; also muss auch a gerade sein, denn Quadrate ungerader Zahlen sind ungerade. Es ist also $a = 2c$ und daher $2b^2 = a^2 = (2c)^2 = 4c^2$. Kürzen der 2 liefert $b^2 = 2c^2$. Aus dem gleichen Grunde wie eben muss nun b gerade sein. Wenn aber a und b gerade sind, ist $\frac{a}{b}$ nicht gekürzt.

Wir haben also gezeigt: Gibt es einen Bruch mit $\frac{a}{b} = \sqrt{2}$, dann kann man jeden solchen Bruch $\frac{a}{b}$ mit 2 kürzen. Das ist aber, wie wir wissen, Unsinn: Zähler und Nenner enthalten eine gewisse Potenz der 2, und wenn diese gekürzt ist, ist entweder der Zähler oder der Nenner (oder beide) ungerade. Also kann es keine natürlichen Zahlen a und b geben mit $b^2 = 2a^2$.

Satz 1.4. *Die Quadratwurzel $\sqrt{2}$ ist eine irrationale Zahl: Sie kann nicht in der Form $\sqrt{2} = \frac{a}{b}$ mit natürlichen Zahlen a und b geschrieben werden.*

Aufgabe 1.8. *Zeige auf demselben Weg, dass $\sqrt[3]{2}$ irrational ist.*

Viel schneller geht es so (sh. Gardner [18]):

$$m^2 = 2n^2$$
$$m^2 - mn = 2n^2 - mn$$
$$m(m - n) = n(2n - m)$$
$$\frac{m}{n} = \frac{2n - m}{m - n}$$

Aufgabe 1.10. *Vervollständige diesen Beweis der Irrationalität von $\sqrt{2}$ und zeige insbesondere, dass die Ungleichungen aus Aufgabe 1.9 sich dabei „von selbst" ergeben.*

Die Aussage, dass $\sqrt{2}$ nicht als Quotient zweier ganzer Zahlen geschrieben werden kann, ist eine „negative Aussage", die uns eher sagt, was $\sqrt{2}$ nicht ist, als dass sie uns eine Eigenschaft dieser Zahl verrät. Tatsächlich lässt sich über solche Zahlen, die man nicht in der Form $\frac{p}{q}$ schreiben kann, sehr viel mehr sagen. Die Geburtsstunde der Theorie irrationaler Zahlen hat Platon in einem weiteren berühmten Dialog aufgeschrieben, in welchem wiederum sein Lehrer Sokrates die Hauptrolle spielt: Das Stück heißt Theaitet.

In diesem Dialog, geschrieben lange nach der Hinrichtung von Sokrates und dem Tod von Theaitet (415 bis 369 v.Chr., falls er historisch sein sollte und nicht nur eine Figur in einem Stück Platons ist), der seinen in einer Schlacht bei Korinth davongetragenen Verletzungen erlag, geht es in erster Linie um den Begriff von Wissen.

Die Irrationalität von $\sqrt{2}$

Im Laufe der Zeit wurden viele verschiedene Beweise für die Irrationalität von $\sqrt{2}$ gefunden. Eine besonders hübsche geometrische Einkleidung eines dieser Beweise verwendet das Falten eines Quadrats aus Papier.

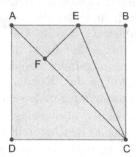

Faltet man das Quadrat ABCD entlang der Diagonale AC und faltet die obere Hälfte so, dass BC auf AC zu liegen kommt, dann sieht das Resultat wie in der nebenstehenden Zeichnung aus.

Nach Konstruktion von ABCD ist $\overline{CF} = \overline{BC}$, sowie $\sphericalangle EFC = \sphericalangle EBC = 90°$. Weiter ist $\sphericalangle EAF = 45°$, also muss auch $\sphericalangle FEA = 45°$ sein. Daher ist das Dreieck AEF gleichschenklig und rechtwinklig.

Nehmen wir nun an, es gebe natürliche Zahlen m und n mit $\sqrt{2} = \frac{m}{n}$. In einem Quadrat ABCD der Kantenlänge n ist daher die Länge der Diagonale gleich m. Das kleine Dreieck AFE hat dann Katheten der Länge

$$\overline{AF} = \overline{AC} - \overline{FC} = \overline{AC} - \overline{BC} = m - n$$

und eine Hypotenuse der Länge

$$\overline{AE} = \overline{AB} - \overline{BE} = \overline{AB} - \overline{FE} = n - (m - n) = 2n - m.$$

Gibt es also ein gleichschenkliges rechtwinkliges Dreieck mit ganzzahligen Seitenlängen, dann gibt es ein kleineres rechtwinkliges Dreieck mit ebenfalls ganzzahligen Seitenlängen. Das kann aber nicht sein, da positive ganze Zahlen nicht beliebig oft verkleinert werden können.

Der ganze Beweis funktioniert auch ohne die geometrische Einkleidung: gibt es positive ganze Zahlen $m > n$ mit $m^2 = 2n^2$, dann ist

$$2(m - n)^2 = 2m^2 - 4mn + 2n^2 = m^2 - 4mn + 4n^2 = (2n - m)^2,$$

wobei wir $m = 2n^2$ benutzt haben. Wegen $0 < 2n - m < m$ und $0 < m - n < n$ haben wir eine kleinere Lösung der Gleichung $x^2 = 2y^2$ in positiven ganzen Zahlen gefunden. Wiederholen wir diesen Schritt, so erhalten wir einen Widerspruch, da positive ganze Zahlen nicht unbegrenzt kleiner werden können. Diese Methode, einen Widerspruch zu erzwingen, nennt man einen „unendlichen Abstieg".

Aufgabe 1.9. *Sei $m > n$ und $m^2 = 2n^2$. Zeige, dass $0 < 2n - m < m$ und $0 < m - n < n$ gilt.*

Sokrates und Theaitet

Theaitet: Theodoros zeichnete uns einige Figuren, um die Quadratzahlen darzustellen; er bewies uns, dass das Viereck, das drei Quadratfuß misst, und ebenso das, welches fünf Quadratfuß misst, durch das mit einem Quadratfuß nicht messbar sei, und so nahm er eines nach dem anderen vor bis zum siebzehnfüßigen; bei diesem blieb er stehen. Uns kam nun beiläufig folgender Gedanke: Nachdem die Zahl der Quadrate unendlich ist, sollte man doch versuchen, sie unter einen Begriff zusammenzufassen, mit dem wir alle diese Zahlen von Quadraten bezeichnen könnten.

Sokrates: Und habt ihr so einen gefunden ?

Theaitet: Ja, ich denke schon.

Sokrates: Sprich.

Theaitet: Die Gesamtheit der Zahlen haben wir in zwei Gruppen geteilt: Diejenigen Zahlen, die als das Produkt gleicher Faktoren entstehen, stellten wir mit der Figur des Vierecks dar und bezeichneten sie als quadratisch und gleichseitig.

Sokrates: Gut so.

Theaitet: Was nun zwischen diesen Zahlen liegt, wie zum Beispiel die Drei und die Fünf und jede Zahl, die nicht das Produkt gleicher Faktoren ist, sondern nur Produkt einer größeren mit einer kleineren oder einer kleineren mit einer größeren ist und somit eine Figur darstellt, die immer eine größere und eine kleinere Seite umfasst – diese stellten wir mit der Figur des Rechtecks dar und nannten sie eine „rechteckige" Zahl.

Sokrates: Sehr schön. Aber was folgt weiter?

Theaitet: Alle Linien, die ein Viereck bilden, das der gleichseitigen Zahl in der Fläche entspricht, bezeichneten wir als „Längen", diejenigen dagegen, die ein ungleichseitiges Viereck bilden, nannten wir „Wurzeln", da sie in ihrer Länge nicht mit jenen gemessen werden können, wohl aber mit ihren Flächen, die sie bilden können. Und für die Kubikzahlen gilt das Entsprechende.

Worum geht es hier? Interpretationen des Platonschen Dialogs von Sokrates und Theaitet gibt es wie Sand am Meer. Am überzeugendsten erscheint diejenige des Mathematikhistorikers Arpad Szabo [63], wonach es sich hierbei um die Schilderung einer Unterrichtsstunde handelt. Sokrates hatte zuvor gefragt, was Wissen sei; nachdem Theaitet Beispiele von Wissen aufgezählt hatte, bemerkte Sokratess, dass eine Charakterisierung des Begriffs „Lehm" auch nicht darin bestehen könne, verschiedene Beispiele von Lehmarten aufzuzählen, sondern dass es dabei um die Herausarbeitung eines gemeinsamen Merkmals aller Lehmarten gehen müsse, die diesen Begriff festlegen. Theaitet erwidert darauf, dass er etwas Ähnliches in einer Unterrichtung durch seinen Lehrer Theodoros (ca. 470–395 v.Chr.) erlebt habe: Dieser hat die Irrationalität von Zahlen $\sqrt{3}$, $\sqrt{5}$, $\sqrt{6}$ usw. nacheinander bewiesen, bis hin zu $\sqrt{17}$, und die Aufgabe der Schüler sei es gewesen, die gemeinsamen Merkmale dieser Zahlen zu entdecken. Als ersten Schritt fasst der Schüler Theaitet dann alle Zahlen, deren Quadratwurzeln rational sind, zusammen und nennt sie Quadratzahlen; alle anderen nennt er rechteckig. Am Ende seiner Ausführungen erwähnt er, dass zwar $\sqrt{2}$ und $\sqrt{3}$ (also die Seiten von Quadraten mit Fläche 2 bzw. 3) nicht rational sind, wohl aber deren Quadrate. 100 Jahre später konnte Euklid im zehnten und wohl tiefsten Buch seiner *Elemente* eine ausgedehnte Theorie von irrationalen Größen präsentieren.

1.4 Pythagoreische Tripel

In den von Proklus (412–485) verfassten Kommentaren zu den Büchern Euklids wird Platon die Formel

$$(m^2 - 1)^2 + (2m)^2 = (m^2 + 1)^2 \tag{1.3}$$

zugeschrieben, mit der man „pythagoreische Tripel" angeben kann, also positive ganze Zahlen a, b, c mit

$$a^2 + b^2 = c^2.$$

Für $m = 2$ erhält man

$$3^2 + 4^2 = 5^2,$$

also das überaus bekannte Tripel $(3, 4, 5)$, für $m = 3$ erhält man das verdoppelte Tripel $(6, 8, 10)$, und für $m = 4$ endlich $(15, 8, 17)$.

Platons Formel (1.3) lässt sich einfach nachrechnen, liefert aber ganz offenkundig nicht alle pythagoreischen Tripel; beispielsweise ist $(5, 12, 13)$ nicht darunter. In jedem Fall zeigt (1.3), dass die pythagoreische Gleichung $a^2 + b^2 = c^2$ unendlich viele Lösungen besitzt.

Einige Jahrhunderte später hat Diophant erkannt, dass man auch Gleichungen der Form $x^2 + y^4 = z^2$ in ganzen Zahlen lösen kann. Für Euklid waren solche Probleme noch „undenkbar", da Quadrate als Flächen von Quadraten und Kubikzahlen als Volumina von Würfeln interpretiert wurden und Objekte wie vierte Potenzen schlicht nicht geometrisch beschrieben werden konnten. Um eine ganzzahlige Lösung von $x^2 + y^4 = z^2$ zu erhalten, schreiben wir $z^2 = x^2 + y^4 = x^2 + (y^2)^2$; wir müssen daher nur in Platons Formel $2m = y^2$ zu einem Quadrat machen, was wir einfach dadurch erreichen, dass wir $m = 2n^2$ setzen. Damit ist

$$(4n^4 - 1)^2 + (2n)^4 = (4n^4 + 1)^2.$$

Diophant hat auch gesehen, wie man $x^2 + y^2 = z^4$ in ganzen Zahlen lösen kann. Mit Platons Formeln geht das allerdings nicht, weil $m^2 + 1$ für positive ganze Zahlen m echt zwischen der Quadratzahl m^2 und der darauffolgenden Quadratzahl $(m+1)^2 = m^2 + 2m + 1$ liegt. Daraus folgt noch nicht, dass die Gleichung $x^2 + y^2 = z^4$ keine Lösungen in positiven ganzen Zahlen hat: Wir wissen ja schon, dass uns Platons Formel (1.3) nicht alle pythagoreischen Tripel gibt.

Nun kannten bereits die Pythagoreer eine andere Methode zur Konstruktion „pythagoreischer Tripel": Für jede ungerade Zahl m ist (a, b, c) mit

Die Fermatsche Vermutung

In den Übungen 1.10 – 1.12 wird gezeigt, dass man die einzelnen Zahlen in Lösungen der pythagoreischen Gleichung $a^2 + b^2 + c^2$ zu Quadraten machen kann, d.h. dass die Gleichungen $a^4 + b^2 = c^2$ und $a^2 + b^2 = c^4$ in ganzen Zahlen lösbar sind und sogar unendlich viele verschiedene Lösungen besitzen. Dass und wie das geht hat bereits Diophant aus Alexandria um 200 n.Chr. gezeigt; arabischen Wissenschaftlern ist dann erstmals aufgefallen, dass Diophant zur Gleichung $a^4 + b^4 = c^2$ nichts sagt, und diese haben auch als Erste vermutet, dass der Grund dafür darin liegt, dass diese Gleichung keine Lösung in positiven natürlichen Zahlen hat.

Der Nachweis dieser Behauptung ist zuerst Pierre de Fermat (nach 1640) gelungen, und zwar ausgehend von der Lösung der pythagoreischen Gleichung. Insbesondere gibt es dann auch keine Lösung von $a^4 + b^4 = c^4$ in positiven ganzen Zahlen. Fermat hat (wie vor ihm schon einige arabische Mathematiker) auch behauptet, dass die Gleichung

$$a^3 + b^3 = c^3$$

ebenfalls keine Lösungen in von 0 verschiedenen ganzen Zahlen besitzt, was erstmals Leonhard Euler (1707–1783) und dann Carl-Friedrich Gauß (1777–1855) und Ernst Eduard Kummer (1810–1893) beweisen konnten. Daraus folgt sofort, dass auch die Gleichungen

$$a^{3m} + b^{3m} = c^{3m}$$

für jedes ganze $m \geq 1$ ebenfalls keine positiven ganzzahligen Lösungen haben.

Die Vermutung, dass die Gleichung

$$x^n + y^n = z^n$$

für jeden Exponenten $n > 2$ nur die triviale ganzzahlige Lösung mit $x = 0$ oder $y = 0$ hat, stammt ebenfalls von Fermat und heißt die Fermatsche Vermutung. Diese Behauptung hat er auf den Rand seiner Kopie der *Arithmetika* von Diophant geschrieben, zusammen mit dem Hinweis, dass er einen wundervollen Beweis kenne, dass aber der Rand zu schmal sei, ihn zu fassen. Dieser schmale Rand bei Fermat hat es unter Mathematikern inzwischen zu sprichwörtlicher Berühmtheit gebracht.

Euler gelang, wie bereits erwähnt, der Beweis für $n = 3$, Dirichlet und Legendre für $n = 5$, Lamé für $n = 7$. Kummer konnte den Satz für sehr viele Exponenten beweisen, insbesondere für alle n unterhalb von 100. Als der Industrielle Wolfskehl 1909 einen Geldpreis für den vollständigen Beweis auslobte, begann eine wilde Jagd; eine ganze Horde unqualifizierter Amateure (ebenso wie eine deutlich kleinere Anzahl von Mathematikern mit einer soliden Ausbildung) bemühte sich um Beweise, die sich aber alle als falsch herausstellten. Die komplette Fermatsche Vermutung wurde erst von A. Wiles im Jahre 1995 bewiesen, der dazu sämtliche Hilfsmittel einsetzen musste, die die Zahlentheoretiker des 20. Jahrhunderts geschaffen haben. Damit ist die Fermatsche Vermutung sicherlich derjenige Satz der Mathematik mit den meisten fehlerhaften Beweisen.

Zum großen Satz von Fermat gibt es eine Unmenge von Büchern, aus denen ich für den Anfang das von Singh [117] empfehlen möchte; die BBC hat ein Video zum Beweis produziert, das man im Netz finden kann.

$$a = \frac{m^2 - 1}{2}, \quad b = m, \quad c = \frac{m^2 + 1}{2} \tag{1.4}$$

ein solches.

Aufgabe 1.11. *Zeige, dass für obige Werte von a, b, c tatsächlich $a^2 + b^2 = c^2$ gilt.*

Mit den pythagoreischen Tripeln (1.4) kann man, obwohl auch sie nicht alle möglichen Lösungen der Gleichung $a^2 + b^2 = c^2$ ausschöpfen, die Gleichung $x^2 + y^2 = z^4$ in ganzen Zahlen lösen. Dazu braucht man lediglich $c = \frac{m^2+1}{2} = y^2$ zu einem Quadrat zu machen. Dies wiederum läuft auf $m^2 + 1 = 2y^2$, also auf $m^2 - 2y^2 = -1$ hinaus. Diese Gleichung hat aber, wie wir im Abschn. 1.2 gesehen haben, unendlich viele ganzzahlige Lösungen. Die kleinsten sind gegeben durch $(m, y) = (1, 1)$ und $(7, 5)$, was auf $1^2 + 7^2 = 5^4$ führt.

Satz 1.5. *Die Gleichungen $x^2 + y^4 = z^2$ und $x^2 + y^2 = z^4$ besitzen unendlich viele Lösungen in positiven ganzen Zahlen.*

Wo kommen die pythagoreischen Tripel (1.4) her? Legt man mit Kieselsteinen ein Quadrat aus $3 \cdot 3$ Steinen und ergänzt dieses zu einem Quadrat mit $4 \cdot 4$ Steinen, so erkennt man, dass

$$3^2 + (2 \cdot 3 + 1) = 4^2$$

ist. Legt man daran weitere $2 \cdot 4 + 1$ Steine an, erhält man ein Quadrat von $5 \cdot 5$ Steinen.

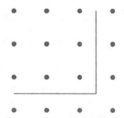

Es ist also immer $a^2 + (2 \cdot a + 1) = (a+1)^2$. Das ist im Nachhinein keine große Überraschung, sondern einfach eine binomische Formel.

Um aus dieser Beobachtung ein pythagoreisches Tripel zu erhalten, muss man also nur $2a + 1$ zu einem Quadrat machen. Setzen wir daher $2a + 1 = m^2$, so folgt $a = \frac{m^2-1}{2}$, und mit $b = m$ und $c = a + 1 = \frac{m^2+1}{2}$ erhält man die vielleicht älteste Familie der pythagoreischen Tripel.

Eine andere Art, diese Tripel zu gewinnen, ist folgende. Schreibt man die Gleichung $a^2 + b^2 = c^2$ in der Form $c^2 - a^2 = b^2$, und erkennt man die „binomische Formel" auf der linken Seite, schreibt also

$$(c - a)(c + a) = b^2, \tag{1.5}$$

dann sieht man, dass das Produkt von $c - a$ und $c + a$ sicherlich dann ein Quadrat ist, wenn $c - a = 1$ und $c + a = m^2$ eine Quadratzahl ist. Die Addition dieser beiden Gleichungen liefert $2c = m^2 + 1$ und $2a = m^2 - 1$, und wegen $b^2 = (c-a)(c+a) = m^2$ ist $b = m$.

Euklid beweist in seinen *Elementen* die folgende allgemeine Formel:

$$a = m^2 - n^2, \quad b = 2mn, \quad c = m^2 + n^2$$

liefert für jedes Paar natürlicher Zahlen $m > n$ ein pythagoreisches Tripel, und tatsächlich kann man jedes pythagoreische Tripel auf diese Weise erhalten.

Aufgabe 1.12. *Zeige, dass die von Euklid angegebenen Tripel (a, b, c) der Gleichung $a^2 + b^2 = c^2$ genügen.*

Für kleine Werte von m und n erhält man folgende pythagoreische Tripel:

m	n	a	b	c
2	1	3	4	5
3	2	5	12	13
4	1	15	8	17
4	3	7	24	25
5	2	21	20	29

Die Herleitung dieser Formeln ist auch nicht schwieriger als die der speziellen Pythagoreischen Lösung. Wir werden gleich mehr beweisen, nämlich den folgenden

Satz 1.6. *Ist (a, b, c) ein primitives pythagoreisches Tripel, dann ist a oder b ungerade.*

Jedes primitive pythagoreische Tripel (a, b, c) mit geradem b hat die Form

$$a = m^2 - n^2, \quad b = 2mn, \quad c = m^2 + n^2 \tag{1.6}$$

für teilerfremde natürliche Zahlen $m > n$.

Sei $a^2 + b^2 = c^2$, also (binomische Formel) $b^2 = c^2 - a^2 = (c + a)(c - a)$. Dividiert man durch b^2, erhält man

$$\left(\frac{c}{b} + \frac{a}{b} \right) \left(\frac{c}{b} - \frac{a}{b} \right) = 1.$$

Die beiden Klammern sind also reziproke Brüche, d.h. wir können

$$\frac{c}{b} + \frac{a}{b} = \frac{m}{n} \quad \text{und} \quad \frac{c}{b} - \frac{a}{b} = \frac{n}{m}$$

schreiben, wo m und n teilerfremde natürliche Zahlen sind. Addiert bzw. subtrahiert man diese Gleichungen, so erhält man

$$\frac{c}{b} = \frac{1}{2} \left(\frac{m}{n} + \frac{n}{m} \right) = \frac{m^2 + n^2}{2mn}, \qquad \frac{a}{b} = \frac{1}{2} \left(\frac{p}{q} - \frac{q}{p} \right) = \frac{m^2 - n^2}{2mn}.$$

Wir erhalten also alle primitiven pythagoreischen Tripel, wenn wir

$$a = m^2 - n^2, \quad b = 2mn, \quad c = m^2 + n^2$$

setzen und einen etwaigen gemeinsamen Faktor kürzen.

Mit derselben Technik lassen sich ähnliche Gleichungen lösen:

Aufgabe 1.13. *Zeige, dass die Zahlen*

$$a = \pm(2s^2 - t^2), \quad b = 2st, \quad c = 2s^2 + t^2$$

der Gleichung $a^2 + 2b^2 = c^2$ genügen.

Zeige, wie man durch Betrachten der Gleichung $2b^2 = c^2 - a^2$ und der dritten binomischen Formel auf diese Lösung kommen kann.

Pythagoreische Tripel tauchen auch in vielen anderen Kulturen auf. In Kapitel 2 werden wir sehen, dass bereits die Babylonier eine Methode zur Konstruktion pythagoreischer Tripel besessen haben müssen, und auch die indischen Veden, die wohl irgendwann zwischen 1500 v.Chr. und 600 v.Chr. entstanden sind, enthalten solche Tripel, und zwar im Zusammenhang mit dem Satz des Pythagoras.

Die Irrationalität von $\sqrt{2}$ zum Zweiten

Wir haben bereits oben die Frage aufgeworfen, warum wir uns überhaupt für *Approximationen* von $\sqrt{2}$ interessieren – warum geben wir $\sqrt{2}$ nicht *exakt* an, nämlich als Bruch?

Versucht man, $\sqrt{2}$ durch Brüche mit kleinem Nenner zu approximieren, so findet man nacheinander

$$\frac{3}{2} = 1,5, \ \frac{4}{3} \approx 1,33, \ \frac{7}{5} = 1,4, \ \frac{10}{7} \approx 1,43, \ \frac{17}{12} \approx 1,42$$

usw. Es ist natürlich denkbar, dass sich $\sqrt{2}$ nur als Bruch mit einem so großen Nenner schreiben lässt, dass wir diesen Bruch durch Probieren gar nie finden können. Wenn man diese Möglichkeit ausschließen möchte, muss man *beweisen*, dass man $\sqrt{2}$ nicht als Bruch von natürlichen Zahlen schreiben kann.

Wir wollen hier einen Beweis der Irrationalität von $\sqrt{2}$ geben, der als wesentliches Hilfsmittel die Klassifikation der pythagoreischen Tripel benutzt und mittels des „unendlichen Abstiegs" vorgeht.

Der unendliche Abstieg taucht erstmals in Euklids *Elementen* auf, auch wenn erst Fermat gezeigt hat, wie man damit tiefe Sätze der Zahlentheorie beweisen kann. Euklid hat diese Technik benutzt um zu zeigen, dass jede Zahl > 1 durch eine Primzahl teilbar ist. Ist n eine Primzahl, so ist die Behauptung klar. Andernfalls ist n zusammengesetzt, sagen wir $n = a \cdot b$ mit $1 < a, b < n$. Ist eine dieser Zahlen a oder b prim, haben wir einen Primteiler von n gefunden. Andernfalls ist $a = a_1 a_2$ und $b = b_1 b_2$ mit $1 < a_1, a_2 < a < n$ und $1 < b_1, b_2 < b < n$. Ist eine dieser Zahlen prim, sind wir fertig; andernfalls können wir sie wieder zerlegen ($a_1 = a_3 a_4, \dots$) usw.

Wenn diese Prozedur endet, haben wir einen Primteiler von n gefunden. Würde sie nicht enden, würden wir eine Folge von immer kleiner werdenden natürlichen Zahlen finden; eine solche Folge aber gibt es nicht. Mit anderen Worten: Es kann keinen „unendlichen Abstieg" geben.

Um die Irrationalität von $\sqrt{2}$ mit unendlichem Abstieg zu beweisen, nehmen wir einmal an, es gebe so einen Bruch, also natürliche Zahlen a, b mit $\frac{a}{b} = \sqrt{2}$.

Dann ist $a^2 = 2b^2 = b^2 + b^2$, folglich ist (b, b, a) ein pythagoreisches Tripel. Es gibt daher natürliche Zahlen m, n mit $b = m^2 - n^2$ (wegen $b > 0$ muss $m > n$ sein) und $b = 2mn$. Gleichsetzen liefert

$$m^2 - n^2 = 2mn, \qquad \text{also} \quad m^2 - 2mn - n^2 = 0.$$

Mit Hilfe der binomischen Formel kann man die zweite Gleichung in der Form

$$(m - n)^2 - 2n^2 = 0$$

schreiben. Wir haben daher gezeigt: Wenn es natürliche Zahlen a, b gibt mit $a^2 = 2b^2$, dann gibt es natürliche Zahlen m, n mit $b = 2mn$ und $(m - n)^2 = 2n^2$. Dabei ist n als Teiler von b sicherlich kleiner als b. Mit anderen Worten: Zu jeder Lösung (a, b) der Gleichung $a^2 = 2b^2$ in natürlichen Zahlen gibt es eine kleinere Lösung (a', b') in natürlichen Zahlen, nämlich $a' = m - n$ und $b' = n$ mit m und n wie oben.

Das ist aber unmöglich, denn natürliche Zahlen können nicht unbegrenzt kleiner werden.

Eine andere Art, denselben Widerspruch zu erhalten, ist folgende: Wenn es überhaupt einen Bruch $\frac{a}{b}$ mit $\frac{a}{b} = \sqrt{2}$ gibt, dann gibt es auch einen mit minimalem Nenner. Wenn $\frac{a}{b}$ ein solcher Bruch ist, ist $\frac{m-n}{n}$ ein anderer mit kleinerem Nenner: Das geht aber nicht, weil der Nenner schon minimal gewählt war.

Satz 1.7. *Es kann keinen Bruch $\frac{a}{b}$ mit $a, b \in \mathbb{N}$ geben, für den $\frac{a}{b} = \sqrt{2}$ ist.*

Diesen Satz haben die Pythagoreer entdeckt. Diese Erkenntnis zeigt, dass man bei der Beschreibung von geometrischen Objekten wie z.B. der Diagonalen des Einheitsquadrats, welche die Länge $\sqrt{2}$ hat, mit rationalen Zahlen nicht auskommt. Die Geometrie verlangt also nach einer Erweiterung des Zahlbegriffs. Diese Erweiterung haben die Griechen nicht vorgenommen; dass Quadratwurzeln Zahlen sind, wurde im Westen erst nach Fibonacci akzeptiert.

Aufgabe 1.14. *Mittels der Formeln aus Aufgabe 1.13 zeige man entsprechend, dass $\sqrt{3}$ irrational ist. Was geht schief, wenn man mithilfe von Aufgabe 13 versucht, die Irrationalität von $\sqrt{4}$ zu beweisen?*

Wir wollen zum Abschluss einen weiteren Beweis der Irrationalität von $\sqrt{2}$ geben, der sich auf alle ganzen Zahlen, die keine Quadratzahlen sind, ausweiten lässt. Zum Beweis nehmen wir wieder an, es sei $\sqrt{2} = \frac{p}{q}$, wobei der Bruch so weit wie möglich gekürzt ist. Dann ist auch $\frac{p}{q} = \frac{p+2q}{p+q}$, wie man leicht nachrechnet, indem man diese Gleichung in $p(p + q) = (p + 2q)q$ verwandelt, ausmultipliziert und vereinfacht. Da $\frac{p}{q}$ gekürzt ist, muss der zweite Bruch eine erweiterte Form des ersten sein, d.h. es muss eine natürliche Zahl a geben mit $p + 2q = ap$ und $p + q = aq$. Aus der zweiten Gleichung folgt $p = (a - 1)q$; setzt man dies in die Gleichung $2q = (a - 1)p$ ein, die man aus der ersten Gleichung erhält, so folgt $2q = (a - 1)^2 q$, also $2 = (a - 1)^2$. Also ist 2 das Quadrat einer *ganzen* Zahl: Widerspruch!

Aufgabe 1.15. *Zeige auf ähnlichem Weg: Ist n eine natürliche Zahl und $\sqrt{n} = \frac{p}{q}$ ein Bruch, dann ist n eine Quadratzahl.*

1.5 Bemerkungen

Im Mittelpunkt unserer Betrachtungen stand ein ganz abstraktes mathematisches Objekt: Das gleichschenklige rechtwinklige Dreieck, das man aus einem Quadrat durch Einzeichnen der Diagonale erhält. An diesem abstrakten Konzept hängen eine ganze Reihe mathematischer Erkenntnisse, angefangen von der Verdopplung eines Quadrats über die Platonschen Diagonalzahlen bis hin zur Irrationalität von $\sqrt{2}$. Dieselbe abstrakte Idee taucht auf in Keplers Bestimmung der Radien der Bahnen von Venus und Mars, in der Festlegung des DIN-A4 Formats und, über ein paar Ecken und Kanten, in der Formel zur Berechnung von π durch Machin, für die wir die Leser aber auf später vertrösten müssen.

Jeder Mathematiker wird mehr als gerne zugeben, dass dies eine reiche Ernte für so wenig Saat ist. Die moderne Didaktik dagegen wird behaupten, dass wir keinen Schritt weitergekommen sind. Erstens ist die Unterrichtsmethode, die Sokrates im Gespräch mit Menons Sklaven angewandt hat, also das Steuern der Schüler durch gezielte Fragen des Lehrers, im Wesentlichen das, was Didaktiker mit dem Begriff „Frontalunterricht" zu schmähen versuchen, auch wenn Sokrates es für ein Sich-Erinnern gehalten hat. Richtig wäre es gewesen, hätte Sokrates auch noch die Sklaven von Menons Nachbarn zusammengetrommelt und ihnen in Gruppenarbeit aufgetragen, ein Quadrat zu verdoppeln. Dann hätte er sich in Ruhe zurücklehnen und als Lernbegleiter[12] darauf warten können, dass die Sklaventruppe das gewünschte Resultat selbst entdeckt.

Zweitens hat Sokrates dem Sklaven etwas beigebracht[13], was an dessen Lebenswirklichkeit meilenweit vorbeiging. Hätte Sokrates sich von der modernen Didaktik transpirieren lassen, dann hätte er dem Sklaven gezeigt, wie man den Preis von 2 Pfund Oliven berechnet, wenn man weiß, wie viele Drachmen ein Kilogramm kostet.

Auch Platon zu zitieren ist vermutlich ein didaktischer Fehltritt, betrachtete dieser doch die Ausbildung in Mathematik, also Arithmetik, Geometrie, Stereometrie und Astronomie, als die wesentliche Grundausbildung für Philosophen und die Führer seines idealen Staates; die Tür über seiner Schule trug die Aufschrift „Lasst keinen der Geometrie Unkundigen hier eintreten". Die Ausbildung in Arithmetik war für Platon wichtig um des Wissens willen, und nicht deswegen, weil man sie im täglichen Leben und im Handel anwenden konnte.

Wenn wir den Spott einmal beiseite lassen, werden wir aber doch zugeben müssen, dass eine simple abstrakte mathematische Idee wie diejenige, dass die Diagonale eines Quadrats $\sqrt{2}$-mal so lang ist wie dessen Kante, eine grundlegende geometrische Erkenntnis ist, die sich sogar in der Astronomie gewinnbringend einsetzen lässt. Unsere beiden Ausflüge in die Anfangsgründe der Keplerschen Rechnungen zur Bestimmung der Planetenbahnen haben ja gezeigt, dass die Radien

---

[12] So heißen Lehrer, die nicht mehr lehren, in Peter Frattons Unterrichtsphilosophie. Dessen vier pädagogische Urbitten sollten alle Eltern kennen, deren Kinder noch nicht eingeschult sind.

[13] Ich mogle hier ein wenig – der eigentliche Adressat der sokratischen Lehrstunde war natürlich Menon.

der Bahnen von Venus und Erde bzw. von Erde und Mars in etwa im Verhältnis von 1 : $\sqrt{2}$ stehen. Man kann das auch so ausdrücken, dass die Bahnen so gemacht sind, dass zwischen die Kreisbahnen immer gerade ein Quadrat passt.

Die Größenordnung der Bahnradien der anderen Planeten kann man auf diese Art und Weise nicht einordnen. Kepler hat die hier auftretenden Quadrate durch dreidimensionale Körper ersetzt und dabei folgende „Erklärung" für die Größe der Planetenbahnen gefunden: Saturn läuft auf einer Kreisbahn um die Sonne, die in einer Kugelschale mit der Sonne im Zentrum liegt. Beschreibt man dieser Kugelschale einen Würfel ein und diesem wiederum eine Kugel, dann verläuft die Bahn Jupiters auf dieser Kugel. Diese liefert für die Bahnradien R_S und R_J von Jupiter und Saturn das Verhältnis

$$R_S : R_J = \sqrt{3} \approx 1,732,$$

während das richtige Verhältnis 1,83 beträgt.

Beschreibt man der Sphäre des Jupiter ein Tetraeder (eine dreieckige Pyramide, deren Seitenflächen aus lauter gleichseitigen Dreiecken bestehen) ein und diesem wiederum eine Kugel, dann läuft Mars auf dieser Bahn. Zwischen die Sphären, in denen die Bahnen der weiteren Planeten liegen, schob Kepler nach Hexaeder (Würfel) und Tetraeder die anderen „platonischen Körper" Dodekaeder, Ikosaeder und Oktaeder.

Die Übereinstimmung mit den von Kepler durch Beobachtung gefundenen Werte war eher dürftig, und für uns Nachgeborene ist diese etwas mystische Art, Physik zu betreiben, nur schwer nachzuvollziehen. Festhalten sollten wir aber vielleicht, dass Kepler von einer inneren Harmonie der Welt überzeugt war und versucht hat, diese zu finden. Später hat Newton diese Harmonie in seinem Gravitationsgesetz gesehen, und noch viel später hat Einstein dieselbe in seinen Feldgleichungen entdeckt. Auf ihre Art sind diese hochkomplizierten Gleichungen von einer wunderschönen Einfachheit – um diese sehen zu können, ist aber ein Studium der Mathematik unerlässlich.

Überhaupt ist Bildung für mich nicht die Kompetenz, den billigsten Handytarif aussuchen zu können, sondern die Fähigkeit, Schönheit erkennen zu können. Man kann Bachs Musik aus sich heraus schön finden, aber der Hörgenuss ist ein ganz anderer, wenn man gelernt hat, mit welchen Methoden Bach beim Komponieren und Arrangieren gearbeitet hat. Das erfordert Zeit und den Willen, sich darauf einzulassen: Ich empfehle, was Bach angeht, den Klassiker der 1980er Jahre, das Buch „Gödel, Escher, Bach" [110] von Hofstadter sowie die beiden sehr unterhaltsamen Bücher [114, 115] von Dietrich Paul. Selbstverständlich ist Musik nicht die einzige Kunstform mit Berührungen zur Mathematik (bei den Pythagoreern bestand Mathematik aus Arithmetik, Geometrie, Musik und Astronomie); es gibt viele Bücher über Mathematik in der Kunst – Glaesers [119] ist eines davon, die „Zeitreise Mathematik" [121] von Mankiewicz und [118] von Banchoff sind andere. Und um die Kunstwerke von Escher verstehen zu können, muss man etwas mehr Mathematik kennen als das bisschen, was uns die Schule vermitteln kann. Für Leser mit wenig Zeit möchte ich wenigstens noch die „Schönheit der Mathematik" [123] von Polster empfehlen.

Die Idee, dass man Mathematik und Schönheit assoziieren kann, muss heutigen Schülern weltfremd vorkommen: Seit die Didaktik sich aus freien Stücken in die Didaktur der Anwendbarkeit gestürzt hat, ist jede Art von Schönheit aus dem Mathematikunterricht verschwunden. Eine kubische Gewinnfunktion abzuleiten, um den Gewinn zu maximieren, ist nicht schön. Dass es auch nicht nützlich ist, kommt erschwerend hinzu.

Der Verzicht auf Schönheit geht einher mit der Abschaffung des Abstrakten in der Schulmathematik. Die Ägypter haben Flächen von Vierecken mit den Seitenlängen a, b, c, d mithilfe der Formel $\frac{a+c}{2} \cdot \frac{b+d}{2}$ ausgerechnet. Das ist eine Anwendung von etwas Mathematik, und für die meisten in der Praxis vorkommenden Vierecke liefert die Formel brauchbare Ergebnisse. Allerdings ist das Berechnen von Flächeninhalten mit falschen Formeln nicht schön, sondern sehr langweilig. Was schön wäre, ist sich zu überlegen, warum diese Formel nicht für alle Vierecke gelten kann, oder für welche Vierecke sie exakt ist. Für die Ägypter war das aber irrelevant: Ihnen genügte eine Formel, die brauchbare Ergebnisse liefert. Was die große Schar der Anwendungsfanatiker in der heutigen Bildungslandschaft übersieht, ist dass die Mathematik, die heutzutage angewandt wird, *abstrakte* Mathematik ist: Um das Speichern von Daten auf CDs zu verstehen, muss man etwas über das Binärsystem und das Rechnen mit Polynomen über endlichen Körpern wissen (sh. [104]); wer nur noch die Mathematik unterrichten will, die sofort anwendbar ist, wird seine Daten mit Filzstift auf die CD schreiben müssen.

Wie anwendbare Mathematik funktioniert, haben die Ägypter gezeigt: ihre Formeln für Flächen- und Rauminhalte waren für die Praxis ausreichend. Für über ein Jahrtausend lang hat diese Einstellung zu einem Stillstand der Mathematik geführt, den erst die Griechen mit dem Übergang von Ackerflächen zu Flächen idealisierter Figuren, der Einführung des Abstrakten und der Entdeckung von Beweisen beendet haben. Dies führte innerhalb eines Jahrhunderts zu einer wahren Explosion des mathematischen Wissens. Mit der Abschaffung von Definitionen (Hoch-, Tief- und Wendepunkte werden heute nur noch mithilfe von Schaubildern beispielhaft erklärt) und Beweisen (Induktion und Beweise mit Vektoren sind G8 zum Opfer gefallen) und der Fixierung auf anwendbare Rechnungen haben wir in der Schulmathematik den Schritt von den Griechen zurück zu den Ägyptern gemacht. Mit anderen Worten: Wir sind auf dem besten Weg zurück in die Steinzeit.

1.6 Übungen

1.1 Zeige, dass Quadratzahlen im Dezimalsystem auf die Ziffern 0, 1, 4, 5, 6 oder 9 enden, und dass folglich Zahlen der Form $2n^2$ auf 0, 2, oder 8 enden.

Folgere daraus, dass bei ganzzahligen Lösungen der Gleichung $p^2 = 2q^2$ notwendig sowohl p als auch q auf 0 enden.

Benutze diese Beobachtung um zu zeigen, dass $\sqrt{2}$ irrational ist.

1.2 Zeige, dass aus $x^2 - 2y^2 = -1$ die Ungleichung $\sqrt{2} - \frac{x}{y} > \frac{1}{2\sqrt{2}y^2}$ folgt.

1.3 Zeige, dass $\sqrt{3}$ irrational ist.

Hinweis: Statt der Teilbarkeit durch 2 wird hier die Teilbarkeit durch 3 eine Rolle spielen.

1.4 Zeige mithilfe der „Theorie des Geraden und Ungeraden" (so wurden die Anfänge der Zahlentheorie bei den Pythagoreern genannt), dass $\sqrt{3}$ irrational ist.

Hinweis: Aus $\sqrt{3} = \frac{p}{q}$ folgt $p^2 = 3q^2$, also $p^2 + q^2 = 4q^2$. Zeige, dass p und q gerade sein müssen.

1.5 Zeige analog, dass $\sqrt{5}$ irrational ist.

Hinweis: $p^2 = 5q^2$ ist äquivalent zu $p^2 - q^2 = 4q^2$. Mit solchen Tricks kann man die Irrationalität von $\sqrt{n}$ für alle Nichtquadratzahlen unterhalb von 17, aber nicht für $n = 17$ beweisen. Manche Historiker haben daraus geschlossen, dass Theodorus etwa in dieser Art und Weise vorgegangen sein muss.

1.6 Konstruiere Näherungen von $\sqrt{3}$ durch Lösungen der Gleichungen $x^2 - 3y^2 = 1$ und $x^2 - 3y^2 = -2$.

Zeige weiter, dass die Gleichung $x^2 - 3y^2 = -1$ keine Lösung in ganzen Zahlen hat.

Archimedes hat in seiner Abhandlung über den Umfang des Kreises die Abschätzungen

$$\frac{265}{153} < \sqrt{3} < \frac{1351}{780}$$

benutzt. Wie hängen diese Werte mit der obigen Methode zusammen?

1.7 Zeige, dass $\sqrt[3]{2}$ und $\sqrt[3]{3}$ irrational sind.

1.8 Zeige: Ist (a, b, c) ein pythagoreisches Tripel, dann auch $(a^2 - b^2, 2ab, c^2)$.

1.9 (John Hynes, Dublin [5]): To find any number of squares whose sum and product are equal.

Gesucht sind also Paare (Tripel, ...) von Quadraten, deren Summe und Produkt gleich sind.

Hinweis: Für den einfachsten Fall von zwei Quadraten löse man $x^2 y^2 = x^2 + y^2$ nach x^2 auf und folgere, dass $y^2 - 1$ ein Quadrat sein muss. Die Gleichung $y^2 - 1 = z^2$ kann man auch in der Form $y^2 = z^2 + 1$ schreiben.

1.10 Zeige, dass die Gleichung $a^2 + b^4 = c^2$ unendlich viele Lösungen hat.

Hinweis: Mache in Euklids Formeln den Term $b = 2mn$ zum Quadrat.

1.11 Zeige, dass die Gleichung $a^2 + b^6 = c^2$ unendlich viele Lösungen hat. Zeige allgemeiner, dass $a^2 + b^{2n} = c^2$ für jede natürliche Zahl n unendlich viele ganzzahlige Lösungen hat.

1.12 Finde explizite Ausdrücke für die ganzzahligen Lösungen der Gleichung $a^2 + b^2 = c^4$.

Hinweis: Mache in Euklids Formeln den Term $c = m^2 + n^2$ zum Quadrat.

1.13 Löse die diophantische Gleichung $a^2 + 3b^2 = c^2$ auf ähnliche Art und Weise wie die Gleichung $a^2 + 2b^2 = c^2$.

1.14 Löse die diophantische Gleichung $a^2 + b^2 = 2c^2$. Hier scheint die obige Technik zu versagen: Es hilft nicht, $a^2 = 2c^2 - b^2$ zu schreiben, da sich die rechte Seite nicht zerlegen lässt. Dagegen hilft ein Trick von Euler weiter: Multiplikation mit 2 liefert $(2b)^2 = 2a^2 + 2b^2 = (a + b)^2 + (a - b)^2$, und jetzt kann man mit einer nochmaligen Anwendung der binomischen Formeln wie oben ans Ziel kommen.

1.15 Zeige, dass die Gleichung $x^2 - y^2 = z^3$ unendlich viele ganzzahlige Lösungen besitzt.
Hinweis: Binomische Formeln!

1.16 Zeige: Hat $x^3 + y^3 = z^3$ keine Lösungen in positiven ganzen Zahlen, dann gilt dasselbe für $x^6 + y^6 = z^6$.

1.17 Sei n eine ganze Zahl, die zwischen zwei aufeinanderfolgenden Quadratzahlen liegt: $(k-1)^2 < n < k^2$. Dann ist $\sqrt{n}$ irrational.

Der folgende Beweis geht auf Dedekind [16] zurück: Wir nehmen an, es sei $\sqrt{n} = \frac{p}{q}$.

    1. Es gibt ein ganzes k mit $k - 1 < \frac{p}{q} < k$.

    2. Es ist $\frac{p}{q} = \frac{r}{s}$ für die natürlichen Zahlen $r = (k - \frac{p}{q})p$ und $s = (k - \frac{p}{q})q$.

    3. Es ist $r < p$.

Welchen Beweis erhalten wir, wenn wir $n = 2$ nehmen?

1.18 (Martin Gardner [18]) Für jede natürliche Zahl n sei x_n diejenige natürliche Zahl, die man erhält, wenn man die Nachkommastellen von $n \cdot \sqrt{2}$ weglässt. Schreibe diese Zahlenreihe auf; sie beginnt mit 1, 2, 4 (wegen $3\sqrt{2} = 4.24\ldots$) usw.

In die Zeile darunter schreibt man dann alle natürlichen Zahlen y_n, die in der ersten Zeile nicht vorkommen, das sind 3, 6, 10 etc.

Die Tabelle beginnt jetzt so:

n	1	2	3	4	$\ldots$
x_n	1	2	4	5	$\ldots$
y_n	3	6	10	13	$\ldots$

Finde eine Formel für die Differenz $y_n - x_n$. Kannst du sie beweisen?

1.19 Seien x und y positive reelle Zahlen mit $\sqrt{2} < \frac{x}{y}$. Zeige, dass dann auch

$$\sqrt{2} < \frac{3x + 4y}{2x + 3y} < \frac{x}{y}$$

gilt.

1.20 Einem Kreis wird ein Quadrat und diesem Quadrat wieder ein Kreis einbeschrieben. Bestimme das Verhältnis der Flächeninhalte der beiden Kreise.

1.21 Erkläre das folgende Verfahren (Tanton [103, S. 137]) zur Konstruktion pythagoreischer Tripel.

In dem unten stehenden Schema von Zahlen (im Wesentlichen die Einmaleins-Tabelle) wähle man zwei Zahlen auf der Diagonale (das sind Quadratzahlen), z.B. 4 und 25, und ergänze die beiden Ecken zum Quadrat:

	1	2	3	4	5	6
1	1	2	3	4	5	6
2	2	4	6	8	10	12
3	3	6	9	12	15	18
4	4	8	12	16	20	24
5	5	10	15	20	25	30
6	6	12	18	24	30	36

Das daraus sich ergebende Tripel besteht aus der Summe und der Differenz der beiden Quadratzahlen, sowie der Summe der beiden anderen Zahlen:

$$25 - 4 = 21,$$
$$10 + 10 = 20,$$
$$25 + 4 = 29.$$

1.22 Konstruiere unendlich viele pythagoreische Tripel (a, b, c) mit $c - b = 2$.

1.23 Zeige: Ist (a, b, c) ein pythagoreisches Tripel, dann auch

$$(2a + b - 2c, a + 2b + 2c, 2a + 2b + 3c).$$

1.24 Betrachte zwei aufeinanderfolgende ungerade natürliche Zahlen. Zeige, dass Zähler und Nenner der Summe ihrer Kehrwerte die Katheten eines rechtwinkligen Dreiecks mit ganzzahligen Seiten sind.

1.25 Zeige, dass es unendlich viele pythagoreische Tripel (a, b, c) gibt mit $2a - b = +1$, und unendlich viele mit $2a - b = -1$.

1.26 Eine arg weit hergeholte Erklärung, warum Theodoros beim Beweis der Irrationalität von $\sqrt{17}$ aufgehört haben soll, ist die folgende „Wurzelschnecke" von Anderhub:

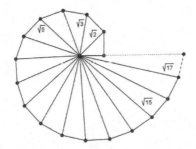
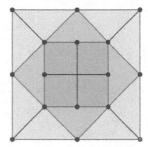

Wurzelschnecke zu Übung 1.26

Quadrate zu Übung 1.27

Mit der Idee, dass Theodoros mit seinen womöglich in Sand gezeichneten Skizzen die dazu notwendige Genauigkeit erreicht haben soll, kann ich mich nicht wirklich anfreunden.

1.27 Bereits die babylonische Mathematik hat folgende Aufgabe gekannt (Konforowitsch [90, S. 28, Aufgabe 17]), in dem die sokratische Quadratverdopplung erkennbar ist: Ein Quadrat wird in 12 kongruente Dreiecke und 4 kongruente Quadrate zerteilt. Wie groß ist ein Dreieck bzw. ein Rechteck?

2. Vorgriechische Mathematik

Die Mathematik ist eine der ältesten Wissenschaften überhaupt, zusammen mit der Astronomie, die für Religion (Sonnwendfeiern; vgl. auch Stonehenge), Landwirtschaft (Festlegung der Saatzeiten[1]) und die Seefahrt (Orientierung auf hoher See) unerlässlich war. Die Anfänge der Mathematik liegen im Zählen, und es gibt sehr alte Knochen, auf denen mithilfe von Einkerbungen Zahlen festgehalten wurden; das berühmteste Beispiel ist der Knochen von Ishango, der 1960 im damaligen Belgisch-Kongo entdeckt wurde und der vermutlich mehr als 20 000 Jahre alt ist.[2]

Die Tatsache, dass dieser Knochen Gruppierungen von 11, 13, 17 und 19 Kerben zeigt, hat manche Zeitgenossen vermuten lassen, dass damals schon der Begriff von Primzahlen bekannt war. Generell sollte man sich vor derart kühnen Schlussfolgerungen allerdings hüten. Vielleicht sollten wir mit der Behauptung zufrieden sein, dass die Menschen vor 20 000 Jahren den Zahlenraum bis 20 erobert hatten, und selbst dabei muss man sich vor Augen halten, dass diese Schlussfolgerung voraussetzt, die Kerben würden mehr repräsentieren als bloße Dekoration.

Wie viel Mathematik in die Planung von Großbauten wie Stonehenge oder die Pyramiden von Gizeh geflossen ist, wissen wir nicht; klar ist nur, dass kein Pharao auf die Idee gekommen wäre, sich an ein derartiges Riesenbauwerk zu wagen, ohne einen seiner Schreiber ausrechnen zu lassen, wie lange dies dauern würde. Teile der dazu notwendigen Mathematik hat man in alten Papyri oder in Inschriften an Tempeln gefunden, die die Jahrtausende überdauert haben, aber das meiste dürfte verloren gegangen sein.

Relativ genau Bescheid wissen wir über die mathematischen Leistungen der Griechen um 300 v.Chr., weil deren Bücher sich durch regelmäßige Abschriften bis heute erhalten haben. Weil mancher Schreiber sich für schlauer gehalten hat als den jeweiligen Autor, hat er Passagen, die ihm unverständlich waren, beim Abschreiben „verbessert", mit dem Ergebnis, dass manche Stellen heute nur fehlerhaft erhalten oder gar vollständig korrumpiert sind. Jedenfalls kennen wir aus diesen Büchern (und vor allem aus später verfassten Kommentaren zu diesen Büchern) diejenigen Namen, die auch heutigen Schülern noch bekannt sind: Thales, Pythagoras, und

---

[1] In [64, S. 13] findet man ein Bild der rekonstruierten Kreisgrabenanlage von Goseck in Sachsen-Anhalt, die um 4800 v.Chr. gebaut wurde. Solche Bauten erlaubten die exakte Bestimmung der Jahreszeit aus dem Stand der Sonne, und man glaubt, dass sie Bauern zur Bestimmung der Saatzeiten gedient haben.

[2] Der Knochen kann im Royal Belgian Institute of Natural Sciences in Brüssel bewundert werden. Bilder findet man im Internet und in [122, S. 26–27].

Euklid. Dass wir über die Mathematik der Germanen[3] nichts wissen, liegt neben der Tatsache, dass ihre Gesellschaft wohl keine Klasse ernährt hat, die sich dem Nachdenken widmen konnte, am vollständigen Fehlen schriftlicher Zeugnisse aus dieser Kultur. Eine – wenn nicht *die* – Kultur, über die wir relativ genau Bescheid wissen, obwohl sie sehr alt ist, ist die der Babylonier.

Den Großteil unseres Wissens über die Völker, die Babylon bewohnten, verdanken wir dem Umstand, dass die von ihnen benutzte Keilschrift traditionell in Tontafeln geritzt wurde, die dann in der Sonne trockneten und teilweise die Jahrtausende überdauerten.

An dieser Stelle möchte ich die antiquarisch erhältlichen Büchlein [55, 56] von Johannes Lehmann (1922–1995) wärmstens empfehlen, ebenso wie P. Mäders Buch [57]. Auf etwas höherem Niveau, aber für gute Schüler durchaus noch lesbar, gibt es die Reihe „Vom Zählstein zum Computer", in der bereits einige Bände ([47, 61, 62, 64, 65]) erschienen sind. Wer englische Bücher lesen kann, ist auch mit Rudmans Buch [60] sehr gut beraten.

2.1 Die Babylonier

Die Wiege der westlichen Kultur[4] liegt in Babylon, einer Stadt im fruchtbaren „Land zwischen den Flüssen" (griech.: Mesopotamien) Euphrat und Tigris, die etwas südlich des heutigen Bagdad im Irak gelegen hat (Bagdad liegt am Tigris, Babylon lag am Euphrat). Wir alle kennen Babylon aus der Bibel, wo diese Stadt beim Turmbau zu „Babel" und der Entstehung der verschiedenen Sprachen eine zentrale Rolle spielt.

Die Verbindung zwischen Babylon und der Bibel ist weit enger als die wenigen Fakten oben erahnen lassen. Die Schöpfungsgeschichte der Babylonier (vgl. [13]), oft Enuma Elish genannt nach den beiden ersten Wörtern dieser Sage, zeigt große Parallelen mit derjenigen in der Bibel. Es gab 10 Urväter, deren Regierungszeiten länger als 10 000 Jahre dauerten (auch die ersten 10 Menschen der Bibel lebten fast 1000 Jahre lang; Adam wurde 930, Methusalem brachte es auf 969 Jahre); es gab eine Sintflut, aus der sich nur der fromme Xisuthros (auch Atrachasis oder Utnapischti genannt) mit seiner Familie auf einem Boot retten konnte; Xisuthros erklärte Gilgamesch, wie man durch das Essen einer bestimmten Pflanze unsterblich werden könne, aber die Pflanze wurde von einer Schlange gefressen während Gilgamesch schlief. 5000 Jahre vor Christus beginnt dann die „eigentliche" Geschichtsschreibung mit der Gründung des ersten Reiches durch Mesannipada in Ur, der Stadt, die in der Bibel zur Heimatstadt Abrahams wurde.

---

[3] Es sind Steine erhalten, in die Dodekaedermuster eingeritzt waren; hier bleibt natürlich die Frage, ob es sich dabei in erster Linie um Kunst gehandelt hat oder ob man solche Leistungen auch der Mathematik zuordnen darf.

[4] Die „westliche Kultur" ist sicherlich ein mutiger Begriff, heute wie damals. Auch in der Antike gab es einen regen Austausch von Waren zwischen dem Mittelmeerraum und Indien und China, und auch mathematisches Wissen wurde, vor allem nach den Feldzügen von Kyros II (ca. 590–530 v.Chr.) und Alexander dem Großen (356–327 v.Chr.), in beide Richtungen transportiert.

Die erste Hochkultur Babylons, von der wir wissen, ist die der Sumerer. Diese hatten eine Keilschrift[5] entwickelt, die von den Akkadiern übernommen wurde, als diese das sumerische Reich einnahmen. Einer der bekanntesten Herrscher Babylons war Hammurapi (etwa 1792–1750 v. Chr.). Babylon beherbergte eines der 7 antiken Weltwunder, die hängenden Gärten der Semiramis (auch wenn sich Historiker darüber streiten, ob es diese wirklich gegeben hat: Relikte sind jedenfalls keine vorhanden). Später, nämlich 323 v. Chr., starb Alexander der Große in Babylon.

Das Zahlensystem der Babylonier war auf der 60 aufgebaut (und heißt deswegen Sexagesimalsystem); Erinnerungen an ein solches System wecken bei uns die Wörter Dutzend für 12, sowie die inzwischen praktisch ausgestorbenen Wörter Schock für 60 und Gros für 120. Die Tatsache, dass der Vollwinkel 360° beträgt, sowie dass man eine Stunde in 60 Minuten und eine Minute in 60 Sekunden einteilt, geht auf die Babylonier zurück. Von der Größenordnung her sind die 360 und die 12 Zahlen, die an den Kalender erinnern: Das Jahr besteht aus 365 Tagen, folglich bewegt sich die Sonne pro Tag etwa 1/360 des Vollwinkels durch die Sternbilder; diesen Teil hat man 1 Grad genannt. Die Zahl der Monate ist ebenfalls 12, wobei die Monatslänge durch den Mond festgelegt ist: Es ist der Zeitraum zwischen zwei Vollmonden.

Die Keilschrift

Die Zahlen der Sumerer wurden in einem Stellenwertsystem geschrieben, d.h. der Platz, an dem eine Ziffer steht, legt ihren Wert fest. Die Sumerer kamen mit zwei Ziffern aus: Ein vertikaler Strich mit Einkerbung bedeutete eine 1, ein waagrechte Kerbe eine 10:

$$\text{Y steht für die 1,} \qquad \text{< für die 10.}$$

Andere Zahlen unterhalb von 60 wurden additiv aus diesen beiden zusammengesetzt:

$$23 \text{ ist } \ll \text{TYT}, \quad 57 \text{ ist } \ll \text{Y} .$$

Die 60 hatte das gleiche Symbol wie die 1, und da die alten Babylonier noch kein Symbol für die 0 hatten, kann man deren 60 nicht von 1 oder 3600 oder auch von $\frac{1}{60}$ usw. unterscheiden (außer durch den jeweiligen Kontext). Um nun etwa 84 zu schreiben, zerlegt man diese Zahl in $84 = 60 + 24$ und findet, dass das babylonische Symbol für 84 gleich $\text{Y} \ll \text{Y}$ ist.

Aufgabe 2.1. *Wandle folgende Zahlen ins Dezimalsystem um:* TYT , Y , $\ll \text{Y}$.

---

[5] Die Sprache der Sumerer wurde bis etwa 1700 v.Chr. gesprochen und hat dann noch weitere eineinhalb Jahrtausende als Sprache der Religion und der Wissenschaften gedient. Sumerisch ist mit keiner anderen bekannten Sprache verwandt. Als die Akkadier nach Mesopotamien kamen, übernahmen sie zwar die Keilschrift der Sumerer, aber nicht ihre Sprache: Weniger als 10 % ihres Wortschatzes wurden aus dem sumerischen entlehnt.

Der Kalender

Teilt man einen Monat in vier Teile (dies entspricht den vier Mondphasen Neumond, zunehmender Mond, Vollmond und abnehmender Mond), so erhält man die Woche aus sieben Tagen (in der Antike waren auch Wochen von 4 bis zu 10 Tagen gebräuchlich in dem Sinne, dass die Woche der zeitliche Abstand zwischen zwei aufeinanderfolgenden Markttagen war). Jeder Stunde des Tags war ein Wächter zugeordnet, und jeder Tag wurde nach dem Wächter der ersten Stunde benannt. Diese Wächter waren die Planeten (Wandelsterne), nämlich (in der Reihenfolge abnehmender Umlaufsdauern) Saturn, Jupiter, Mars, Sonne, Venus, Merkur und Mond. Die erste Stunde des Sonntags wurde also von der Sonne bewacht, die erste Stunde des darauffolgenden Tags vom Mond ($24 = 3 \cdot 7 + 3$, d.h. es wird immer um drei Plätze weitergezählt), dann Mars, Merkur, Jupiter, Venus, Saturn.

Die Namen der Planeten, zusammen mit Sonne und Mond, gaben also den sieben Wochentagen die Namen; die deutschen Namen wurden der nordischen Götterwelt entlehnt:

deutsch	französisch	englisch	Planet / Gottheit
Sonntag	dimanche	sunday	Sonne
Montag	lunedi	monday	Mond
Dienstag	mardi	tuesday	Mars / Tiw
Mittwoch	mercredi	wednesday	Merkur / Wotan
Donnerstag	jeudi	thursday	Jupiter / Donar, Thor
Freitag	vendredi	friday	Venus / Fria
Samstag	samedi	saturday	Saturn

Tiw bzw. Tiu war der Schutzgott des Things, und sein Tag war bei den Germanen der Gerichtstag. Der deutsche Name Dienstag kommt vermutlich von Thingstag. Frija = Frigg war die Gemahlin Wotans. Das Wort Samstag (frz. samedi) ist ebenso wie das spanische *el sabado* aus dem Wort Sabbat entstanden. Das französische *dimanche* kommt wie das spanische *domingo* von *dies domini*, lateinisch für „Tag des Herrn".

Der ursprüngliche Kalender der Römer, der König Numa zugeschrieben wurde, war ein Mondkalender, der aus 12 Monaten (Monden) mit insgesamt 355 Tagen bestand. Der Vollmond wurde auf die Mitte jedes Monats gelegt, den Iden. Alle anderen Tage wurden von den Iden ab gezählt. Am Beginn der Monate (den *calendae*) war die aufgehende Sichel des Mondes zu sehen. Zum Ausgleich für das zu kurze Jahr wurde hin und wieder ein Schaltmonat von 22 oder 23 Tagen am Jahresende zwischen Februar und März (der Jahresanfang war nämlich der 1. März) eingefügt. Allerdings gab es dafür keine festen Regeln: Die Schaltmonate wurden von den *pontifices* eingefügt, die damit die Macht hatten, Amtszeiten zu verlängern oder zu verkürzen und die dies auch ausgenutzt haben. Die zehn Monate hießen *mensis Martius, Aprilis, Maius, Iunius, Quintilis, Sextilis, September, October, November*, und *December*, unter König Numa kamen später *Januarius* und *Februarius* dazu.

Gaius Iulius Caesar reformierte den Kalender 46 v. Chr. (im römischen Sprachgebrauch war dies das Jahr 708 *ab urbe condita*, also seit Gründung der Stadt Rom) mit Hilfe eines Astronomen, den er aus Alexandria kommen ließ. Caesar führte das Sonnenjahr mit 365 Tagen und alle vier Jahre einen Schalttag ein, und zwar nach dem 24. Februar. Die Römer benannten 44 v.Chr. Caesars Geburtsmonat Quintilis nach ihm (Iulius), und 8 v.Chr. gaben sie dem Sextilis den Namen Augustus. Auch spätere Kaiser nahmen sich das Recht, Monate umzutaufen: Caligula gab dem September z.B. den Namen seines Vaters, Germanicus, was sich aber, wie viele andere Namen, nicht durchsetzen konnte.

Um eine Zahl aus dem Dezimalsystem, z.B. 8000, in das Sexagesimalsystem umzuwandeln, geht man wie folgt vor. Man beginnt mit der Beobachtung, dass $60^2 < 8000 < 60^3$ ist; also prüft man, wie oft 60^2 in 8000 enthalten ist, und findet

$$8000 = 2 \cdot 60^2 + 800.$$

Jetzt ist $800 = 13 \cdot 60 + 20$ und damit $8000 = 2 \cdot 60^2 + 13 \cdot 60 + 20$, also

$$8000 = 2; 13; 20 = \text{𒐖 𒌋𒐖 𒎙}.$$

Aufgabe 2.2. *Wandle die Dezimalzahlen* 1234, 4321, $\frac{1}{2}$, $\frac{1}{6}$ *und* $\frac{1}{10}$ *in das Sexagesimalsystem um. Was passiert, wenn man* $\frac{1}{7}$ *umwandelt?*

Die Quadratwurzel von 2

Ein kleines Täfelchen[6] aus der Yale-Sammlung enthält ein Quadrat samt Diagonalen. Eingeritzt sind die Zahlen 30 an der Seite des Quadrats, sowie

$$1; 24; 51; 10 : \quad \text{𒐕 𒐏 𒐐𒐕 𒐏𒐕 𒌋}$$

und

$$42; 25; 35 : \quad \text{𒐏𒐖 𒌋𒐙 𒌍𒐙}.$$

Die Zahl

$$1; 24, 51, 10 = 1 + \frac{24}{60} + \frac{51}{60^2} + \frac{10}{60^3} = \frac{30\,547}{21\,600} = 1,41421\overline{296}$$

ist nichts anderes als eine Approximation der Quadratwurzel aus 2:

$$\sqrt{2} = 1,41421356237309504880168872\underline{4}\ldots$$

Die babylonische Näherung liegt zwischen

$$\frac{30\,546}{21\,600} = 1,4141\overline{6} \qquad \text{und} \qquad \frac{30\,548}{21\,600} = 1,414\overline{259},$$

gibt also die ersten drei Nachkommastellen von $\sqrt{2}$ im Dezimalsystem korrekt an.

---

[6] Der genaue Name ist YBC 7289, aus der „Yale Babylonian Collection". Die vollständigste Sammlung und Besprechung mathematischer Keilschrifttexte findet man in dem monumentalen Buch [49] von Friberg.

Periodische Dezimalbrüche

In den Zeiten, als Taschenrechner noch Mangelware waren, wussten Schüler, welche Brüche man als abbrechende Dezimalbrüche schreiben kann und welche nicht: So sind $\frac{1}{2} = 0,5$ und $\frac{2}{5} = 0,4$ abbrechend, während $\frac{1}{3} = 0,33333\ldots$ eine nicht abbrechende (aber immerhin periodische) Dezimalentwicklung besitzt. Auch $\frac{1}{8}$ hat eine abbrechende Dezimalentwicklung, weil $\frac{1}{8} = \frac{125}{8 \cdot 125} = \frac{125}{1000} = 0,125$ sich zu einem Bruch erweitern lässt, dessen Nenner einer Zehnerpotenz ist. Oder etwas anders gesagt: Aus einem abbrechenden Dezimalbruch wird eine ganze Zahl, wenn man ihn mit einer geeigneten Potenz von 10 multipliziert; aus $\frac{1000}{8} = 125$ folgt dann $\frac{1}{8} = 0,125$. Dies geht bei allen Brüchen, deren Nenner nur durch 2 und 5 teilbar sind, und offenbar auch nur bei diesen.

Die Dezimalentwicklung aller anderen Brüche ist periodisch, und umgekehrt lassen sich periodische Dezimalbrüche als Quotienten ganzer Zahlen schreiben: Wollen wir z.B. $x = 0,1343434\ldots$ als Bruch darstellen, so überlegen wir uns, dass $100x$ dieselbe Periode besitzt, woraus sich nach Subtraktion der beiden Gleichungen

$$100x = \quad 13,43434\ldots$$
$$x = \quad 0,13434\ldots$$

ergibt, dass $99x = 13,3$ und folglich $x = \frac{133}{990}$ ist.

Die Tatsache, dass die Division durch Potenzen von 2 und 5 abbrechende Dezimalbrüche liefert, lässt sich bei Rechnungen vorteilhaft verwenden: So wird man z.B. $24 \cdot 5$ so ausrechnen, dass man den ersten Faktor halbiert und den zweiten verdoppelt: $24 \cdot 5 = 12 \cdot 10 = 120$. Entsprechend ist $24 : 5 = 48 : 10 = 4,8$.

Gegenüber dem Dezimalsystem hat das babylonische Sexagesimalsystem den Vorteil, dass es viel mehr Brüche gibt, deren Entwicklung abbricht: Dies wird bei allen Brüchen der Fall sein, deren Nenner nur durch 2, 3 und 5 teilbar ist. Von den Brüchen mit Nenner bis zu 10 haben also nur diejenigen mit Nenner 7 eine nicht abbrechende (periodische) Sexagesimalentwicklung.

Da die Notation der Babylonier zwischen 1, 60 oder auch $\frac{1}{60}$ nicht unterschieden hat, war rechentechnisch gesehen eine Division durch 3 nichts anderes als eine Multiplikation mit 20. Ein sehr großer Teil der Divisionen ließ sich also problemlos in Multiplikationen verwandeln. Tatsächlich wurden viele Tontäfelchen mit Tabellen „reziproker Zahlen" gefunden, die in etwa wie folgt begonnen haben:

2	30	8	7; 30	16	3; 45
3	20	9	6; 40	18	3; 20
4	15	10	6	20	3
5	12	12	5	24	2; 30
6	10	15	4	25	2; 24

Der Eintrag für 8 erklärt sich z.B. aus $\frac{3600}{8} = 450 = 7 \cdot 60 + 30$.

Um umgekehrt $\frac{1}{13}$ als periodischen Dezimalbruch zu schreiben, führt man entweder eine schriftliche Division aus oder man sucht die kleinste Zahl der Form $99\ldots9$, die durch 13 teilbar ist. Dies ist $999999 = 13 \cdot 76923$; damit ist

$$\frac{1}{13} = \frac{76923}{999999} = 0,\overline{076923}.$$

Im Sexagesimalsystem hat man entsprechend $60^4 - 1 = 13 \cdot 996923$, also wegen $996923 = 4 \cdot 60^3 + 36 \cdot 60^2 + 55 \cdot 60 + 23$

$$\frac{1}{13} = \overline{4; 36; 55; 23}.$$

Multipliziert man die Seitenlänge 30 mit $\sqrt{2}$, oder, was im Sexagesimalsystem auf dasselbe hinausläuft, teilt man $\sqrt{2}$ durch 2, so erhält man die Länge der Diagonalen zu

$$[42, 25, 35] = \frac{30547}{720} \approx 42,4263888\ldots.$$

Manche Historiker vermuten, dass es sich bei dem Täfelchen um eine Übungsaufgabe eines Schreiberlehrlings gehandelt haben könnte.

YBC 7289; mit freundlicher Genehmigung von Bill Casselmann.

Wenn man beginnt, über dieses Täfelchen nachzudenken, wird man um einige Fragen nicht herumkommen:

1. Wie konnten die Babylonier diese Näherung für $\sqrt{2}$ berechnen?

2. Warum muss man sich überhaupt mit Näherungen zufriedengeben und kann $\sqrt{2}$ nicht genau, z.B. als Bruch angeben?

3. Woher wussten die Babylonier, dass die Diagonale eines Quadrats $\sqrt{2}$-mal so lang ist wie die Seite?

Die Antwort auf die erste Frage kennen wir nicht; es ist aber zu vermuten, dass die babylonische Methode derjenigen ähnelt, die wir in Kap. 3 vorstellen werden. Die Übertragung der Methode ins Sexagesimalsystem ist dabei kein Problem. Auf der anderen Seite wissen wir aber, wie Heron von Alexandria Quadratwurzeln berechnet hat; dessen Methode werden wir ebenfalls in Kap. 3 vorstellen.

Auch die zweite Frage wurde, wie wir in Kap. 1 bereits gesehen haben, von den Griechen beantwortet: Die Pythagoreer konnten nämlich zeigen, dass es keinen Bruch $\frac{p}{q}$ gibt mit der Eigenschaft, dass $p^2/q^2 = 2$ ist. In ihrer Sprache haben sie das so ausgedrückt: Die Kante und die Diagonale eines Quadrats sind inkommensurabel. Das bedeutet, dass es keine auch noch so kleine Strecke s gibt, sodass sowohl d wie auch a ganze Vielfache von s sind; dies bedeutet, dass es natürliche Zahlen p und q gibt mit $d = ps$ und $a = qs$, was mit $\frac{d}{a} = \frac{p}{q}$ gleichbedeutend ist.

Die letzte Frage schließlich ist ebenfalls sehr interessant. Der von den Babyloniern angegebene Wert von $\sqrt{2}$ ist viel zu genau, als dass er durch Messung hätte gewonnen werden können: Die einzige Möglichkeit zu wissen, dass die Diagonale eines Quadrats das $\sqrt{2}$-Fache ihrer Seite ist, ist ein **Beweis**. In diesem Falle hätte die Überlegung in etwa so aussehen können (man beachte, dass die dazugehörige Skizze derjenigen auf dem Täfelchen ziemlich ähnlich sieht):

Das kleine Quadrat mit Kantenlänge a und Diagonale d besteht aus zwei gleichschenkligen rechtwinkligen Dreiecken, das große Quadrat mit Kantenlänge d und Diagonale $2a$ dagegen aus vier solcher Dreiecke. Also hat das große Quadrat die doppelte Fläche des kleinen, und es ist $d^2 = 2a^2$, oder auch $d = a \cdot \sqrt{2}$.

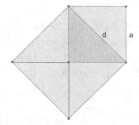

Dass auch die Babylonier diese Überlegung gekannt haben könnten ist durchaus denkbar; Platon jedenfalls hat sie, wie wir in Kap. 1 gesehen haben, in seinem berühmten Dialog zwischen Sokrates und dem Sklaven Menons vorgestellt. Natürlich folgt diese Beobachtung auch aus dem Satz des Pythagoras; diesen haben die Babylonier definitiv gekannt (wenn auch vermutlich ohne Beweis). Danach ist ebenfalls $d^2 = a^2 + a^2 = 2a^2$.

2.2 Plimpton 322: Pythagoreische Tripel

Eine ganz berühmte Tontafel[7] ist „Plimpton 322" (s. Abb. 2.1), die eine ausführliche Tabelle von pythagoreischen Tripeln enthält, also Zahlen a, b, c mit $a^2 + b^2 = c^2$. Der seltsame Name der Tafel rührt daher, dass es das Ausstellungsstück Nr. 322 in der Sammlung von G.A. Plimpton an der Columbia University ist. Plimpton hatte diese Tontafel nach 1920 gekauft und sie zusammen mit seiner ganzen Sammlung von Tontafeln der Columbia University vermacht. Geschrieben wurde die Tafel etwa 1800 v. Chr., sie hat das Format 13 cm × 9 cm und ist etwa 2 cm dick (vgl. [122, S. 34–35]).

In der ersten Zeile dieser Tontafel stehen, von rechts nach links, folgende Zahlen:

$$1. \quad 169 \quad 119$$

Die erste Zahl gibt einfach die Zeilennummer an; die anderen beiden Zahlen 169 und 119 kennen wir aus Kap. 1: Sie gehören zu dem pythagoreischen Tripel $(119, 120, 169)$, deren Katheten sich um 1 unterscheiden. Die Zahl 120 sucht man allerdings vergeblich in dieser Zeile.

Die letzten Spalten der ersten drei Zeilen lauten im Sexagesimalsystem:

---

[7] Es soll hier nicht der Eindruck entstehen, als handelten alle babylonischen Tontafeln von Mathematik. Die Tafel W 20472,167 (Deutsches Archäologisches Institut, Berlin) enthält beispielsweise eine Auflistung von Getreidelieferungen zur Herstellung von Bier. Bei anderen wird deutlich, dass die Täfelchen von Schülern gemacht wurden: Es gibt falsch gelöste Übungsaufgaben ebenso wie Sprüchlein, wonach z.B. Schreiberlehrlingen das Schwätzen während des Unterrichts verboten ist. Und sogar kleine Witzchen haben die Jahrtausende überstanden, wie z.B. der folgende Dialog ([54]; ich kenne es aus [72, S. 6]):
    Vater: Wo bist du gewesen?
    Sohn: Nirgends.
    Vater: Warum kommst du dann zu spät?

Abb. 2.1. Plimpton 322

In der folgenden „Übersetzung" sind die abgesplitterten Teile sinngemäß ergänzt.
Viele Fachleute glauben, dass am linken Rand eine (1) fehlt, weil die Tafel abge-
brochen ist.

(1); 59; 0; 15	1; 59	2; 49	1.
(1); 56; 56; 58; 14; 56; 15	56; 07	3; 12; 01	2.
(1); 55; 07; 41; 15; 33; 45	1; 16; 41	1; 50; 49	3.

Im Dezimalsystem sieht das so aus:

428 415	119	169	1.
90 939 941 775	3367	11 521	2.
89 523 632 025	4601	6649	3.

Die erste und die dritte Zeile machen uns keine Schwierigkeiten: Dort ist, wie schon gesagt,

$$169^2 - 119^2 = 120^2 \quad \text{und} \quad \frac{169^2}{120^2} = \frac{428415}{60^3}.$$

Entsprechend erhält man in der dritten Zeile

$$6649^2 - 4601^2 = 4800^2,$$

und in der ersten Zeile steht die Sexagesimaldarstellung der Zahl

$$\frac{6649^2}{4800^2} = \frac{89523632025}{60^6}.$$

Dieses Muster zieht sich durch die ganze Tabelle: In der zweiten und dritten Spalte stehen die Zahlen b und c mit $a^2 + b^2 = c^2$, wobei a nicht angegeben ist, aber immer eine Zahl ist, deren Kehrwert eine abbrechende Sexagesimaldarstellung besitzt.

In der zweiten Zeile dagegen passt nichts zusammen: Dort ist $11521^2 - 3367^2$ kein Quadrat, und auch die Zahl in der ersten Spalte ist kein Quadrat eines Bruchs. Man nimmt an, dass die Zahl in Zeile 2 und Spalte 1 stattdessen

$$(1); 56; 56; 58; 14; 50; 06; 15 = 5456396484375$$

hätte heißen sollen, dass also der Schreiber aus den korrekten „Ziffern" 50 und 06 durch Weglassen des Zwischenraums eine einzige Ziffer 56 gemacht hat. In diesem Falle stünde links das Quadrat

$$\frac{5456396484375}{60^7} = \frac{4825^2}{3456^2}.$$

Wegen $4825^2 - 3367^2 = 3456^2$ würde das in unser Bild passen, wenn wir in der 3. Spalte die $3; 12; 01 = 11521$ ersetzen durch $1; 20; 25 = 4825$.

Über diesen Fehler und die Interpretation von Plimpton 322 ist viel geschrieben worden; wirklich überzeugend scheint keine Theorie, die bisher aufgestellt worden ist. Man sollte sich aber klar machen, dass der Autor dieses Täfelchens, unter Umständen ein Schreiberlehrling, sicherlich nicht für die Ewigkeit geschrieben, sondern vielleicht nur seine Hausaufgaben etwas schlampig erledigt hat.

Auch die letzte Zeile enthält einen Fehler: Das pythagoreische Tripel $(90, 56, 106)$ ist nicht primitiv; teilt man die einzelnen Zahlen durch 2, erhält man das Tripel $(45, 28, 53)$. Die Tabelle gibt fälschlicherweise die Zahlen $(56, 53)$, die aus beiden Tripeln zusammengesetzt ist.

a	b	c		a	b	c		a	b	c	
120	119	169	1	360	319	481	6	60	45	75	11
3456	3367	4825	2	2700	2291	3541	7	2400	1679	2929	12
4800	4601	6649	3	960	799	1249	8	240	161	289	13
13500	12709	18541	4	600	481	769	9	2700	1771	3229	14
72	65	97	5	6480	4961	8161	10	45	28	53	15

In der vierten Spalte von rechts stehen in Plimpton 322 nicht die Werte von a, sondern von c^2/a^2. Es scheint aber auch klar zu sein, dass es nicht die Absicht des Schreibers gewesen sein kann, hier ein paar pythagoreische Tripel aufzulisten: In diesem Fall hätte er sicherlich die Werte von a, b und c aufgeschrieben anstatt c^2/a^2, b und c.

Es ist aber auch ganz offenkundig, dass diese Werte nicht durch probierendes Suchen gefunden wurden, sondern dass die Babylonier Methoden zur Erzeugung pythagoreischer Tripel gekannt haben müssen. Welchem Zweck diese Tabelle letztendlich diente, ist unter Fachleuten umstritten; denkbar ist, dass es sich um eine Sammlung von Zahlen handelt, die zu einer ganz bestimmten Sorte von Aufgaben passt: Bereits damals wurden die Aufgaben für Schüler so konstruiert, dass als Ergebnis eine „anständige" Zahl herauskommt.

2.3 Die Ägypter

Die ägyptischen Kulturen entwickelten sich entlang des Nils, dessen jährliche Überschwemmungen zum einen zur Entwicklung eines Kalenders, zum anderen zum Aufbau einer Geometrie (die dem griechischen Wortsinn nach nichts anderes bedeutet als „Erdmessung") geführt haben. Herodot (ca. 484–425 v.Chr.) schreibt in Buch II seiner *Historien*:

> *Jeder aber, dem der Fluss von seinem Land etwas abgerissen, musste es dem König gleich melden, der dann seine Beamten hinschickte, um nachzusehen und auszumessen, wie viel kleiner das Grundstück geworden, und die Höhe der davon künftig zu entrichtenden Abgabe zu bestimmen. Infolgedessen, glaube ich, hat man dort die Feldmesskunst erfunden, und von da ist sie dann nach Griechenland gelangt.*

Zum Schreiben benutzten die Ägypter Hieroglyphen (in zwei Variationen), die von etwa 3000 v. Chr. bis 400 n. Chr. in Gebrauch waren; damit sind Hieroglyphen das am längsten benutzte Schreibsystem. Hieroglyphen sind ein „Silbenalphabet"; das erste Alphabet, das einzelne Laute kodiert, kam erst um 1600 v. Chr. im Nahen Osten auf. Um 1100 v. Chr. stabilisierte sich das phönizische Alphabet, das aus 22 Zeichen bestand und mit Namen von Dingen belegt wurden: *aleph* wurde nach dem Ochsen benannt, *beth* nach dem Haus. Es gab nur Großbuchstaben, und geschrieben wurde von rechts nach links (andere Völker änderten die Richtung, wieder andere schrieben von links nach rechts bis zum Zeilenende und dann in der nächsten Zeile von rechts nach links). Von diesem Alphabet stammt das griechische ebenso ab wie das aramäische, und damit arabische, persische und indische Buchstaben. Die Etrusker übernahmen und modifizierten das griechische Alphabet, die Römer wiederum borgten ihr Alphabet von den Etruskern und legten die Schreibweise von links nach rechts fest.

Hieroglyphen sind ein komplett anderes Schreibsystem; in den dreieinhalb Jahrtausenden, in denen es benutzt wurde, waren insgesamt etwa 6000 verschiedene Zeichen in Gebrauch – in dieser Hinsicht ähnelt es dem Chinesischen, das über einen ähnlich riesigen Vorrat an Zeichen verfügt. Die Hieroglyphen wurden übrigens erst im 19. Jahrhundert von Champollion entziffert, und zwar mithilfe des Rosetta-Steins, auf dem derselbe Text in verschiedenen Sprachen eingemeißelt war.

Ein großer Teil unseres Wissens über die frühe ägyptische Mathematik verdanken wir dem Rhind-Papyrus (vgl. [122, S. 36–37]), das der Schotte A. Henry Rhind (1833–1863)[8] 1858 entdeckt hat, und das heute im Britischen Museum ausgestellt ist. Der Papyrus wurde etwa 1650 v.Chr. von dem Schreiber Ahmes (auch Achmes oder Ahmose buchstabiert) geschrieben (genauer kopierte er ein Dokument, das von 1800 v.Chr. stammte) und ist eine Art „Lehrbuch", eine Sammlung von 84 mathematischen Problemen. Die ursprüngliche Rolle ist etwa 5 m lang und 32 cm breit und ist im Britischen Museum ausgestellt.

Die Ägypter benutzten ein Dezimalsystem, allerdings ohne Stellenwert: Eine 1 bedeutete also immer eine 1 (und nicht eine 10, 100 usw. je nachdem, an welcher Dezimalstelle sie steht).

Dies bedeutet, dass die Ägypter für jede Zehnerpotenz ein eigenes Zeichen brauchten. Die folgende Tabelle gibt einige davon an:

Zahl	1	10	100	1000	10 000	100 000	1 000 000
Hieroglyphe							

Die Zahl 237 im Dezimalsystem der Ägypter hat also so ausgesehen:

Stammbrüche

Die Ägypter kannten auch Brüche, allerdings benutzten sie (mit Ausnahme von $\frac{2}{3}$) nur „Stammbrüche", also Brüche der Form $\frac{1}{n}$. Der Bruch $\frac{1}{n}$ wurde geschrieben als die Zahl n unter einem Symbol, das einem offenen Mund ähnelt. Beispielsweise war

$$\frac{1}{12} = \quad .$$

Brüche wie $\frac{4}{7}$ wurden allerdings nicht, wie man vielleicht vermuten könnte, in der Form $\frac{4}{7} = \frac{1}{7} + \frac{1}{7} + \frac{1}{7} + \frac{1}{7}$ geschrieben, sondern immer als Summe von Stammbrüchen mit verschiedenen Nennern, also etwa

---

[8] Im Gefolge von Napoleons Feldzug in Ägypten besuchte eine ganze Horde von Wissenschaftlern und Abenteurern das Land; ihr berühmtestes Beutestück war der Rosetta-Stein, benannt nach der Stadt (Rosetta oder Rashid in der Nähe von Alexandria), in der er gefunden wurde, auf dem ein und derselbe Text in zwei verschiedenen Sprachen (Griechisch und Ägyptisch, letzteres in zwei verschiedenen Schriftarten) gemeißelt war. Dieser Stein erlaubte Thomas Young und Jean François Champollion um 1820 herum die Entzifferung der Hieroglyphen. 1858 kaufte Rhind den inzwischen nach ihm benannten Papyrus, der 1877 von August Eisenlohr (1832–1902) erstmals übersetzt wurde.

$$\frac{3}{5} = \frac{1}{2} + \frac{1}{10}, \quad \frac{4}{7} = \frac{1}{2} + \frac{1}{14}, \quad \text{oder auch} \quad \frac{3}{7} = \frac{1}{3} + \frac{1}{11} + \frac{1}{231}.$$

Wenn die Ägypter eine einzige Regel zum Verwandeln eines Bruchs benutzt haben, dann ist diese nicht bekannt. Eine solche Methode zum Verwandeln eines Bruchs in eine Summe von Stammbrüchen ist der „gierige Algorithmus": Um $\frac{p}{q} < 1$ als Summe von Stammbrüchen darzustellen, schreibt man $\frac{p}{q} = \frac{1}{n} + \frac{r}{s}$ und macht den Bruch $\frac{1}{n}$ so groß wie möglich, also n so klein wie möglich. Dieser Bruch genügt daher den Ungleichungen

$$\frac{1}{n} < \frac{p}{q} < \frac{1}{n-1}. \tag{2.1}$$

So ist z.B.

$$\frac{1}{2} < \frac{4}{7} < \frac{1}{1} \quad \text{und} \quad \frac{1}{3} < \frac{3}{7} < \frac{1}{2},$$

was wir oben benutzt haben. Wegen $\frac{4}{7} - \frac{1}{2} = \frac{1}{14}$ ist man in diesem Fall schon fertig, während man wegen $\frac{3}{7} - \frac{1}{3} = \frac{2}{21}$ noch weiterrechnen muss; mit $\frac{1}{11} < \frac{2}{21} < \frac{1}{10}$ findet man aber $\frac{2}{21} - \frac{1}{11} = \frac{1}{231}$.

Die Ungleichung (2.1) ist übrigens äquivalent zu

$$n - 1 < \frac{q}{p} < n, \tag{2.2}$$

d.h. um n zu finden, muss man lediglich herausfinden, unterhalb welcher ganzen Zahl der Kehrbruch $\frac{q}{p}$ von $\frac{p}{q} < 1$ liegt. Im Falle von $\frac{p}{q} = \frac{2}{21}$ ist z.B.

$$\frac{21}{2} = 10,5, \quad \text{also} \quad 10 < \frac{21}{2} < 11$$

und damit $\frac{1}{11} < \frac{2}{21} < \frac{1}{10}$ wie oben.

Man vermutet (dies geht auf Erdős (1913–1996) und Ernst G. Straus (1922–1983) zurück), dass man jeden Bruch $\frac{4}{n}$ mit $n \geq 5$ als Summe von höchstens drei Stammbrüchen schreiben kann; ein Beweis dieser Vermutung dürfte aber sehr sehr schwer sein. Man weiß, dass es für alle Zahlen n funktioniert außer womöglich für solche der Form $n = 24m + 1$. Eine ähnliche Vermutung gilt übrigens für das Problem, $\frac{5}{n}$ als Summe von höchstens drei Stammbrüchen zu schreiben.

Aufgabe 2.3. *Sei $\frac{p}{q} < 1$ ein echter Bruch, und sei die natürliche Zahl n festgelegt durch (2.2). Zeige, dass $\frac{p}{q} - \frac{1}{n} = \frac{r}{s}$ ein Bruch mit einem kleineren Zähler als $\frac{p}{q}$ ist, dass also $r \leq p - 1$ ist.*

Folgere daraus, dass man jeden Bruch als Summe von Stammbrüchen schreiben kann.

2.4 Rechnen – damals und heute

Wir haben gesehen, dass die Ägypter ein Dezimalsystem, die Babylonier ein Sexagesimalsystem benutzten; die Maya hatten ein Zahlensystem, das auf der 20 aufgebaut war; die Zahl 80 bei den Maya hat also „vier mal zwanzig" geheißen, wie es heute noch im Französischen üblich ist. Die Basis 10 hat natürliche anatomische Gründe: Wir haben 10 Finger, mit denen wir zählen. Die Maya zählten dann mit ihren Zehen weiter, und entwickelten so ein Vigesimalsystem, das auf der 20 basiert.

Dass man im Dezimalsystem auch Zahlen mit Nachkommastellen schreiben kann ist eine relativ späte Erfindung, die den Indern entging. Dezimalbrüche tauchen erstmals in rudimentärer Form beim arabischen Mathematiker al-Uqlidisi (ca. 920–980) auf, und im 12. Jahrhundert bei al-Samawal (1130–1180). Im Westen wurden die Dezimalbrüche vom niederländischen Mathematiker Simon Stevin eingeführt.

Multiplikation und Division

Die Babylonier benutzten zum Rechnen diverse Tricks; insbesondere für die Multiplikation gab es die Formeln (genauer gab es Rezepte, die *wir* in Formeln gießen können)

$$ab = \frac{(a+b)^2 - a^2 - b^2}{2} \quad \text{und} \quad ab = \frac{(a+b)^2 - (a-b)^2}{4},$$

die sich mithilfe der binomischen Formeln leicht bestätigen lassen.

So ist beispielsweise

$$13 \cdot 7 = \frac{20^2 - 6^2}{4} = 10^2 - 3^2 = 91,$$

$$33 \cdot 23 = \frac{56^2 - 10^2}{4} = 28^2 - 5^2 = 784 - 25 = 759$$

$$17 \cdot 6 = \frac{23^2 - 17^2 - 6^2}{2} = \frac{529 - 289 - 36}{2} = 102.$$

Damit die Schreiber schnell multiplizieren konnten, haben sie Tafeln von Quadratzahlen benutzt.

Die Ägypter entwickelten eine ganz andere Technik des Multiplizierens. Die Aufgabe $13 \cdot 12 = 156$ wird im Rhind-Papyrus vorgerechnet (rechts die Rechnung im Dezimalsystem):

I	II∩	1	12
II	IIII∩ ∩	2	24
IIII	IIIIIII∩ ∩ ∩ ∩	4	48
IIIIIIII	IIIIII∩ ∩ ∩ ∩ ∩ ∩ ∩ ∩ ∩	8	96
II∩	IIIIII∩ ∩ ∩ ∩ ∩ ᖼ	13	156

Der Multiplikand 12 wird immer wieder verdoppelt, ebenso die 1, und zwar so lange, bis man den ersten Faktor 13 als Summe der Zweierpotenzen schreiben kann: Wegen $13 = 1 + 4 + 8$ ist $13 \cdot 12 = (1 + 4 + 8) \cdot 12 = 12 + 48 + 96 = 156$.

Dabei wurde diese Regel nicht sklavisch angewandt, sondern mit anderen Tricks verknüpft.

Um $15 \cdot 37$ zu berechnen, hätten die Ägypter nicht etwa $15 = 1 + 2 + 4 + 8$ gerechnet, sondern durch $15 = 10 + 1 + 4$ ihr „Dezimalsystem" ausgenutzt:

1	37
2	74
4	148
10	370
$1 + 4 + 10$	$370 + 74 + 37$

Geschicktes Rechnen ist Übungssache; wer sich diese Technik beim Rechnen mit Zahlen angewöhnt, kann sie später auf das Rechnen mit algebraischen Ausdrücken erweitern. Wer für jede Rechnung den Taschenrechner nimmt, wird es schwerer haben.[9] Mathematiker wie Euler (der wohl produktivste Mathematiker aller Zeiten, geboren in Basel und damit Schweizer) oder Gauß, der größte[10] deutsche Mathematiker, haben sehr viele mathematische Sätze beim Rechnen (von Hand!) entdeckt. Euler beispielsweise ist es gelungen, durch geschickte Umformungen den sehr genauen Wert für

$$1 + \frac{1}{4} + \frac{1}{9} + \frac{1}{16} + \ldots \approx 1,6449340668$$

zu finden. Dann hat er bemerkt, dass die rechte Seite im Rahmen der Rechengenauigkeit gleich der Zahl $\pi^2/6$ ist, und mit diesem Wissen hat er die Sache dann auch bewiesen: Die Tatsache, dass in diesem Ausdruck π vorkommt, hat dem erfahrenen Problemlöser Euler verraten, dass das Ganze etwas mit der Sinusfunktion zu tun haben könnte. Als er seinem ehemaligen Lehrer Jakob Bernoulli, der sich zuvor ebenfalls mit der Berechnung dieser Reihe beschäftigt hatte (wenn auch erfolglos), das Ergebnis mitteilte, kam dieser innerhalb weniger Tage ebenfalls auf einen Beweis.

Im Laufe der Zeit wurde das ägyptische Multiplikationsverfahren verfeinert: Die Rechnungen wurden dadurch leichter zu handhaben, aber schwieriger zu erklären. Die „äthiopische Multiplikation" (auch im 20. Jahrhundert noch gebraucht, und ebenfalls bekannt unter den Namen „russische Bauernmultiplikation" oder „tibetanisches Multiplikationsverfahren" – s. den Beitrag von E. Panke [8]) funktioniert z.B. so: Zur Berechnung von $13 \cdot 12$ wird eine Zahl ständig halbiert (und etwaige Reste vergessen), die andere verdoppelt:

13	12
6	24
3	48
1	96

---

[9] Man beobachte einmal, wie Schüler mit dem Taschenrechner z.B. die Summe $\frac{1}{216} + \frac{6}{216} + \frac{15}{216}$ berechnen.

[10] In der vom ZDF ermittelten Liste der „100 größten Deutschen" landete Gauß knapp hinter Beate Uhse auf Platz 87; s. [114, S. 47].

Jetzt addiert man diejenigen Zahlen der rechten Spalte, neben denen in der linken Spalte eine *ungerade* Zahl steht, und man findet

$$13 \cdot 12 = 12 + 48 + 96 = 156$$

wie oben.

Binärsystem und ASCII

Die Systeme zum Schreiben von Zahlen, welche die Babylonier und die Ägypter eingeführt haben, sind grundsätzlich verschieden: Die Babylonier benutzten ein System der Basis 60; anstatt aber dafür 60 „Ziffern" für die Zahlen von 0 bis 59 zu erfinden, setzten sie diese „dezimal" aus Zeichen für die 1 und die 10 zusammen. Das Dezimalsystem hat den Vorteil, dass man nur 10 Ziffern braucht. Im Binärsystem, das auf der Basis 2 aufgebaut ist, braucht man sogar nur zwei Ziffern, nämlich die 0 und die 1: So wie 111 im Dezimalsystem $1 \cdot 10^2 + 1 \cdot 10 + 1$ bedeutet, steht $(111)_2$ im Binärsystem für $1 \cdot 2^2 + 1 \cdot 2 + 1 = 7$. Für Schüler hätte die Benutzung des Binärsystems den Vorteil, dass sich das kleine Einmaleins auf die Multiplikation mit 0 und mit 1 reduzieren würde; der Nachteil ist, dass selbst Zahlen sehr bescheidener Größe sich nur mit sehr vielen Ziffern schreiben ließen. Dieser Nachteil wird sehr schnell spürbar, wenn man sich vor Augen hält, dass eine im Dezimalsystem vierstellige PIN (z.B. 4321) im Binärsystem plötzlich etwa dreimal so viele Stellen hat: $4321 = (1000011100001)_2$. Vermutlich wären nur die wenigsten in der Lage, sich auch nur ihre eigene Telefonnummer zu merken.

Dennoch spielt das Binärsystem (auf das wohl Leibniz als Erster aufmerksam gemacht hat) im modernen Leben eine zentrale Rolle, weil es intern von allen Geräten, die etwas mit Computern zu tun haben, benutzt wird.

Das Verwandeln einer Binärzahl ins Dezimalsystem ist einfach: Wir haben

$$(10110)_2 = 1 \cdot 2^4 + 0 \cdot 2^3 + 1 \cdot 2^2 + 1 \cdot 2 + 0 \cdot 1 = 16 + 4 + 2 = 22.$$

Umgekehrt ist es nicht ganz so simpel: Um 22 im Binärsystem zu schreiben, muss man schauen, welche Zweierpotenz gerade noch kleiner als 22 ist; dann ist $22 - 16 = 6$, und wegen $6 = 4 + 2$ ist $22 = 16 + 4 + 2 = (10110)_2$. Das ist aber mehr ein Probieren als ein Rechnen. Einfacher geht es mit fortgesetzter Division durch 2 mit Rest:

$$22 = 2 \cdot 11 + 0$$
$$11 = 2 \cdot 5 + 1$$
$$5 = 2 \cdot 2 + 1$$
$$2 = 2 \cdot 1 + 0$$
$$1 = 2 \cdot 0 + 1$$

Schaut man sich die Reste in der rechten Spalte an, so sieht man die Binärentwicklung von 22 von hinten. Zufall? Eher nicht:

Die Entwicklung des Dezimalsystems

Die Geschichte unseres Dezimalsystems begann etwa im 4. Jahrhundert v.Chr. in Indien. Die Ziffern 1, 2 und 3 wurden durch einen, zwei bzw. drei waagrechte Striche symbolisiert, die man diesen Ziffern auch heute noch ansieht (aber nur, wenn man es weiß). Mehr als 1000 Jahre später kam als wesentlicher Bestandteil die 0 dazu. Die Araber „importierten" dieses indische Dezimalsystem, und der arabische Name für die 0, sifr, war der etymologische Ursprung von Wörtern wie zero, cipher, Ziffer usw. Für genauere Informationen empfehle ich Ifrahs Bestseller [52].

Der entscheidende Anlass, der dem damals für arabisch gehaltenen Dezimalsystem zum Durchbruch im christlichen Teil Europas verhalf (Spanien war damals unter muslimischer Herrschaft, und es gab enge Kontakte zu den arabischen Wissenschaftlern, welche die in Europa gänzlich unbekannten griechischen Werke übersetzten und weiterentwickelten), war die Veröffentlichung des *Liber Abaci* durch Leonardo von Pisa, besser bekannt unter dem Namen Fibonacci. Dieser wurde etwa um 1175 in Pisa als Sohn eines Kaufmanns geboren, und seine Erziehung beinhaltete das von arabischen Händlern benutzte Dezimalsystem ebenso wie Werke von al-Khwarizmi. Der Ruhm Fibonaccis war so groß, dass Friedrich II. 1225 in Pisa Halt machte und einen mathematischen Wettstreit organisierte. Eines der Probleme war die Gleichung $x^3 + 2x^2 + 10x = 20$; Fibonacci konnte zeigen, dass die Lösung dieser Gleichung nicht rational war und auch nicht eine andere einfache Form hatte, wie $a + b\sqrt{n}$ mit rationalen Zahlen a, b, n; darüber gab er die Lösung auf 9 Dezimalstellen an. Ein weiteres Problem wurde im 20. Jahrhundert im Zusammenhang mit elliptischen Kurven zu einem heißen Eisen: Man finde eine Quadratzahl, die wieder eine Quadratzahl ergibt, wenn man 5 addiert oder subtrahiert. Fibonacci fand die Lösung $\frac{41}{12}$:

$$\left(\frac{41}{12}\right)^2 - 5 = \frac{31}{12}, \quad \left(\frac{41}{12}\right)^2 + 5 = \frac{49}{12}.$$

Um innerhalb des Dezimalsystems auch schriftlich rechnen zu können, wurden einerseits diverse Rechentricks erfunden, andererseits Möglichkeiten zur Kontrolle eines Ergebnisses geschaffen, z.B. durch die Neunerprobe. Damit auch Leute, die in der Kindheit nicht das kleine Einmaleins gelernt hatten (das war im dunklen Mittelalter praktisch jeder, und wenn wir den Didaktikern weiterhin folgen, wird das auch in naher Zukunft wieder so sein), schriftlich multiplizieren lernen konnten, hat man folgenden Trick angewandt: Zahlen größer als 5 wurden durch Finger dargestellt, und zwar durch so viele, wie bis 10 noch fehlen; um 7 und 8 darzustellen, öffnet man in der einen Hand zwei und in der anderen drei Finger („vergisst" also jeweils eine Hand mit 5 Fingern). Dann ist $7 \cdot 8$ das Produkt der Anzahlen der nach innen zeigenden Finger plus 10-mal die Summe der offenen Finger, also

$$7 \cdot 8 = 3 \cdot 2 + 10(3 + 2) = 56.$$

Dahinter steckt die algebraische Identität

$$(5 + a)(5 + b) = (5 - a)(5 - b) + 10(a + b).$$

Mithilfe dieser Regel musste man das kleine Einmaleins nur bis zum Fünfer auswendig lernen. Mehr zur „Fingerarithmetik" findet man in Gardners [108, Kap. 8].

Das Spiel Nim

Ein Spiel für zwei Personen mit Streichhölzern ist folgende einfache Variante des Spiels Nim (das Wort scheint aus dem Altenglischen zu kommen und ist mit dem deutschen „nimm" verwandt): Es liegt eine Anzahl von Streichhölzern auf dem Tisch, und jeder Spieler nimmt entweder ein, zwei oder drei Hölzer weg. Es gewinnt, wer das letzte Streichholz nimmt.

Um solche Spiele zu analysieren, beginnt man mit der einfachsten Verluststellung: Eine solche liegt vor, wenn nur noch 4 Streichhölzer auf dem Tisch liegen. Der Gegenspieler kann dann 1, 2 oder 3 Hölzer nehmen, lässt aber in jedem Fall eine Gewinnstellung zurück.

Allgemein wird derjenige Spieler gewinnen, der eine durch 4 teilbare Anzahl von Hölzchen vor sich liegen hat: Nimmt der Gegenspieler $n = 1$, 2 oder 3 Hölzer, dann nimmt er $4 - n = 3$, 2 oder 1 Hölzchen und hat wieder eine durch 4 teilbare Anzahl vor sich liegen. Damit kann er erreichen, dass irgendwann einmal genau 4 Hölzchen vor ihm liegen, und dann hat er gewonnen (s. oben).

Aufgabe 2.4. *Wie lautet die richtige Strategie, wenn man 1, 2, 3 oder 4 Hölzchen wegnehmen darf?*

Eine deutlich kompliziertere Variante dieses Spiels ist das berühmte Spiel *Nim*. Hier werden Streichhölzchen in eine Anzahl von Häufchen aufgeteilt, und jeder Spieler darf von *einem* Haufen eine beliebige Anzahl von Streichhölzern nehmen, muss aber mindestens ein Streichholz wegnehmen. Das letzte Hölzchen gewinnt. Auch hier muss man mit der Analyse am Ende beginnen:

Aufgabe 2.5. *Zeige, dass ein Spieler den Gewinn erzwingen kann, wenn sein Gegenüber bei seinem Zug entweder 4 Haufen mit je einem Hölzchen oder zwei Haufen mit je zwei Hölzchen liegen hat.*

Um die Gewinnstellungen zu charakterisieren, schreiben wir die Anzahl der Streichhölzer in den einzelnen Haufen im Binärsystem. Eine Gewinnstellung ist eine, in welcher an allen Binärstellen eine gerade Anzahl von Einsen steht. Die Stellung (6,5,3) ist beispielsweise eine Gewinnstellung, wenn mein Gegner am Zug ist, da wegen $6 = (110)_2$, $5 = (101)_2$, und $3 = (11)_2$ in jeder Binärstelle eine gerade Anzahl von Einsen steht.

Habe ich eine Gewinnstellung wie (6,5,3) erreicht, in der mein Gegner am Zug ist, und nimmt er z.B. 2 Hölzchen von einem Haufen, dann hinterlässt er entweder (4,5,3), (6,3,3) oder (6,3,1) Hölzchen. In diesen Fällen erreicht man wieder eine Gewinnstellung durch (4,5,1), (3,3) bzw. (2,3,1).

Die Gewinnstrategie ist also folgende: Man sorgt dafür, dass die Anzahl der Einsen in der Binärdarstellung der Anzahl der Hölzchen an jeder Stelle gerade ist, wenn der Gegner am Zug ist. Da dieser nur die Hölzchen in einem Stapel ändern darf, muss nach seinem Zug die Anzahl der Einsen an mindestens einer Stelle ungerade sein. Jetzt zieht man so viele Hölzchen von einem geeigneten Stapel, dass sich wieder eine Gewinnstellung ergibt, in der also an allen Stellen eine gerade Anzahl von Einsen steht.

Aufgabe 2.6. *Begründe, warum diese Strategie funktioniert und zum Gewinn führt.*

$$45 = 2 \cdot 22 + 1$$
$$22 = 2 \cdot 11 + 0$$
$$11 = 2 \cdot 5 + 1$$
$$5 = 2 \cdot 2 + 1$$
$$2 = 2 \cdot 1 + 0$$
$$1 = 2 \cdot 0 + 1,$$

und $(101101)_2 = 1 + 4 + 8 + 32 = 45$.

Klar ist, dass der Rest bei der ersten Division durch 2 die letzte Binärstelle geben muss: Ist der Rest nämlich 0, dann ist die Zahl gerade, die letzte Binärstelle folglich ebenfalls 0. Aus dem gleichen Grund ist die letzte Binärstelle gleich 1, wenn bei der ersten Division der Rest 1 bleibt, weil die Zahl ungerade ist.

Mathematiker denken an dieser Stelle an einen Beweis durch vollständige Induktion. Wir werden darauf noch zurückkommen. An dieser Stelle machen wir den Induktionsbeweis ohne Gerüst; dazu stellen wir fest, dass die Behauptung sicherlich für $n = 1$ richtig ist und beweisen dann die beiden folgenden Aussagen:

1. Ist der Algorithmus für eine Zahl n gültig (d.h. berechnet er die Binärdarstellung einer Dezimalzahl n korrekt), dann gilt er auch für das Doppelte der Zahl, also für $2n$.

2. Ist der Algorithmus für eine gerade Zahl $2n$ gültig, dann gilt er auch für die darauffolgende ungerade Zahl $2n + 1$.

Was ist damit gewonnen? Nun, damit ist sichergestellt, dass der Algorithmus für alle Zahlen funktioniert. Um beispielsweise einzusehen, dass der Algorithmus für 11 gilt, überlegt man sich, dass er für 1 gilt (trivial), also auch für 2 (nach 1.), für 4 (wieder nach 1.), für 5 (nach 2.), für 10 (nach 1.) und endlich für 11 (wieder nach 2.). Da man jede beliebige Zahl durch Verdoppeln und Addieren von 1 erreichen kann, gilt der Algorithmus damit für alle natürlichen Zahlen.

Beweis von 1.: Die Sache wird klar, wenn man sich das Ganze am Beispiel der Zahlen 5 und 10 vor Augen führt:

$$10 = 2 \cdot 5 + 0$$
$$5 = 2 \cdot 2 + 1 \qquad\qquad 5 = 2 \cdot 2 + 1$$
$$2 = 2 \cdot 1 + 0 \qquad\qquad 2 = 2 \cdot 1 + 0$$
$$1 = 2 \cdot 0 + 1 \qquad\qquad 1 = 2 \cdot 0 + 1$$

Nach unserer Annahme wissen wir, dass der Algorithmus für 5 funktioniert. Zu zeigen ist, dass er auch für 10 funktioniert. Die Entwicklung nach dem ersten Schritt ist aber die gleiche; der Unterschied ist nur, dass der Algorithmus für 10 eine zusätzliche erste Zeile hat, die dafür sorgt, dass aus $5 = (101)_2$ ein $10 = (1010)_2$ wird. Aber das Anhängen einer 0 an die Binärdarstellung der 5 bewirkt nichts anderes als eine Verdoppelung. Im Dezimalsystem ist diese Beobachtung nichts anderes als die Tatsache, dass das Zehnfache von 132 einfach 1320 ist.

Wenn wir also die Binärentwicklung einer Zahl n kennen, erhalten wir die der doppelten Zahl $2n$ durch Anhängen einer 0; der Algorithmus ist für beide Zahlen der gleiche, sieht man von der ersten Zeile für $2n$ ab, die diese letzte 0 produziert.

Beweis von 2.: Das ist noch einfacher. Der Algorithmus für $2n$ und für $2n + 1$ unterscheidet sich nur in der ersten Zeile:

$$2n = 2 \cdot n + 0 \qquad\qquad 2n + 1 = 2 \cdot n + 1,$$

danach ist alles gleich. Und in der Tat erhält man die Binärdarstellung von $2n + 1$ einfach, indem man die letzte 0 durch eine 1 ersetzt.

Damit ist das Umwandeln einer Dezimalzahl in eine Binärzahl ein Kinderspiel; wir bemerken *en passant*, dass damit auch die äthiopische Methode der Multiplikation von S. 51 erklärt ist. Auch Buchstaben werden vom Computer intern als binäre Zahlen dargestellt, und zwar im ASCII-System[11]. Die ersten 65 Zeichen sind dabei für allerlei Sonderzeichen usw. reserviert, die Buchstaben beginnen mit dem großen A bei $65 = (100\,0001)_2$. Demnach ist B repräsentiert von $66 = (100\,0010)_2$, und der 26. Buchstabe Z von $90 = (101\,1010)_2$. Nach einigen weiteren Sonderzeichen geht es mit Kleinbuchstaben weiter ab $97 = (1100001)_2$, was für ein kleines a steht.

Die Berechnung von Potenzen

In der modernen Nachrichtenübertragung kommt es auf viele Dinge an. Eines davon ist Geschwindigkeit. Werden Daten verschlüsselt, sei es auf dem Smartphone[12] oder dem PC[13], muss gerechnet werden, und kein Benutzer wartet gerne, bis das Gerät so weit ist.

Eine Möglichkeit Zeit zu sparen, indem man effektiv rechnet, wurde früher, als man noch von Hand rechnete, tatsächlich unterrichtet: Das Horner-Schema.

Dies erklärt man am einfachsten durch ein Beispiel: Hat man ein Polynom $f(x) = 2x^3 + 3x^2 + 4x + 5$ an der Stelle $x = 6$ auszuwerten, so braucht man dafür in der Form

$$f(6) = 2 \cdot 6 \cdot 6 \cdot 6 + 3 \cdot 6 \cdot 6 + 4 \cdot 6 + 5$$

6 Multiplikationen und 3 Additionen (kurz: 6M + 3A). Etwas intelligenter wäre es, sich das Ergebnis von $6 \cdot 6$ zu merken und es einmal mit 3, das andere Mal mit $2 \cdot 6$ zu multiplizieren. Dann muss man zwar etwas mehr speichern als vorher, dafür kostet das Ganze nun nur noch 5M + 3A.

Noch schneller geht es mit einer Idee von Horner: In

---

[11] American Standard Code for Information Interchange.

[12] Sprache wird durch eine Fourieranalyse in Schwingungen umgewandelt, also in Frequenzen und die zugehörigen Amplituden; diese Zahlen werden dann digital übertragen und am Ende wieder in Sprache umgewandelt.

[13] Beim Speichern auf ein Medium passieren zwangsläufig Fehler; würde man Daten ohne Zusätze speichern, wären diese in der Regel zu nichts zu gebrauchen und nicht mehr lesbar. Deswegen muss man Daten so verschlüsseln, dass man kleinere Fehler ohne Weiteres beim Lesen wieder herausrechnen kann.

$$f(6) = ((2 \cdot 6 + 3) \cdot 6 + 4) \cdot 6 + 5$$

kommt man mit 3M + 3A aus, und das ist (da Multiplikationen teurer sind als billige Additionen) fast doppelt so schnell wie die naive Art, $f(6)$ auszurechnen.

Entsprechendes gilt allgemein; am Beispiel des Polynoms

$$ax^4 + bx^3 + cx^2 + dx + e = (((ax + b)x + c)x + d)x + e$$

sieht man, wie man für Polynome höheren Grades vorzugehen hat.

Aufgabe 2.7. *Zeige, dass man für die Berechnung von $f(a)$ bei einem Polynom n-ten Grades*

$$f(x) = a_n x^n + a_{n-1} x^{n-1} + \ldots + a_1 x + a_0$$

mit dem Horner-Schema mit n Multiplikationen und n Additionen auskommt (etwas weniger, wenn einige Koeffizienten gleich 0 sind).

Das Horner-Schema ist nicht der Weisheit letzter Schluss: Zum Berechnen von $x^{17} = (((x \cdot x) \cdot x) \cdots x)$ brauchen wir mit dieser Methode insgesamt 16 Multiplikationen. Schneller (und solche Dinge sind für die Anwendungen z.B. beim Abspielen einer CD unerlässlich; vgl. [104]) geht es mit dem Trick der Ägypter: wir berechnen x^2, x^4, x^8, x^{16} durch wiederholtes Quadrieren (dafür brauchen wir vier Multiplikationen) und berechnen dann $x^{17} = x^{16} \cdot x$. Wir kommen also mit fünf Multiplikationen (statt 16) aus!

2.5 Übungen

2.1 Das erste Tripel $(120, 119, 169)$ auf Plimption 322 ist eng verwandt mit der Lösung $(x, y) = (239, 169)$ der Gleichung $x^2 - 2y^2 = -1$.

Zeige: Ist (a, b, c) ein pythagoreisches Tripel mit $a + 1 = b$, dann ist $(a + b)^2 - 2c^2 = -1$.

2.2 Schreibe $\frac{2}{n}$ für ungerade $n \geq 3$ als Summe zweier Stammbrüche, zuerst in konkreten Fällen ($n = 3, 4, 5$), dann allgemein.

2.3 Schreibe $\frac{3}{n}$ für $n \geq 4$ als Summe von Stammbrüchen. Unterscheide die Fälle $n = 6k + 1$, $6k + 2$, $6k + 4$ und $6k + 5$.

Warum muss man die Fälle $n = 6k$ und $n = 6k + 3$ nicht betrachten?

2.4 Zeige, dass $\frac{3}{5}$ als Summe zweier Stammbrüche geschrieben werden kann, $\frac{3}{7}$ dagegen nicht.

Hinweis: Schreibe $\frac{3}{7} = \frac{1}{a} + \frac{1}{b}$ mit $a < b$. Zeige, dass $3 \leq a \leq 7$ sein muss und gehe alle Möglichkeiten durch.

2.5 Zeige allgemeiner: Wenn $p = 6n + 1$ eine Primzahl ist, dann kann man $\frac{3}{6n+1}$ nicht als Summe zweier Stammbrüche schreiben.

2.6 Bestimme alle Tripel (a, b, c) natürlicher Zahlen mit

$$\frac{1}{a} + \frac{1}{b} + \frac{1}{c} = 1.$$

2.7 (XXX. Olympiade Junger Mathematiker, 3. Stufe, Februar 1991, Klasse 9) Bestimme alle Tripel (a, b, c) natürlicher Zahlen mit

$$\frac{1}{a} + \frac{1}{b} + \frac{1}{c} = \frac{4}{5}.$$

2.8 Zeige, dass der „gierige Algorithmus" die Darstellung $\frac{3}{25} = \frac{1}{9} + \frac{1}{113} + \frac{1}{25425}$ liefert, sich dieser Bruch aber als Summe *zweier* Stammbrüche darstellen lässt.

2.9 Sei p eine Primzahl > 3. Jede solche Primzahl hat die Form $6n - 1$ oder $6n + 1$. Zeige, dass sich $\frac{3}{p^2}$ im Falle $p = 6n - 1$ als Summe zweier Stammbrüche schreiben lässt, im Falle $p = 6n + 1$ dagegen nicht.

2.10 (Bundeswettbewerb Mathematik 1989, 1. Runde) Sei n eine ungerade natürliche Zahl. Man beweise: Die Gleichung

$$\frac{4}{n} = \frac{1}{x} + \frac{1}{y}$$

hat genau dann eine Lösung in natürlichen Zahlen x, y, wenn n einen Primfaktor der Form $4k - 1$ besitzt.

2.11 Berechne eine Näherung für $\sqrt{27}$ und $\sqrt{65}$.

2.12 Finde eine Näherung für $\sqrt{1-a}$ für kleine Werte von a.

2.13 Berechne Näherungen für $\sqrt{24}$ und $\sqrt{63}$.

2.14 Berechne eine Näherung für $\sqrt{a^2 + 1}$ und $\sqrt{a^2 - 1}$.

2.15 Berechne eine Näherung für $\sqrt{a^3 + 1}$ und $\sqrt{a^3 - 1}$, insbesondere für $\sqrt[3]{28}$ und $\sqrt[3]{26}$.

Hinweis: Benutze die binomische Formel aus Aufgabe 4.

2.16 Sind a und b reelle Zahlen mit $0 \le b \le 2a + 1$, dann ist

$$a \le \sqrt{a^2 + b} \le a + 1.$$

2.17 Die folgende Aufgabe ist aus dem Rhind-Papyrus (vgl. [111, S. 31ff]): 10 Maß Gerste sind unter 10 Personen derart zu verteilen, dass jeder $\frac{1}{8}$ Maß Gerste mehr erhält als sein linker Nachbar.

Hinweis: Betrachte vier Menschen, von denen jeder den Anteil a erhält:

$$a \quad a \quad a \quad a.$$

Damit die Anteile der beiden mittleren $\frac{1}{8}$ auseinander liegen, nehmen wir von einem $\frac{1}{16}$ weg und geben es dem anderen:

$$a \quad a - \frac{1}{16} \quad a + \frac{1}{16} \quad a.$$

Wie viel muss man nun der linken Person wegnehmen und der rechten geben?

2.18 Fibonacci bewies in seinem *Liber Abaci* die Identität

$$(a^2 + b^2)(c^2 + d^2) = (ac + bd)^2 + (ad - bc)^2 = (ad + bc)^2 + (bd - ac)^2.$$

Rechne nach, dass diese Gleichungen richtig sind.

2.19 Um das Produkt zweier Zahlen zwischen 10 und 20 zu berechnen, addiere man die Einerziffer der einen zur anderen Zahl und hänge eine Null an; dazu addiert man das Produkt der Einerziffern.

Beispiel: Um $13 \cdot 18$ zu bestimmen, rechnet man $13 + 8 = 21$; Null anhängen und $3 \cdot 8 = 24$ addieren ergibt $210 + 24 = 234$.

Zeige, dass diese Vorschrift auf der Identität

$$(10 + a)(10 + b) = 10(10 + a + b) + ab$$

beruht.

2.20 Wie muss man die Strategie in der vereinfachten Version von „Nim" abändern, wenn das letzte Streichhölzchen verliert?

Wie sieht die entsprechende Strategie in der richtigen Version von „Nim" aus?

3. Die Berechnung von Quadratwurzeln

Wenn man wissen will, was die Quadratwurzel aus einer bestimmten Zahl ist, reicht heute ein Griff zum Taschenrechner, der in Bruchteilen einer Sekunde mehr Dezimalstellen ausspuckt als für die Praxis in der Regel benötigt werden. Wenn man experimentell prüfen will, ob in der Dezimalentwicklung von $\sqrt{2}$ alle Ziffern mit derselben Häufigkeit vorkommen, wird man mit 10 Nachkommastellen allerdings nicht zufrieden sein können.

In diesem Kapitel wird erklärt, wie ein Taschenrechner Quadratwurzeln berechnet, und vor allem, wie die alten Babylonier, Griechen und Inder das gemacht haben oder jedenfalls gemacht haben könnten. Mit diesen Methoden lassen sich, zumindest im Prinzip, beliebig viele Nachkommastellen von $\sqrt{2}$ berechnen. Ob darin alle Ziffern mit der Häufigkeit $\frac{1}{10}$ vorkommen, ist übrigens ein ungelöstes Problem – numerische Experimente legen zumindest nahe, dass dies wirklich der Fall ist.

Es wäre natürlich ebenfalls interessant zu erklären, wie ein Taschenrechner $\sin x$, $\ln x$ oder auch nur e^x berechnen kann; das führt allerdings schnell in die Tiefen der Analysis, während wir beim Wurzelziehen noch ziemlich lange algebraischen und sogar geometrischen Boden unter unseren Füßen spüren. Dennoch wird sich auch beim Problem der Berechnung von Quadratwurzeln die Analysis bemerkbar machen, und zwar in Form von Approximationen durch Tangenten und durch Funktionen höheren Grades sowie durch Potenzreihen.

Das Einüben eines Algorithmus ist in der modernen Didaktik verpönt; so wird schon in der Grundschule versucht, Kindern das Verständnis für das Funktionieren schriftlicher Rechenverfahren beizubringen, die sie gar nicht beherrschen, und ihnen Fragen zu beantworten, die sie sich gar nicht stellen.[1] Natürlich sind diese Fragen wichtig, und natürlich sollten sie irgendwann einmal gestellt und beantwortet werden, und zwar am besten von Lehrern, welche die dahinter liegende Mathematik verstehen. An der Dämonisierung von Algorithmen ändert sich auch am Gymnasium nichts: Alle Algorithmen, die man im letzten Jahrtausend noch eingeübt hat (Bestimmung von größten gemeinsamen Teilern und kleinsten gemeinsamen Vielfachen, euklidischer Algorithmus, Horner-Schema, Newton-Verfahren) sind in Baden-Württemberg einfach aus dem Lehrplan gestrichen worden.

---

[1] Wer die Sichtweise der meisten Mathematiker dazu kennen lernen möchte, sollte sich den Beitrag von Ehud de Shallit [11] auf dem ICM 2006 ansehen; die Gegenposition der Didaktiker hat dort Anthony Ralston vertreten, der wie manche seiner deutschen Kollegen das schriftliche Rechnen von der Grundschule ganz verbannen möchte.

Für richtige Mathematiker in Anwendung und Forschung sind Algorithmen dagegen ein ganz zentrales Thema; die wichtigsten Fragen zu einem Algorithmus lauten:

- *Wie* funktioniert er?

- *Warum* funktioniert er?

- *Wie gut* funktioniert er?

In diesem Kapitel werden diese drei Fragen für diverse Algorithmen zur Berechnung von Quadratwurzeln beantwortet. Dabei gehen wir auch in dieser Reihenfolge vor, weil die Fragen nach ihrem Schwierigkeitsgrad geordnet sind.

Zurück zum Wurzelziehen: In Abschn. 3.1 gehen wir auf die geometrische Interpretation des Distributivgesetzes und der binomischen Formeln ein. Die dort benutzten Argumente werden in Kap. 4 einen Beweis für den Satz des Pythagoras liefern.

3.1 Distributivgesetz und binomische Formeln

Für unseren ersten Beweis schauen wir uns eine der einfachsten Formeln an, die man sich denken kann: Das Distributivgesetz $a(b+c) = ab+ac$. Die Terme auf der rechten Seite sind Flächen von Rechtecken (genauer: Sie lassen sich als Flächeninhalte von Rechtecken interpretieren), ebenso wie der Term auf der linken Seite. Geometrisch haben wir also folgende Situation:

Der Flächeninhalt des großen Rechtecks ist $a(b + c)$, die Summe der Flächeninhalte der beiden kleinen Rechtecke dagegen $ab + ac$. Also muss

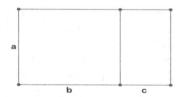

$$a(b + c) = ab + ac$$

sein.

Die Richtigkeit des Distributivgesetzes ist etwas, das der Rechenerfahrung[2] entspringt: Man kann $2(3 + 4)$ eben auf zwei verschiedene Arten ausrechnen, und sowohl $2 \cdot 7$, als auch $2 \cdot 3 + 2 \cdot 4$ liefert dasselbe Ergebnis. Die geometrische Interpretation verstärkt die Überzeugung, dass es gar nicht anders sein kann, da eine Gleichung wie $a(b+c) = ab+c$ jetzt schon aus Dimensionsgründen (auf der rechten Seite werden eine Fläche und eine Länge addiert) Unsinn sein muss.

Ganz ähnlich funktioniert der Fall mit mehreren Summanden:

---

[2] Eine solche Erfahrung eignet man sich sicherlich nicht dadurch an, dass man schon als Grundschüler lästige Rechnungen (welche Rechnung ist das nicht?) mit dem Taschenrechner erledigt, wie das manche Didaktiker ohne Unterrichtserfahrung glauben fordern zu müssen.

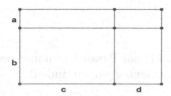

Hier ist offensichtlich

$$(a+b)(c+d) = ac + bc + ad + bd.$$

Ein Spezialfall davon ist die binomische Formel; diese steht in Euklids zweitem Buch als Proposition II.4:

Wird eine Strecke beliebig in zwei Teile geteilt, so ist das Quadrat auf der ganzen Strecke gleich den Quadraten auf den Teilen und dem doppelten von den beiden Segmenten gebildeten Rechteck.

Wird die Strecke AB in zwei Teile AF und FB geteilt, so ist das Quadrat mit Kantenlänge AB gleich den Quadraten mit Kantenlängen AF und FB und dem doppelten Rechteck mit den beiden Kantenlängen AF und FB.

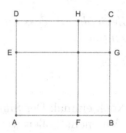

Symbolisch: $\overline{AB}^2 = \overline{AF}^2 + 2\overline{AF} \cdot \overline{AB} + \overline{FB}^2$. Mit $\overline{AB} = \overline{AF} + \overline{FB}$ also

$$(\overline{AF} + \overline{FB})^2 = \overline{AF}^2 + 2\overline{AF} \cdot \overline{AB} + \overline{FB}^2.$$

Ebenfalls im zweiten Buch von Euklid findet sich die folgende Proposition (II.10):

Satz 3.1. *Ist C der Mittelpunkt der Strecke AB und liegt D auf der Verlängerung dieser Strecke, dann sind die Quadrate über den Strecken BD und AD doppelt so groß wie diejenigen über BC und CD:*

$$\overline{BD}^2 + \overline{AD}^2 = 2(\overline{BC}^2 + \overline{CD}^2).$$

Den geometrischen Beweis kann man bei Euklid nachlesen; in moderner algebraischer Schreibweise wird daraus mit $a = \overline{AC}$ und $b = \overline{BD}$ einfach

$$b^2 + (2a+b)^2 = 2(a^2 + (a+b))^2, \tag{3.1}$$

was sich mit binomischen Formeln problemlos nachrechnen lässt.

Die euklidische Proposition II.10 haben wir vor allem deswegen explizit erwähnt, weil sie in einem Kommentar von Proklus (412–485; Proklus war Leiter der Athener Schule und verfasste einen Kommentar zu Euklids erstem Buch) zu den Platonschen Diagonalzahlen auftaucht: In diesem Kommentar schreibt Proklus, dass Euklid die grundlegende Identität in II.10 „geometrisch" bewiesen habe; aus (3.1) folgt nämlich sofort die Gleichung

$$(2a + b)^2 - 2(a + b)^2 = 2a^2 - b^2,$$

die auch unserer Aufgabe 1.2 zugrunde liegt.

Die folgende Aufgabe wird später (Aufgabe 4.14) auf Parallelogramme verallgemeinert werden (und ist ebenfalls in Euklids *Elementen* [46] zu finden):

Aufgabe 3.1. *In einem Rechteck ABCD liegt der Punkt S auf der Diagonale AC. Zeige, dass die Rechtecke EBFS und GDHS den gleichen Flächeninhalt besitzen. Zeige weiter, dass S genau dann auf der Diagonale liegt, wenn die Steigungen der Geraden AS und SC gleich sind.*

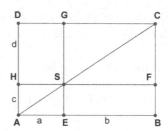

Zeige damit, dass die Flächengleichheit die folgende algebraische Identität repräsentiert:

$$ad = bc \iff \frac{c}{a} = \frac{d}{b} \, . \tag{3.2}$$

Noch einmal: Der Sinn von Aufgabe 3.1 ist nicht, die Identität (3.2) zu beweisen. Vielmehr wollen wir damit zeigen, dass sich (3.2) geometrisch interpretieren lässt.

Anwendungen binomischer Formeln

In der Mathematik kommt es oft darauf an, etwas „zu sehen"; meistens ist es kein entdeckendes Sehen, sondern ein „wiedererkennendes" (jetzt klinge ich schon wie Sokrates). Mit anderen Worten: Wenn man bei einem Problem nicht weiterweiß, sollte man nach Hinweisen suchen, die einem bekannt vorkommen. In den folgenden Problemen tauchen Quadratzahlen auf, und der entscheidende Schritt zur Lösung ist jedesmal, diese Quadrate zu „binomischen Formeln" zu ergänzen. Als einfaches Beispiel besprechen wir folgende Aufgabe:

Zeige, dass unter den Zahlen $n^4 + 4$ nur $n = 1$ eine Primzahl liefert.

Unter den Zahlen $n^2 + 4$ kommen viele Primzahlen vor (vermutlich unendlich viele, auch wenn das noch niemand beweisen kann), z.B. sind $1^2 + 4 = 5$, $3^2 + 4 = 13$, $5^2 + 4 = 29$, $7^2 + 4 = 53$ lauter Primzahlen, während $9^2 + 4 = 3^4 + 4 = 85 = 5 \cdot 13$ ist. Wir müssen daher die vierte Potenz ausnutzen. Aber wie? Die Lösung findet man erst, wenn man an die binomischen Formeln denkt und versucht, $n^2 + 4$ zu einem Quadrat zu ergänzen: Es ist nämlich $n^2 + 4 = (n+2)^2 - 4n$. Diesen Ausdruck kann man faktorisieren, wenn n ein Quadrat ist; die Differenz zweier Quadrate ist ja bekanntlich $a^2 - b^2 = (a - b)(a + b)$. Ist daher $n = m^2$, so gilt

$$m^4 + 4 = (m^2 + 2)^2 - 4m^2 = (m^2 + 2m + 2)(m^2 - 2m + 2).$$

Rechentricks und binomische Formeln

Die binomischen Formeln sind ein wunderbares Hilfsmittel der Mathematik. Ihr Sinn und Zweck ist nicht, wie man als Schüler vielleicht denken mag, das Ausrechnen von Ausdrücken der Form $(a+b)^2$: Das bekommt man mit dem Distributivgesetz hin. Vielmehr sollte man die binomische Formel kennen, um zielgerichtet Umformungen von Termen vornehmen zu können. Um sich ein Bild von der Bedeutung binomischer Formeln machen zu können, empfehle ich einen Blick ins Stichwortverzeichnis.

Die binomischen Formeln lassen sich oft anwenden, um Rechnungen zu sparen. Eine direkte Anwendung der „dritten" binomischen Formel

$$x^2 - y^2 = (x-y)(x+y)$$

liefert z.B.

$$29 \cdot 31 = (30-1)(30+1) = 900 - 1 = 899,$$

und die Gleichung

$$65^2 = (60+5)^2 = 60^2 + 10 \cdot 60 + 5^2 = 60(60+10) + 25 = 60 \cdot 70 + 25$$

basierend auf der „ersten" binomischen Formel

$$(a+b)^2 = a^2 + 2ab + b^2$$

zeigt, dass man $65^2 = 4225$ erhält, wenn man an $6 \cdot 7 = 42$ eine 25 anhängt.

Aufgabe 3.2. *Zeige, dass man das Quadrat der Zahl $\overline{a5} = 10a + 5$ (für Ziffern $1 \le a \le 9$) dadurch erhält, dass man an die Zahl $a(a+1)$ eine 25 anhängt. Gilt diese Regel auch für mehrstellige a?*

Die binomischen Formeln sind, wenn man sie von links nach rechts liest, Spezialfälle des Distributivgesetzes, mit dem man in Sachen Rechentricks sehr viel anfangen kann. Eine hübsche Idee, Quadratzahlen auszurechnen, basiert auf der Anwendung der dritten binomischen Formel

$$a^2 = a^2 - d^2 + d^2 = (a-d)(a+d) + d^2,$$

wobei man d so wählt, dass das Produkt leicht auszurechnen ist; so wäre z.B.

$$24^2 = (24-4)(24+4) + 4^2 = 20 \cdot 28 + 16 = 576.$$

Tatsächlich ist dies eine natürliche Verallgemeinerung des obigen „Tricks" zur Berechnung von Quadraten von Zahlen, die auf 5 enden. Der Trick selbst wird von Martin Gardner dem Mathematiker A.C. Aitken zugeschrieben.
Eine andere Verallgemeinerung dieses Tricks dient der Berechnung von Produkten wie $42 \cdot 48$, bei denen beide Faktoren dieselbe Zehnerziffer haben und ihre Einerziffern sich zu 10 addieren. An $42 \cdot 48 = 2016$ lässt sich leicht ablesen, wie er funktioniert.

Die Fermatsche Faktorisierungsmethode

Eine auf Fermat zurückgehende Methode, große Zahlen in Primfaktoren zu zerlegen, ist folgende: Man versucht, die zu faktorisierende Zahl N als Differenz zweier Quadrate zu schreiben: $N = x^2 - y^2$. Mit der dritten binomischen Formel ist dann

$$N = x^2 - y^2 = (x - y)(x + y),$$

und wenn nicht gerade $x - y = 1$ ist, haben wir eine Faktorisierung von N gefunden. Um z.B. die Zahl $N = 391$ zu zerlegen, könnten wir testen, welche der Quadratzahlen $N + x^2$ für kleine x ein Quadrat ist. Wir finden

$$N + 1^2 = 392,$$
$$N + 2^2 = 395,$$
$$N + 3^2 = 400 = 20^2,$$

Folglich ist $N = 20^2 - 3^2 = (20 - 3)(20 + 3) = 17 \cdot 23$. Noch schneller geht es, wenn wir testen, welche der Zahlen $x^2 - N$ für $x > \sqrt{N}$ Quadratzahlen sind: Hier sind wir bereits nach dem ersten Schritt fertig, weil das kleinste zu testende x die Zahl $x = 20$ ist. Dieses Verfahren zur Primzerlegung einer Zahl geht auf Fermat zurück.

Aufgabe 3.3. *Zerlege die Zahlen $N = 1073$ und $N = 7663$ in Primfaktoren.*

Aufgabe 3.4. *Zerlege die Zahlen $N = 3007$ und $3N$ mit der Fermatschen Methode. Warum ist die Zerlegung von $3N$ einfacher?*

Das „übliche" Verfahren zur Bestimmung der Primfaktorzerlegung einer Zahl, nämlich die Division durch 2, 3, 5, 7, 11 usw., liefert ziemlich schnell die kleinen Primfaktoren einer Zahl; das Fermatsche Verfahren funktioniert ziemlich flott, wenn N das Produkt zweier ähnlich großer Faktoren ist. Im Allgemeinen ist das Zerlegen großer Zahlen in ihre Primfaktoren ein sehr schweres Problem. Auf der Schwierigkeit, große Zahlen zu faktorisieren, beruhen übrigens diverse Verfahren der modernen Kryptographie, mit denen Nachrichten sicher verschlüsselt werden. Diese werden im Internet zur sicheren Übertragung von Daten (z.B. bei Kommunikation zwischen Kunde und Bank) benutzt.

Die Fermatsche Idee lässt sich auch auf Polynome anwenden: Um z.B. die Gleichung $x^2 + 4x - 5 = 0$ zu lösen, genügt es, die linke Seite in Linearfaktoren zu zerlegen. Eine solche wiederum würde aus einer Darstellung von $x^2 + 4x - 5$ als Differenz zweier Quadrate folgen. Durch quadratische Ergänzung finden wir so

$$x^2 + 4x - 5 = (x + 2)^2 - 9 = (x + 2)^2 - 3^2 = (x + 2 - 3)(x + 2 + 3) = (x - 1)(x + 5),$$

wobei wir einmal mehr die binomischen Formeln verwendet haben, und mit dem Satz vom Nullprodukt kann man jetzt die Lösungen $x_1 = 1$ und $x_2 = -5$ ablesen.

Der große Unterschied zwischen dem Zerlegen von Zahlen und dem von quadratischen Polynomen ist die Tatsache, dass man beim Faktorisieren von Zahlen auf Probieren angewiesen ist.

Jetzt betrachten wir folgendes

Problem. *Zeige, dass es unendlich viele ungerade Zahlen n gibt, für welche $N = n^2 - 2$ zusammengesetzt[3] ist.*

Ungerade Zahlen sind solche, die man in der Form $n = 2m + 1$ schreiben kann; damit erhalten wir $N = (2m+1)^2 - 2 = 4m^2 + 4m - 1$. Um zusammengesetzte N zu erhalten, versuchen wir, N als Differenz zweier Quadrate zu schreiben. Da N die Form $4(m^2+m) - 1$ hat, geht das nur, wenn N die Differenz des Quadrats einer geraden und einer ungeraden Zahl ist. Aus $(2m+2)^2 = 4m^2 + 8m + 4$ erhalten wir $N = 4m^2 + 4m - 1 = (2m+2)^2 - 4m - 5$; es genügt also, $4m+5$ zu einer Quadratzahl zu machen. Da $4m + 5$ ungerade ist, setzen wir $4m + 5 = (2b+1)^2 = 4b^2 + 4b + 1$, was auf $m = b^2 + b - 1$ führt. Diese Wahl funktioniert: Wir haben dann, mithilfe der dritten binomischen Formel,

$$N = (2m+2)^2 - (2b+1)^2 = (2m + 2 - 2b - 1)(2m + 2 + 2b + 1)$$
$$= (2m - 2b + 1)(2m + 2b + 3).$$

Wenn nicht gerade $2m - 2b + 1 = 1$ ist, was für $m = b$ der Fall ist, ist diese Faktorisierung nicht die triviale Zerlegung $N = 1 \cdot N$.

Aufgabe 3.5. *Zeige, dass genau dann $m = b$ ist, wenn $b = \pm 1$ ist.*

Damit haben wir

b	$2m+1$	N
2	11	$7 \cdot 17$
3	23	$17 \cdot 31$
4	39	$31 \cdot 7^2$
5	59	$7^2 \cdot 71$
6	83	$71 \cdot 97$

Eine andere Möglichkeit, unendlich viele zusammengesetzte Zahlen der Form $n^2 - 2$ zu finden, besteht darin, eine Teilfolge aus Zahlen zu betrachten, die alle durch 7 teilbar sind. So findet man leicht, dass für $n = 14m - 3 \geq 11$ alle Zahlen $(14m-3)^2 - 7$ durch 7 teilbar und größer als 7 sind; damit sind sie zusammengesetzt.

3.2 Die Babylonier

In Kap. 1 haben wir gesehen, dass $\frac{7}{5} < \sqrt{2} < \frac{17}{12}$ Näherungsbrüche für $\sqrt{2}$ sind. Wie kann man die Dezimalbruchentwicklung der Quadratwurzel aus 2 berechnen? Die Antwort „mit dem Taschenrechner" liefert keinen großen Erkenntnisgewinn, da wir auch nicht wissen, wie es der Taschenrechner macht, oder wie man an die ersten 20 Dezimalstellen kommt.

---

[3] Man vermutet, dass es unendlich viele Primzahlen der Form $N = n^2 - 2$ (oder auch $N = n^2 + 1$) gibt; das konnte bisher aber nicht bewiesen werden.

Die erste Methode zur Berechnung von Quadratwurzeln, die wir hier durchgehen möchten, wurde vermutlich bereits im Altertum verwendet (wir kennen nur einige Rechnungen, aber ohne Erklärung des Rechenwegs). Wir beginnen mit einer sehr einfachen Abschätzung: Selbstverständlich ist $1 < \sqrt{2} < 2$. Um Brüche zu vermeiden, betrachten wir jetzt $\sqrt{200} = 10\sqrt{2}$; unsere erste Näherung besagt $10 < \sqrt{200} < 20$. Wir machen den Ansatz $(10 + x)^2 = 200$ und finden nun $20x + x^2 = 100$. Da x kleiner als 10 ist, wird der Löwenanteil der linken Seite von $2x$ getragen. Wenn wir daher das kleine x^2 vernachlässigen, haben wir $20x < 100$ und damit $x < 5$; wir setzen also $x = 4$ und finden $14^2 < 200 < 15^2$, d.h. $1,4 < \sqrt{2} < 1,5$.

Quadratische Gleichungen, binomische Formeln oder das Berechnen von Quadratwurzeln waren im Altertum eine geometrische Angelegenheit. Aus $10^2 < 200$ folgt, dass das Quadrat mit Kantenlänge 10 in das Quadrat mit Fläche 200 passt. Zieht man das kleine Quadrat vom großen ab, erhält man zwei Rechtecke, die jeweils Fläche $10x$ haben, und ein kleines Quadrat mit Kantenlänge x. Die Summe der beiden Rechtecke muss kleiner sein als $200 - 10^2 = 100$, was auf $x < 5$ und damit auf $x = 4$ führt.

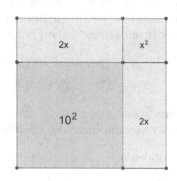

Zur Bestimmung der nächsten Dezimale gehen wir aus von

$$140^2 < 20\,000 < 150^2$$

und setzen $(140 + x)^2 = 20\,000$, was wie oben nach Vernachlässigung von x^2 auf

$$280x < 20\,000 - 140^2 = 400$$

und damit auf $x = 1$ führt. In der Tat ist $141^2 = 19\,881$ und $142^2 = 20\,164$.

Im nächsten Schritt folgt aus $(1410 + x)^2 \approx 2\,000\,000$ die Ungleichung

$$2820x < 2\,000\,000 - 1410^2,$$

was uns $x = 4$ und damit die Näherung $1,414 < \sqrt{2} < 1,415$ gibt.

Führt man diesen Algorithmus weiter, so findet man

$$\sqrt{2} = 1,41421356237309504880168872\ldots,$$

und es ist nicht schwer, sich weitere Dezimalstellen zu verschaffen.

Natürlich lassen sich mit diesem Verfahren Quadratwurzeln beliebiger Zahlen berechnen.

Aufgabe 3.6. *Bestimme auf ähnliche Art und Weise die ersten 3 Nachkommastellen von $\sqrt{3}$.*

Das schriftliche Ziehen von Quadratwurzeln, welches im letzten Jahrhundert noch unterrichtet wurde, ist auf den binomischen Formeln aufgebaut. Der Algorithmus ist im Wesentlichen derselbe wie der oben vorgestellte; die geometrische Einkleidung ist in der „modernen" Version allerdings nicht mehr vorhanden.

Der erste Schritt ist eine Näherung, mit der man in der Praxis meist schon auskommt: Aus der binomischen Formel $(1+\frac{1}{2}a)^2 = 1+a+\frac{1}{4}a^2$ kann man erkennen, dass wenn a klein ist, der Term $\frac{1}{4}a^2$ noch viel kleiner ist. Ist z.B. $a = \frac{1}{10}$, so ist $\frac{1}{4}a^2 = \frac{1}{400}$. Das bedeutet, dass $(1+\frac{1}{20})^2 = 1 + \frac{1}{10} + \frac{1}{400}$ ist, also $1{,}05^2 \approx 1{,}1$. Dass a klein ist, ist dabei in genau diesem Sinne zu verstehen: Je kleiner a gegenüber 1 ist, um so genauer ist die Näherung. Allgemein gilt:

Satz 3.2. *Für betragsmäßig kleine Werte von a gilt*

$$\sqrt{1+a} \approx 1 + \frac{a}{2}. \tag{3.3}$$

Damit findet man z.B.

$$\sqrt{26} = 5\sqrt{\frac{26}{25}} = 5\sqrt{1+\frac{1}{25}} \approx 5\left(1+\frac{1}{50}\right) = 5 + \frac{1}{10} = 5{,}1;$$

der Taschenrechner gibt $\sqrt{26} \approx 5{,}09902$.

Wendet man (3.3) direkt auf die Berechnung von $\sqrt{2}$ an, erhält man die grobe Näherung $\sqrt{2} \approx \frac{3}{2}$. Etwas besser wird es so:

$$\sqrt{2} = \frac{1}{5}\sqrt{50} = \frac{1}{5}\sqrt{49+1} = \frac{7}{5}\sqrt{1+\frac{1}{49}} \approx \frac{7}{5}(1+\frac{1}{98}) = \frac{7}{5} + \frac{1}{70} \approx 1{,}41428\dots.$$

Hierbei haben wir die Gleichung $7^2 - 2 \cdot 5^2 = -1$ benutzt. Mit größeren Platonschen Diagonalzahlen lassen sich noch bessere Näherungen finden.

Analytisch beruht die Näherung $\sqrt{1+a} \approx 1 + \frac{a}{2}$ darauf, dass $y = 1 + \frac{x}{2}$ die Tangente an das Schaubild von $f(x) = \sqrt{1+x}$ in $x = 0$ ist (s. Abb. 3.1).

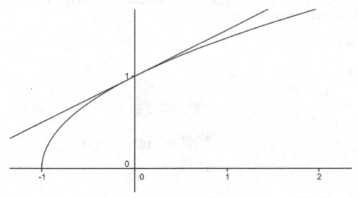

Abb. 3.1. Schaubilder von $y = 1 + \frac{1}{2}x$ und $f(x) = \sqrt{1+x}$

Hierbei ist die Tangente diejenige Funktion $g_1(x) = ax + b$ mit $1 = f(0) = g(0)$ und $\frac{1}{2} = f'(0) = g'(0)$. Noch bessere Näherungen erhalten wir, wenn wir f durch eine Parabel approximieren: Wegen $f''(x) = -\frac{1}{4\sqrt{1+x}}$ ist $f''(0) = -\frac{1}{4}$; der Ansatz $g_2(x) = ax^2 + bx + c$ liefert $g_2''(x) = 2a$, und $2a = -\frac{1}{4}$ liefert $a = -\frac{1}{8}$, also die Näherungsparabel $g_2(x) = 1 + \frac{1}{2}x - \frac{1}{8}x^2$. Diese liegt für positive x unterhalb der Wurzelfunktion, die Tangente liegt darüber (s. Abb. 3.2 und Übung 3.36).

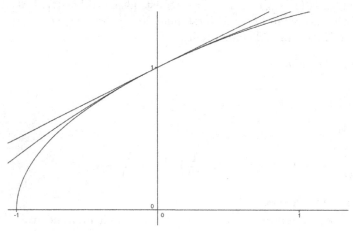

Abb. 3.2. Schaubilder von $y = 1 + \frac{x}{2}$, $y = 1 + \frac{1}{2}x - \frac{1}{8}x^2$ und $f(x) = \sqrt{1+x}$

Natürlich kann man dieses Spielchen fortsetzen: Berechnet man die höheren Ableitungen von $f(x) = \sqrt{1+x}$ an der Stelle $x = 0$, so findet man

n	0	1	2	3	4
$f^{(n)}(0)$	1	$\frac{1}{2}$	$-\frac{1}{4}$	$\frac{3}{8}$	$-\frac{15}{16}$

Soll die Funktion $g(x) = a_0 + a_1 x + a_2 x^2 + a_3 x^3 + \ldots$ die gleichen Werte $g^{(n)}(0)$ hervorbringen wie $f(x)$, so muss man setzen

$$a_0 = 1,$$

$$a_1 = \frac{1}{2},$$

$$2a_2 = -\frac{1}{4}, \qquad\qquad \text{also } a_2 = -\frac{1}{8},$$

$$6a_3 = \frac{3}{8}, \qquad\qquad \text{also } a_3 = \frac{1}{16},$$

$$24a_4 = -\frac{15}{16}, \qquad\qquad \text{also } a_4 = -\frac{5}{128},$$

was auf

$$g(x) = 1 + \frac{1}{2}x - \frac{1}{8}x^2 + \frac{1}{16}x^3 - \frac{5}{128}x^4 + \ldots$$

führt. Newton hat gezeigt, dass die Reihe auf der rechten Seite für kleine x tatsächlich gegen die Funktion $f(x) = \sqrt{1+x}$ „konvergiert"; berücksichtigt man also „alle" Glieder, so gilt

$$\sqrt{1+x} = 1 + \frac{1}{2}x - \frac{1}{8}x^2 + \frac{1}{16}x^3 - \frac{5}{128}x^4 + \ldots.$$

3.3 Die Griechen

Wie die Babylonier zu ihrer Approximation von $\sqrt{2}$ gekommen sind, ist nicht bekannt. Von Heron von Alexandria[4] stammt eine Methode, die man wie folgt motivieren kann. Angenommen, wir haben eine Näherung von $\sqrt{2}$ gefunden, sagen wir $a \approx \sqrt{2}$. Dann ist $a^2 \approx 2$ und $a \approx \frac{2}{a}$. Dies wiederum bedeutet: Ist a nahe bei $\sqrt{2}$, dann auch $\frac{2}{a}$. Ist beispielsweise $a \approx \frac{7}{5} = 1{,}4$, dann ist auch $\frac{10}{7} \approx 1{,}428$ Näherung von $\sqrt{2}$. Dabei ist es kein Zufall, dass die eine Zahl unterhalb und die andere oberhalb von $\sqrt{2}$ liegt: Aus $a < \sqrt{2}$ folgt $a\sqrt{2} < 2$ und, wenn a positiv ist, $\sqrt{2} < \frac{2}{a}$.

Mit jedem Näherungswert $a < \sqrt{2}$ haben wir also einen zweiten Näherungswert $\frac{2}{a} > \sqrt{2}$ (und umgekehrt). Es liegt daher nahe, aus diesen beiden Näherungswerten einen dritten zu bilden, indem man deren Mittelwert nimmt. Für jede Näherung $x_1 \approx \sqrt{2}$ setzen wir also

$$x_2 = \frac{1}{2}\Big(x_1 + \frac{2}{x_1}\Big) = \frac{x_1}{2} + \frac{1}{x_1}.$$

Jetzt gilt (binomische Formel)

$$\Big(\frac{x_1}{2} + \frac{1}{x_1}\Big)^2 = \frac{x_1^2}{4} + 1 + \frac{1}{x_1^2} = \Big(\frac{x_1}{2} - \frac{1}{x_1}\Big)^2 + 2;$$

da Quadrate ≥ 0 sind, folgt daraus $\big(\frac{x_1}{2} + \frac{1}{x_1}\big)^2 \geq 2$ und damit nach Ziehen der Quadratwurzel (für positive x_1)

$$x_2 = \frac{x_1}{2} + \frac{1}{x_1} \geq \sqrt{2},$$

d.h. der zweite Näherungswert x_2 liegt immer *über*[5] dem wahren Wert von $\sqrt{2}$.

Diesen Schritt kann man nun wiederholen: Hat man eine Näherung x_n, setzt man

---

[4] Zu Herons Lebzeiten (ca. 10–85 n.Chr.) war Alexandria bereits Teil des römischen Imperiums. Die Jahreszahlen sind, wie bei vielen anderen Daten auch, mit Vorsicht zu genießen. Heron zitiert Apollonius (ca. 262–190 v.Chr.) und wird von Pappus zitiert, lebte also irgendwo zwischen 150 v.Chr. und 250 n.Chr.; eine von Heron erwähnte Mondfinsternis wurde von Otto Neugebauer (1899–1990) auf den 13. März 62 n.Chr. datiert.

[5] Dies ist ein Spezialfall der Ungleichung zwischen geometrischem und arithmetischem Mittel (4.9), da das geometrische Mittel von $x_n/2$ und $2/x_n$ gleich $\sqrt{2}$ ist.

$$x_{n+1} = \frac{x_n}{2} + \frac{1}{x_n}.$$

Mit $x_1 = 1$ findet man z.B. $x_2 = \frac{3}{2}$, $x_3 = \frac{17}{12}$, $x_4 = \frac{577}{408} \approx 1,4142157$ usw.

Aufgabe 3.7. *Die Näherungsbrüche $x_n = p_n/q_n$, die wir oben erhalten haben, besitzen eine Unmenge an zahlentheoretischen Eigenschaften (vgl. die Platonschen Diagonalzahlen aus Kap. 1). Verifiziere anhand von Beispielen die Gleichung*

$$p_n^2 - 2q_n^2 = 1$$

(z.B. ist $3^2 - 2 \cdot 2^2 = 1$). Berechne auch $p_n^2 + 2 \cdot q_n^2$; welche Vermutung drängt sich auf?

Berechne die Darstellung von $x_4 = \frac{577}{408}$ im babylonischen Sexagesimalsystem und vergleiche mit YBC 7289.

Das Heron-Verfahren kann man zur Berechnung beliebiger Quadratwurzeln verwenden; die allgemeine Formel für die Berechnung von $\sqrt{a}$ (natürlich ist $a > 0$) lautet dann

$$x_{n+1} = \frac{x_n}{2} + \frac{a}{2x_n}. \tag{3.4}$$

Für $a = 2$ erhalten wir selbstverständlich unsere obigen Formeln zurück. Wenn man (3.4) in der Form

$$x_{n+1} = \frac{1}{2}\left(x_n + \frac{a}{x_n}\right)$$

schreibt, so sieht man, dass die neue Näherung einfach der Mittelwert der beiden Näherungswerte x_n und $\frac{a}{x_n}$ ist. Ist x_n zu klein, wird $\frac{a}{x_n}$ zu groß sein, und man darf hoffen, dass das arithmetische Mittel der beiden Werte einen besseren Näherungswert liefert.

Man kann nachrechnen, dass x_2 fast immer eine bessere Näherung ist als x_1 (oder allgemein x_{n+1} besser als x_n). Man findet nämlich

$$x_2^2 - a = \left(\frac{x_1}{2} + \frac{a}{2x_1}\right)^2 - a = \frac{x_1^2}{4} + \frac{a}{2} - \frac{a^2}{4x_1^2} - a$$

$$= \frac{x_1^2}{4} - \frac{a}{2} + \frac{a^2}{4x_1^2} = \frac{x_1^4 - 2ax_1^2 + a^2}{4x_1^2} = \frac{(x_1^2 - a)^2}{4x_1^2}.$$

Liegt x_1 sehr nahe bei $\sqrt{a}$, dann ist $4x_1^2 \approx 4a$ und folglich

$$x_2^2 - a \approx \frac{1}{4a}(x_1^2 - a)^2.$$

Wegen des quadratischen Exponenten auf der rechten Seite spricht man im vorliegenden Fall von „quadratischer Konvergenz".

Genauer gesagt macht man dies wegen der Gleichung, die man erhält, wenn man in der letzten Gleichung versucht, die Ausdrücke $x_1 - \sqrt{a}$ und $x_2 - \sqrt{a}$ zu vergleichen. Wegen

$$x_2^2 - a = (x_2 - \sqrt{a})(x_2 + \sqrt{a})$$

und einer entsprechenden Gleichung für x_1 folgt

$$x_2 - \sqrt{a} \approx \frac{1}{4a}(x_1 - \sqrt{a})^2 \cdot \frac{(x_1 + \sqrt{a})^2}{x_2 + \sqrt{a}} \approx \frac{2\sqrt{a}}{4a}(x_1 - \sqrt{a})^2 \approx \frac{1}{2\sqrt{a}}(x_1 - \sqrt{a})^2,$$

wobei diese Beziehung ebenfalls nur dann gilt, wenn x_1 (und damit auch x_2) hinreichend nahe bei $\sqrt{a}$ liegt.

Satz 3.3. *Ist a eine positive reelle Zahl und x_1 eine gute Näherung von $\sqrt{a}$, dann ist*

$$x_2 = \frac{x_1}{2} + \frac{a}{2x_1}$$

eine bessere Näherung. Dieses Verfahren kann wiederholt werden.

Das Heron-Verfahren ist bis heute eines der effektivsten Mittel zur Berechnung von Quadratwurzeln geblieben. Heron spielt also mit, wenn ein Schüler auf dem Taschenrechner die Quadratwurzeltaste drückt.

Heron und dritte Wurzeln

Von Heron stammt auch eine Berechnung von $\sqrt[3]{100}$. Grundlage seiner Rechnung (s. [17]) ist die triviale Beobachtung $4^3 = 64 < 100 < 125 = 5^3$; seine Rechnung verläuft dann wie folgt:

$$125 - 100 = 25,$$
$$100 - 64 = 36,$$
$$5 \cdot 36 = 180,$$
$$180 + 100 = 280,$$
$$180/280 = 9/14,$$
$$4 + 9/14 = 4\frac{9}{14}.$$

Im Dezimalsystem ist

$$\sqrt[3]{100} \approx 4,6416, \quad 4\tfrac{4}{19} \approx 4,6429.$$

Für beliebige Zahlen funktioniert Herons Verfahren wie folgt: Sei a eine ganze Zahl mit $a^3 < N < (a+1)^3$ und setze $d_1 = N - a^3$ und $d_2 = (a+1)^3 - N$. Dann ist

$$\sqrt[3]{N} \approx a + \frac{(a+1)d_1}{(a+1)d_1 + ad_2}.$$

Dieses Verfahren ist offensichtlich keine natürliche Verallgemeinerung des Heron-Verfahrens zur Berechnung von Quadratwurzeln. Wie Heron auf diese Methode gekommen ist, scheint noch niemand herausgefunden zu haben.

Nach Wertheim (1843–1902) [26] wurde eine Kopie von Herons *Metrik* erst Ende des 19. Jahrhunderts von Richard Schöne in einer Bibliothek in *Konstantinopel*, dem heutigen Istanbul, gefunden.

3.4 Die Inder

Fast alle alten Hochkulturen entwickelten sich in den fruchtbaren Tälern großer Flüsse: Die babylonische Kultur in Mesopotamien zwischen den Flüssen Euphrat und Tigris, die ägyptische entlang des Nils. Der Nil Indiens ist der Indus, mit 3180 km der längste Fluss auf dem indischen Subkontinent. Er entspringt in Tibet, fließt durch Pakistan, und mündet bei Hyderabad ins Arabische Meer.

Vom Wort „Indus" stammen sowohl Indien als auch das Wort Hindus ab. Die älteste Kultur am Indus ist auf den Zeitraum zwischen 2800 und 1800 v.Chr. datiert. Es ist unbekannt, welche Sprache diese Menschen sprachen, und ihre Schrift (wenn es denn eine war) ist bis heute nicht entziffert worden. Nach dem Untergang der Indus-Kultur blühte die vedische Kultur zwischen 1500 bis 600 v. Chr., danach folgte die buddhistische Gandhara-Kultur. Im 4. vorchristlichen Jahrhundert führte ein Feldzug Alexander den Großen bis nach Indien, nach 700 begann der islamische Einfluss. Alle indoeuropäischen Sprachen entwickelten sich aus der indischen Sprache Sanskrit, die romanischen ebenso wie Deutsch oder Russisch; die einzigen europäischen Sprachen, die einen anderen (unbekannten) Ursprung haben, sind im Wesentlichen Finnisch und Ungarisch.

Eines der berühmtesten indischen Manuskripte, in der Bedeutung vergleichbar mit dem ägyptischen Rhind-Papyrus oder dem babylonischen Plimpton 322, ist das Bhakshali-Manuskript (s. [50, Kap. IV]). Dieses ist auf Birkenrinde geschrieben, vermutlich aus dem 7. oder 8. nachchristlichen Jahrhundert; man glaubt, dass es eine Kopie einer Arbeit ist, die im 4. Jahrhundert n.Chr. geschrieben wurde. Das Manuskript ist nach dem Dorf Bhakshali benannt, wo es 1881 gefunden wurde. Damals gehörte Bhakshali zu Indien und wurde noch von den Briten regiert; Gandhi war damals gerade 12 Jahre alt, und sein Marsch gegen die britische Besatzung und die Salzsteuer lag noch weit in der Zukunft. Die Engländer verließen Indien 1942, und zur selben Zeit begannen die indischen Moslems damit, für einen islamischen Teilstaat zu kämpfen. Als England 1947 Indien in die Unabhängigkeit entließ, entstand neben Indien auch das islamische Pakistan, in dessen Nordwesten sich Bhakshali heute befindet.

Die Ergebnisse, welche indische Mathematiker gefunden haben, gingen an vielen Stellen über diejenigen ihrer westlichen Kollegen hinaus. Was die griechische Mathematik dennoch aus der von anderen Kulturen geschaffenen heraushebt ist die zentrale Rolle des Beweises.

Wir haben bereits gesehen, dass die Näherung

$$\sqrt{A^2 + b} \approx A + \frac{b}{2A}$$

vermutlich schon den Babyloniern bekannt war. Der indische Text[6] gibt eine viel bessere Näherung:

> *Ist eine Zahl gegeben, die keine Quadratzahl ist, so subtrahiere die nächste*
> *Quadratzahl und teile den Rest durch das Doppelte dieser Zahl; das halbe*

---

[6] Ich kenne die Formel aus Shirali [24].

Quadrat dieser Zahl wird dann durch diese Summe aus der Näherung der Wurzel und dem Bruch geteilt. Abgezogen ergibt dies die verbesserte Wurzel.

Umgeschrieben in Formeln bedeutet dies

$$\sqrt{A^2 + b} \approx A + \frac{b}{2A} - \frac{(\frac{b}{2A})^2}{2(A + \frac{b}{2A})}.$$

Dieselbe Gleichung (natürlich ebensowenig in algebraischer Form wie in dem indischen Manuskript) findet sich bei dem arabischen Mathematiker Alkasaldi (s. [19]) aus dem 15. Jahrhundert.

Für $n = 11$ können wir $A = 3$ und $b = 2$ wählen und finden

$$\sqrt{11} \approx 3 + \frac{1}{3} - \frac{\frac{1}{9}}{2(3 + \frac{1}{3})} = \frac{199}{60} \approx 3,31667,$$

was sich von $\sqrt{11} \approx 3,31662$ nur wenig unterscheidet. Letzteres kann man auch daran erkennen, dass

$$199^2 - 11 \cdot 60^2 = 1$$

ist (auch hier taucht wieder eine Pellsche Gleichung auf).

Wir wissen nicht, wie die Inder diese Formel hergeleitet oder auch nur entdeckt haben; mit den Hilfsmitteln der Differentialrechnung könnte man das machen wie folgt: Um eine Näherungsformel für $\sqrt{1+x}$ zu bekommen, können wir versuchen (s. Shirali [24]), die Funktion

$$f(x) = \frac{a + bx + cx^2}{d + ex}$$

so zu wählen, dass sie für kleine Werte von x das Schaubild von $g(x) = \sqrt{1+x}$ möglichst gut approximiert. Indem wir Zähler und Nenner durch d teilen und $A = \frac{a}{d}$, $B = \frac{b}{d}$ usw. setzen, finden wir

$$f(x) = \frac{A + Bx + Cx^2}{1 + Ex}.$$

Natürlich muss $f(0) = g(0) = 1$ sein, also $A = 1$. Damit die Approximation etwas taugt, sollten beide Schaubilder in $x = 0$ auch dieselbe Tangente haben, d.h. wir möchten $f'(0) = g'(0)$ haben. Eine kleine Rechnung gibt uns

$$f'(0) = B - E = \frac{1}{2} = g'(0).$$

Damit haben wir als Zwischenergebnis

$$f(x) = \frac{1 + (E + \frac{1}{2})x + Cx^2}{1 + Ex}.$$

Um die restlichen Koeffizienten zu bestimmen, können wir jetzt außer den beiden Gleichungen $f(0) = g(0)$ und $f'(0) = g'(0)$ verlangen, dass auch die nächsten Ableitungen von f und g in $x = 0$ gleich sein sollen. Weitere Rechnungen ergeben

$$f''(0) = 2C - E = -\frac{1}{4} = g''(0),$$

was uns $C = \frac{1}{2}E - \frac{1}{8}$ gibt, und

$$f'''(0) = \frac{3}{8} = g'''(0),$$

also $E = \frac{1}{2}$. Setzen wir alles ein, finden wir

$$f(x) = \frac{1 + x + \frac{1}{8}x^2}{1 + \frac{1}{2}x}.$$

Für kleine Werte von x ist diese Näherung exzellent, wie das linke der beiden folgenden Diagramme zeigt; im rechten kann man sehen, wie die Funktionen für größere Werte von x auseinanderlaufen:

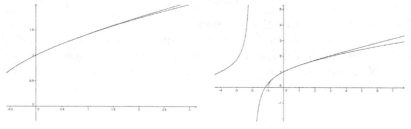

Die Funktion $f(x)$ ist nun, wovon man sich sofort überzeugt, nichts anderes als die Bhaskali-Näherung mit $A = 1$:

$$1 + \frac{x}{2} - \frac{(\frac{x}{2})^2}{2(1 + \frac{x}{2})} = \frac{1}{1 + \frac{x}{2}}\left(1 + \frac{x}{2} + \frac{x}{2}\left(1 + \frac{x}{2}\right) - \frac{1}{2}\left(\frac{x}{2}\right)^2\right) = \frac{1 + x + \frac{1}{8}x^2}{1 + \frac{1}{2}x}.$$

Vegas Formel

Jurij Vega[7] wurde 1754 in Zagorika bei Lubljana (damals Laibach) als Sohn armer Bauern geboren. Er ging in Laibach zur Schule, arbeitete danach als Ingenieur, wechselte aber dann mit 26 Jahren zum Militär. Bereits 1787 ist er Hauptmann und Professor der Mathematik am „Bombardiercorps" in Wien. In seinem Artikel [1] über Vega schreibt Karl Doehlemann:

---

[7] Vegas Bild ist vom Zerfall Jugoslawiens bis zur Einführung des Euro auf der slowenischen 50-Tolar-Note (deren Name kommt wie der des Dollars vom Wort „Taler") zu sehen gewesen.

Die 13 Kriegsjahre dieses Zeitraums haben den Satz, dass die Mathe-
matik die sicherste Grundlage der echten Kriegswissenschaft ist, für alle
cultivirten Nationen evident gemacht.

Die Logarithmentafeln, die Vega 1793 herausgab, wurden für über 100 Jahre
das Standardwerk. Es wurde mehr als 100-mal herausgegeben, und erschien außer
auf Deutsch auch in Englisch, Französisch, Italienisch, Holländisch und Dänisch.
Vega verschwand Mitte 1802 plötzlich aus Wien; nach neun Tagen Suche fand
man am 26. September seine Leiche in der Donau. Die Todesursache wurde erst
9 Jahre später durch Zufall aufgeklärt: Ein Soldat, der 1809 bei einem Müller in
Nussdorf bei Wien übernachtete, benötigte einen Proportionalzirkel, den ihm der
Müller brachte und am nächsten Tag schenkte. 1811 bemerkte ein Offizier, dass
das Instrument den Namen Vegas trug. Daraufhin wurde der Müller verhaftet und
gestand, Vega seinerzeit aus Geldgier ermordet zu haben. Ob die Einzelheiten im
Detail stimmen, ist aber wohl etwas umstritten.

In dem 1783 erschienenen Buch [25] von Georg Vega findet man folgende Stelle:

Wenn $\sqrt[m]{x} = w$ beynahe ist, welches man durch die Logarithmen finden
kann, so ist

$$\sqrt[m]{x} = w + \frac{2w(x - w^m)}{(m+1)w^m - (m-1)x}$$

sehr genau.

Die Bemerkung über Logarithmen ist schnell erklärt: Mithilfe der Logarithmenta-
feln kann man $\log(\sqrt[m]{x}) = \log(x^{\frac{1}{m}}) = \frac{1}{m}\log(x)$ schnell durch eine einfache Division
auf einige Dezimalstellen genau finden. Die Formel von Vega konvergiert schneller
als das Newton-Verfahren (s. [23]).

3.5 Kettenbrüche

Eine ebenfalls moderne Methode zur Berechnung rationaler Approximationen von
Quadratwurzeln ist die der Kettenbrüche (eine etwas ausführlichere Einführung
findet man in [102]). Die Methode geht aus von der Gleichung

$$\sqrt{a^2 + b} = a + x \tag{3.5}$$

für ein unbekanntes x; daraus folgt durch Quadrieren und Subtrahieren von a^2 die
Gleichung

$$b = 2ax + x^2 = x(2a + x),$$

also

$$x = \frac{b}{2a + x}. \tag{3.6}$$

Dies ist nicht das, was man in der Schule als „Auflösen nach x" bezeichnet, weil x
eben auch auf der rechten Seite vorkommt. Trotzdem können solche Gleichungen
nützlich sein; setzt man diese letzte Gleichung nämlich in (3.5) ein, so folgt

$$\sqrt{a^2 + b} = a + \frac{b}{2a + x}.$$ (3.7)

Für kleine x folgt daraus die bekannte Näherung

$$\sqrt{a^2 + b} \approx a + \frac{b}{2a}.$$

Bessere Näherungen erhält man, wenn man (3.6) in (3.7) einsetzt; dann folgt nämlich

$$\sqrt{a^2 + b} = a + \frac{b}{2a + \dfrac{b}{2a + x}},$$ (3.8)

was für kleine x auf

$$\sqrt{a^2 + b} \approx a + \frac{b}{2a + \dfrac{b}{2a}} = a + \frac{2ab}{b + 4a^2}$$

führt. Der nächste Schritt liefert dann

$$\sqrt{a^2 + b} = a + \frac{b}{2a + \dfrac{b}{2a + \dfrac{b}{2a + x}}},$$

also

$$\sqrt{a^2 + b} \approx a + \frac{b}{2a + \dfrac{b}{2a + \dfrac{b}{2a}}} = a + \frac{b^2 + 4a^2 b}{4ab + 8a^3}.$$

Mit $a = b = 1$ erhält man daraus für $\sqrt{2}$ nacheinander die Näherungen

$$1, \quad \frac{7}{5}, \quad \frac{17}{12}, \quad \frac{41}{29}, \dots,$$

die uns von Platon und Theon her bereits wohlbekannt sind.

3.6 Übungen

3.1 Veranschauliche die Formel $(a - b)(c - d) = ac + bd - ad - bc$ geometrisch.

3.2 Veranschauliche die Formel $a(b + c + d) = ab + ac + ad$ geometrisch.

3.3 Veranschauliche die Formel $(a + b + c)^2 = a^2 + b^2 + c^2 + 2ab + 2ac + 2bc$ geometrisch.

3.4 Veranschauliche die Formel $(a + b)^3 = a^3 + 3a^2 b + 3ab^2 + b^3$ geometrisch.

3.5 Rechne nach, dass folgende Identitäten gelten:

$$x^2 + y^2 = (x + y)^2 - 2xy,$$
$$x^3 + y^3 = (x + y)^3 - 3xy(x + y),$$
$$x^4 + y^4 = (x + y)^4 - 4xy(x + y)^2 + 2x^2 y^2$$

3.6 Beweise die Formel zur Berechnung von Produkten wie $42 \cdot 48$: Mit $b + c = 10$ gilt

$$(10a + b)(10a + c) = 100a(a + 1) + bc.$$

3.7 (Lietzmann [92, S.143] Welche Formel steckt hinter folgender Figur?

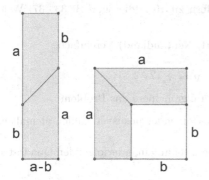

3.8 Vereinfache den Bruch

$$\frac{(a + b)^2 - c^2}{(b + c)^2 - a^2}.$$

3.9 Vereinfache den Bruch

$$\frac{a^2}{(a - 1)^2 + (a + 1)^2 - 2}.$$

3.10 (Bhaskara I (1114–1185); s. [90, S. 82]): Zeige, dass

$$\sqrt{5 + \sqrt{24}} = \sqrt{2} + \sqrt{3}$$

ist. Tatsächlich ist dies ein Spezialfall eines Satzes aus den euklidischen *Elementen*:

$$\sqrt{a + \sqrt{b}} = \sqrt{\frac{a + \sqrt{a^2 - b}}{2}} + \sqrt{\frac{a - \sqrt{a^2 - b}}{2}}.$$

3.11 Zeige, dass das Produkt vier aufeinanderfolgender Zahlen niemals ein Quadrat ist. Hinweis: $n(n+1)(n+2)(n+3)$ liegt zwischen zwei aufeinanderfolgenden Quadraten.

3.12 Die Identität

$$x^4 + 4y^4 = (x^2 + 2xy + 2y^2)(x^2 - 2xy + 2y^2),$$

die man durch quadratische Ergänzung und mithilfe der binomischen Formel herleiten kann:

$$x^4 + 4y^4 = (x^2 + 2y^2)^2 - 4x^2 y^2,$$

ist nach Sophie Germain (1776–1831) benannt.

Leite analog die folgende Identität her:

$$(x^2 + xy - y^2)(x^2 - xy - y^2) = x^4 - 3x^2 y^2 + y^4.$$

3.13 (Alpha Wettbewerb, [82] Alpha **5** (1967), W161). Ermittle ohne Taschenrechner, welche der beiden Zahlen

$$\sqrt{5}+\sqrt{3} \quad \text{und} \quad \sqrt{6}+\sqrt{2}$$

die größere ist. Verallgemeinerung?

3.14 Zeige, dass

$$100^2 - 99^2 + 98^2 - 97^2 + \ldots + 2^2 - 1^2 = 1 + 2 + \ldots + 99 + 100$$

gilt.

3.15 (Hoshino [20]) Berechne verschiedene Produkte zweistelliger Zahlen mit derselben Zehnerziffer, für welche sich die Einerziffern zu 10 addieren, z.B. $33 \cdot 37$. Welche Regel ergibt sich? Beweis?

3.16 (Old mutual mathematical Olympiad 1991, Neufundland) Vereinfache

$$\sqrt{17 - 12\sqrt{2}} + \sqrt{17 + 12\sqrt{2}}.$$

Wo taucht das Paar $(12, 17)$ noch auf? Verallgemeinere das Problem.

3.17 Zeige, dass das Produkt zweier aufeinanderfolgender positiver Zahlen niemals eine Quadratzahl sein kann.

Hinweis: Zeige, dass das Ergebnis zwischen zwei aufeinanderfolgenden Quadratzahlen liegt.

3.18 Zeige, dass das Produkt $n(n + 2)$ für positive ganze Zahlen n niemals ein Quadrat ist.

3.19 Zeige, dass das Produkt $n(n + 3)$ für positive ganze Zahlen n genau für $n = 1$ Quadrat ist.

Hinweis: Multiplikation mit 4 und quadratische Ergänzung, dann die Klassifikation pythagoreischer Tripel.

3.20 Bestimme alle Primzahlen der Form $p = x^4 + x^2 + 1$.

Auch hier muss man lediglich sehen, dass links „fast" eine binomische Formel steht.

3.21 (Crux Math. **4** (1978), S. 164) Zeige, dass alle Zahlen der Form $n^4 - 20n^2 + 4$ zusammengesetzt sind.

3.22 (50. Mathematik-Olympiade, Runde 4, Klassenstufe 12–23, Tag 2) Man entscheide, ob es eine nichtnegative ganze Zahl n gibt, für die $324 + 455^n$ eine Primzahl ist.

Hinweis: Die Aufgabensteller erwarten natürlich nicht, dass man von Hand versucht zu zeigen, dass eine dieser großen Zahlen prim ist. Also sind sie alle zusammengesetzt, und das legt nahe, dass man den Ausdruck zerlegen kann.

Für ungerade Werte von n wird man etwas Zahlentheorie benötigen; die dazu notwendigen Grundlagen holen wir noch nach.

3.23 Zeige, dass es unendlich viele Zahlen der Form $4n^2 + 1$ gibt, die zusammengesetzt sind.

Hier ist die quadratische Ergänzung ein Schlüssel zum Erfolg: Man schreibt $4n^2 + 1 = (2n + 1)^2 - 4n$ und erkennt, dass man für geeignet zu wählende Zahlen n auf der rechten Seite eine binomische Formel stehen hat.

Verallgemeinere dieses Problem auf Zahlen z.B. der Form $(2n + 1)^2 + 4\,(3n \pm 1)^2 + 9$ etc.

3.24 Zahlen der Form $A_n = 2^{4n+2} + 1$ besitzen eine Zerlegung in zwei etwa gleich große Faktoren. Finde diese Zerlegung (diese ist nach Aurifeuille benannt).

Benutze diese Zerlegung, um die Primfaktorzerlegung von $2^{42} + 1$ zu finden.

3.25 (Bezirksolympiade der DDR 1967, Klassenstufe 9) Zeige, dass es genau eine Primzahl p gibt, für die $2p + 1$ eine Kubikzahl ist.

Hierbei ist die Identität

$$x^3 - 1 = (x - 1)(x^2 + x + 1)$$

zu beachten.

3.26 (52. Mathematik-Olympiade, 2. Runde. Klassenstufe 11–12) Man bestimme alle Primzahlen p mit der Eigenschaft, dass $7p + 1$ eine Kubikzahl ist.

3.27 Erfinde weitere Aufgaben vom Typ der letzten beiden.

3.28 (51. Mathematik-Olympiade, 1. Runde. Klassenstufe 11–13) Man ermittle alle Paare (n, p) mit einer positiven ganzen Zahl n und einer Primzahl p, die die Gleichung $n^2 - 8n + 6 = p - 1$ erfüllen.

3.29 (52. Mathematik-Olympiade, 4. Runde. Klassenstufe 11–12, Tag 1) Man ermittle alle positiven ganzen Zahlen n, für die $n^2 + 2^n$ Quadratzahl ist.

3.30 (Fürther Mathematikolympiade 2010) Zeige, dass die Summe aus dem Produkt vier aufeinanderfolgender ungerader Zahlen und 16 eine Quadratzahl ist.

Hinweis: Es ist vorteilhaft, die vier ungeraden Zahlen mit $2n - 3$, $2n - 1$, $2n + 1$ und $2n + 3$ zu bezeichnen.

3.31 Das Heron-Verfahren beruht darauf, aus der Näherung $\sqrt{n} \approx a$ die zweite Näherung $\sqrt{n} \approx \frac{n}{a}$ zu gewinnen und aus diesen beiden Näherungen den Mittelwert zu nehmen.

Erfinde ein Verfahren zur Berechnung der dritten Wurzel einer Zahl n aus der Näherung $\sqrt[3]{n} \approx x$ und teste es an den Beispielen $\sqrt[3]{8}$ und $\sqrt[3]{2}$.

3.32 Statt des arithmetischen Mittels $\frac{a+b}{2}$ zweier Zahlen kann man bei der Berechnung der Kubikwurzel auch das geometrische Mittel $\sqrt{ab}$ heranziehen. Beschreibe das so entstehende Verfahren.

3.33 Die Ungleichungen in Übung 3.32 lassen sich deutlich verschärfen (Stichwort Heron-Verfahren); zeige, dass für $a, b > 0$ die Ungleichungen

$$a + \frac{b}{2a + 1} < \sqrt{a^2 + b} < a + \frac{b}{2a}$$

gelten.

3.34 Ist a klein, so kann man als erste Näherung für $\sqrt{1 + a}$ den Wert $x_1 = 1$ wählen. Welchen Wert für x_2 liefert das Heron-Verfahren?

3.35 Von Claudius Ptolemäus (ca. 100–160 n.Chr.) stammt die Näherung

$$\sqrt{3} \approx 1;\; 43\ 55\ 23$$

im Sexagesimalsystem. Zeige, dass dieser Bruch der Dezimalzahl 1,7320509... entspricht, und kontrolliere das Ergebnis durch eine Berechnung mit dem Heron-Verfahren.

Mit dem Startwert $x_1 = 2$ erhält man die Näherungen $x_n = p_n/q_n$; zeige $p_n^2 - 3q_n^2 = 1$ für $n = 1, 2, 3$.

3.36 Benutze die Identität aus Übung 3.3, um zu zeigen, dass für positive x die Ungleichung

$$1 + \frac{1}{2}x - \frac{1}{8}x^2 < \sqrt{1+x}$$

gilt.

3.37 Sukuru Yuksel (`quadrivium.info/MathInt/Notes/SquareRoots.pdf`), ein Student der Architektur an der UCLA (University of California Los Angeles), hat kürzlich darauf aufmerksam gemacht, wie europäische Architekten im 10. Jahrhundert die Wurzel aus 2 berechnet haben. Die Idee ist, eine Folge

$$1, \sqrt{2}, 2, 2\sqrt{2}, 4, 4\sqrt{2}, 8, \ldots$$

zu konstruieren, in welcher jedes Glied das $\sqrt{2}$-Fache des vorhergehenden ist. Als erste Näherung verwenden wir $\sqrt{2} \approx 1$:

$$1, 1, 2, 2, 4, 4, 8, 8, \ldots$$

Dann addieren wir je zwei aufeinanderfolgende Glieder und schreiben das Ergebnis darunter; wenn wir so fortfahren, erhalten wir

$$
\begin{array}{ccccccccc}
1 &   & 1 &   & 2 &   & 2 &   & 4 &   & 4 &   & 8 &   & 8 \\
  & 2 &   & 3 &   & 4 &   & 6 &   & 8 &   & 12 &   & 16 \\
  &   & 5 &   & 7 &   & 10 &   & 14 &   & 20 &   & 28
\end{array}
$$

Dies wird so lange gemacht, bis in einer Zeile nur noch zwei Zahlen stehen, nämlich 169 und 239. Der Quotient dieser Zahlen ist dann eine Approximation der Quadratwurzel aus 2:

$$\sqrt{2} \approx \frac{239}{169} \approx 1,4142.$$

Die Zahlen 169 und 239 weisen auf eine Verbindung zu den Diagonalzahlen Platons hin. Erkläre, warum das Verfahren funktioniert.

Kann man damit auch Approximationen von $\sqrt{3}$ oder von $\sqrt[3]{2}$ finden?

3.38 Frazier Jarvis [21] von der University of Sheffield hat einen Algorithmus zur Berechnung von Quadratwurzeln vorgestellt, den er von seinem Mathematiklehrer gelernt hat und der anscheinend japanischen Ursprungs ist. Im Wesentlichen besteht er nur aus Additionen und Subtraktionen.

Um $\sqrt{n}$ zu berechnen, setzt man $a = 5n$ und $b = 5$. Dann wiederholt man die folgenden Schritte:

  1. Falls $a \geq b$ ist, ersetze a durch $a - b$ und b durch $b + 10$.
  2. Falls $a < b$ ist, hänge zwei Nullen an a und schiebe eine 0 zwischen Einer- und Zehnerstelle von b.

Die Ziffern von b konvergieren dann gegen die Ziffern der Quadratwurzel aus n.

Beispiel: Im Falle $n = 2$ erhalten wir

#	a	b	#	a	b
1	10	5	8	2000	1405
2	5	15	9	595	1415
3	500	105	10	59500	14105
4	395	115	11	45395	14115
5	280	125	12	31280	14125
6	155	135	13	17155	14135
7	20	145	14	3020	14145

Berechne die ersten Dezimalstellen von $\sqrt{3}$ mit dieser Methode.

3.39 In Zeiten, als Speicherplatz auf Computern noch knapp war, war es wichtig, gewisse Rechnungen so auszuführen, dass bei Zwischenrechnungen möglichst keine Zahlen vorkamen, die größer waren als im Rechner darstellbar. Ein solcher „Überlauf" tritt ein, wenn man auf Rechnern, die z.B. nur vierstellige Zahlen darstellen können, $\sqrt{3412^2 + 1982^2}$ ausrechnet, indem man erst quadriert, dann addiert und dann die Wurzel zieht.

Solche Probleme hat man zu lösen versucht, indem man andere Algorithmen erfunden hat. Im vorliegenden Fall haben Moler und Morrison [22] zur Berechnung von $\sqrt{a^2 + b^2}$ folgenden Algorithmus vorgeschlagen: Ist $a \geq b > 0$, so setze man $p = a$ und $q = b$ und führe die folgenden Schritte so lange aus, bis q hinreichend klein ist:

$$1.\ r := (q/p)^2; \quad 2.\ s := r/(4 + r); \quad 3.\ p := p + 2sp; \quad 4.\ q := sq.$$

Zeige:

1. Nach jedem Schritt ist $0 \leq q \leq p$ und $\sqrt{p^2 + q^2} = \sqrt{a^2 + b^2}$.

2. In jedem Schritt wird p vergrößert und q verkleinert.

Berechnet man mit diesem Algorithmus $\sqrt{2} = \sqrt{1^2 + 1^2}$, so erhält man

n	p_n	q_n
1	1	1
2	7/5	1/5
3	1393/985	1/985

Hier ist $\frac{1393}{985} \approx 1,4142132$, während $\sqrt{2} \approx 1,41421315$. Im nächsten Schritt ist bereits

$$\sqrt{2} \approx \frac{10812186007}{7645370045}.$$

Zeige, dass die auftretenden Brüche eine Teilfolge der Platonschen Diagonalzahlen bilden.

3.40 Berechne die ersten Glieder der Approximation der positiven Nullstelle von $f(x) = x^2 - x - 1$, beginnend mit dem Startwert $x_1 = 2$. Die Zähler und Nenner, die hier erscheinen, sind dabei Fibonacci-Zahlen, also Zahlen der Folge 1, 1, 2, 3, 5, 8, ..., in dem jede Zahl die Summe der beiden vorhergehenden ist.

3.41 Bestimme die kubische Näherungsparabel $g(x) = 1 + \frac{1}{2}x - \frac{1}{8}x^2 + ax^3$ von $f(x) = \sqrt{1 + x}$ durch die Bedingung $g'''(0) = f'''(0)$.

3.42 (Alberta High School Mathematics Competition 1988/89) Bestimme das konstante Glied in der Entwicklung von

$$\left(2x^3 - \frac{1}{x}\right)^{12}.$$

3.43 Den folgenden Algorithmus zur Berechnung von Quadratwurzeln kenne ich von Klaus Hoechsmann (1997). Um, sagen wir, $\sqrt{2}$ zu berechnen, versuchen wir, das Rechteck mit den Seiten $b = 1$ und $h = 2$ nach und nach in ein flächengleiches Quadrat mit Kantenlänge a zu verwandeln: Dann muss ja $a^2 = bh = 2$ sein.

Um ein solches Quadrat zu bekommen, ersetzen wir das Rechteck mit den (verschiedenen) Seiten b und h in eines, in welchem eine Seite das arithmetische Mittel $\frac{b+h}{2}$ ist; die andere Seite ist dann notwendig $\frac{bh}{\frac{b+h}{2}} = \frac{2bh}{b+h}$, also das harmonische Mittel von b und h. Durch die fortgesetzte Mittelwertbildung werden die Differenzen von b und h immer kleiner werden, sodass die Seiten b und h langfristig gegen das geometrische Mittel $\sqrt{bh} = a$ konvergieren werden (insbesondere muss das geometrische Mittel zwischen dem harmonischen und dem arithmetischen Mittel liegen: Vgl. Übung 4.21).

Zeige, dass die Rechnungen für $b = 2$ und $h = 1$ folgende Ergebnisse liefern:

n	b	h
1	2	1
2	$\frac{17}{12}$	$\frac{24}{17}$
3	$\frac{577}{408}$	$\frac{816}{577}$

Erkläre, wie man diese Methode abändern muss, um einen Algorithmus zum Berechnen von Kubikwurzeln zu erhalten.

4. Pythagoras und sein Satz

In diesem Kapitel wird es um eine einfache, aber doch effektive Beweismethode gehen: Das Berechnen von ein und demselben Flächeninhalt auf zwei verschiedene Arten. Aus der Gleichheit der Ergebnisse werden wir allerlei mathematische Sätze erhalten. In erster Linie geht es um einen der bekanntesten mathematischen Sätze überhaupt, den Satz des Pythagoras, und einige damit zusammenhängende Resultate wie Katheten- und Höhensatz.

Pythagoras wurde etwa um 570 v. Chr. auf Samos (einer Insel vor der heutigen Türkei) geboren, also zu einer Zeit, in der auch in ganz anderen Teilen der Welt illustre Persönlichkeiten wie Buddha, Konfuzius und (vermutlich) Zarathustra wirkten. Er bereiste Ägypten und Babylon (im heutigen Irak gelegen; damals hieß dieses Land noch Mesopotamien, das Land „zwischen den Flüssen" Euphrat und Tigris), lernte von den dortigen Priestern die ägyptische und babylonische Mathematik, und gründete um 530 in Unteritalien den Orden der Pythagoreer. 20 Jahre später wurde er von dort vertrieben und ging nach Metapont. Ob sich Pythagoras und der „erste" griechische Mathematiker, Thales von Milet, je getroffen haben, ist nicht verbürgt.

Pythagoras im Ulmer Münster. Mit freundlicher Genehmigung von Wolfgang Volk.

Die Aufgaben, die wir im Zusammenhang mit dem Satz des Pythagoras lösen werden, sind aber nicht von der Form „Bestimme den Abstand der beiden Punkte P und Q", wie man sie in der Schule zu sehen bekommt, wenn man den Satz des Pythagoras einführt. Vielmehr werden wir uns vor allem mit der Frage befassen, wie man den Satz des Pythagoras *beweist*. Als die beiden großen deutschen Mathematiker Carl Gustav Jacobi und Lejeune Dirichlet 1843 eine Audienz bei Papst Gregor XVI hatten, "so sprach er auch über die verschiedenen Beweise des pythagoräischen Lehrsatzes, wie die Beweise durch Proportion zwar einfacher, aber den Kindern die anderen mit Constructionen weit einleuchtender seien".

Die Leser dürfen sich gerne von den Beweisen der nächsten drei Kapitel beeindrucken lassen – Minderwertigkeitskomplexe, weil man das Gefühl hat, man wäre auf diesen Beweis auch nach jahrelangem Nachdenken nicht selbst gekommen, sollte man deswegen aber nicht entwickeln. Zum einen haben auch die besten Mathematiker ihre Einfälle nicht nach 5 Minuten bekommen; Gauß hat beispielsweise in einem Brief (s. [90, S. 6]) über seine Schwierigkeiten bei der Bestimmung eines bestimmten Vorzeichens geschrieben:

> *[...] seit vier Jahren wird selten eine Woche hingegangen sein, wo ich nicht einen oder den anderen vergeblichen Versuch, diesen Knoten zu lösen, gemacht hätte. ... Aber alles Brüten, alles Suchen ist umsonst gewesen, traurig habe ich jedesmal die Feder wieder niederlegen müssen. Endlich vor ein paar Tagen ist's gelungen ... Wie der Blitz einschlägt, hat sich das Rätsel gelöst.*

Zum andern sei festgestellt, dass niemand beim Hören von Beethovens fünfter Sinfonie beklagt, er hätte diese auch nach jahrelangen Bemühungen nicht selbst komponieren können. Wer Musik lernt, fängt nicht mit dem Komponieren von Sinfonien an, sondern befasst sich zuerst mit Begriffen wie Takt, Motiv, Variation und Harmonien, also einfachen aber wesentlichen Komponenten. In der Mathematik ist es nicht anders: Wir lernen an Beispielen verschiedene Beweisarten (direkter Beweis, oder Beweis durch Widerspruch wie bei der Irrationalität von $\sqrt{2}$), und wir lernen „Motive" kennen. Eines der Hauptmotive, das sich durch dieses Buch zieht[1] wie das da-da-da-dam durch Beethovens Fünfte, ist die binomische Formel. Ein anderes ist, wie man noch sehen wird, das Berechnen einer Fläche auf zwei verschiedene Arten.

Ebenfalls sei bemerkt, dass es oft die einfachen Dinge sind, deren Beweis uns am meisten zu schaffen macht. Mein Paradebeispiel dafür ist folgende

Aufgabe 4.1. *Zeige, dass eine Gerade, die nicht durch die Ecken A, B, C eines Dreiecks geht, das Dreieck in höchstens zwei Seiten schneidet.*

Das ist eine sehr einfache Aussage, bei der wohl die allermeisten nach einigem Nachdenken aufgeben und „das ist doch offensichtlich" murmeln. In der Tat ist das Zurückführen von einfachen Behauptungen auf eine beschränkte Anzahl von noch einfacheren und letztendlich „offensichtlichen Wahrheiten" eine sehr schwierige Angelegenheit, die man sich vielleicht am besten für das Studium aufspart (auch wenn wir in Kap. 6 einige Bermerkungen in dieser Richtung machen werden).

4.1 Der Satz des Pythagoras

Das Schöne am geometrischen Beweis der binomischen Formel, die wir in Abschn. 3.1 gegeben haben, ist die Tatsache, dass dieselbe Idee auch den Satz des Pythagoras liefert. Ist nämlich ein rechtwinkliges Dreieck mit den Katheten a und b und

---

[1] Das Motiv erklingt etwas leiser seit ich die Kapitel über quadratische Gleichungen aus Platzmangel herausgenommen habe.

der Hypotenuse c gegeben, so kann man sich, wie das nächste Diagramm zeigt, aus 4 solcher Dreiecke ein Quadrat basteln.

Das Viereck in der Mitte ist ein Quadrat: Zum einen hat es vier gleich lange Seiten, zum andern sind alle Winkel rechte. Das folgt daraus, dass die Winkel im Dreieck wegen $\gamma = 90°$ der Gleichung $\alpha + \beta = 90°$ genügen.

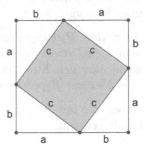

Der Flächeninhalt des großen Quadrats ist einerseits $(a + b)^2 = a^2 + 2ab + b^2$ (binomische Formel!), andererseits gleich $c^2 + 4\frac{ab}{2} = c^2 + 2ab$. Gleichsetzen und Wegheben von $2ab$ liefert $a^2 + b^2 = c^2$, also den

Satz 4.1 (Satz des Pythagoras). *In einem rechtwinkligen Dreieck mit den Katheten a und b und der Hypotenuse c gilt*

$$a^2 + b^2 = c^2.$$

Der Satz des Pythagoras ist sicherlich der Klassiker unter den Sätzen der Mathematik und mit Abstand der bekannteste. Er dürfte auch einer der ältesten sein, und wurde schon von den Babyloniern und den Ägyptern benutzt. Diesen wird nachgesagt, dass deren „Seilspanner" (das waren Leute, die z.B. beim Bau der Pyramiden für gerade Linien und rechte Winkel zu sorgen hatten) ein Seil benutzten, in welchem Knoten im Abstand von 3, 4 und 5 Einheiten angebracht waren, um mit diesem rechtwinkligen Dreieck dann rechte Winkel abzustecken (Historiker hegen daran allerdings große Zweifel; in jedem Falle ist uns kein Dokument bekannt, in dem diese Technik beschrieben wäre).

Der Satz des Pythagoras war den Indern vermutlich schon lange vor Pythagoras bekannt, und zwar in folgender Form (s. [50, S. 25]):

> *Das Quadrat auf der Diagonale eines Rechtecks ist gleich der Summe der Quadrate über seiner Länge und seiner Breite.*

Eine Standardfrage, die man sich bei jedem Ergebnis, das wir beweisen werden, stellen sollte, ist die folgende: Kann ich den Beweis des Satzes auf einem anderen Weg, vielleicht in einem Spezialfall nachvollziehen, oder sogar einen einfacheren finden? Im vorliegenden Fall beispielsweise könnte man sich fragen, ob der Beweis sich vereinfacht, wenn man annimmt, dass beide Katheten gleich groß sind:

Aufgabe 4.2. *Betrachte den obigen Beweis des Satzes von Pythagoras im Falle $a = b$. Skizze! Kann man die Quadrate a^2 und b^2 „sehen", z.B. indem man Dreiecke geeignet verschiebt?*

Während der Satz des Pythagoras heute als Satz über Längen von Dreiecksseiten aufgefasst wird, war er früher eher ein Satz über Flächen:

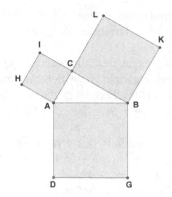

Satz des Pythagoras. *In einem recht-winkligen Dreieck ist die Summe der Quadrate über den Katheten gleich dem Quadrat über der Hypotenuse.*

Dabei war mit „Quadrat" dessen Flächeninhalt gemeint.

Aufgabe 4.3. *Zeige, dass die Punkte H, C und K kollinear sind, also auf einer Geraden liegen.*

Zeige weiter, dass die Geraden IL, HK und AB konkurrent sind, also sich in einem Punkt schneiden. Zeige auch, dass die Geraden AI und BL parallel sind.

Der Beweis des Satzes von Pythagoras kommt auch ohne binomische Formeln aus, wenn man deren geometrischen Beweis mit einbaut: Die dunkel schraffierte Fläche im linken Quadrat hat den Inhalt c^2, während die beiden dunklen Quadrate rechts den Flächeninhalt $a^2 + b^2$ besitzen. Beide Flächeninhalte müssen aber gleich sein, weil sie in beiden Fällen diejenige Fläche geben, die das große Quadrat minus die vier rechtwinkligen Dreiecke ergeben.

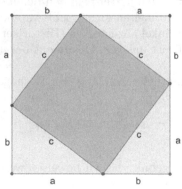
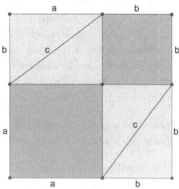

Aufgabe 4.4. *Beweise den Satz des Pythagoras durch Berechnen des Flächeninhalts des großen Quadrates auf zwei Arten. Zu zeigen ist auch, dass die Innenwinkel des großen Vierecks allesamt rechte Winkel sind.*

Dieser Beweis geht auf den indischen Mathematiker Bhaskara aus dem 12. Jahrhundert
zurück, war aber bereits viel früher chinesischen Mathematikern bekannt; er findet sich
nämlich in dem Buch Chou Pei Suan Ching,
das zwischen 300 v.Chr. und 200 n.Chr. erschienen ist. Wie sieht der Beweis im Spezialfall $a = b$ aus?

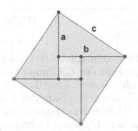

Es gibt, wie schon gesagt, eine riesige Anzahl von Beweisen des Satzes von
Pythagoras (viele davon findet man in der Sammlung von Loomis [76] auf Englisch,
oder in einer weniger umfangreichen von Lietzmann (1880–1959) [74]). Die drei
folgenden Beweise stammen aus dem Schulbuch [135], das zwar kaum 30 Jahre alt
ist, sich aber liest wie ein Zeugnis aus einem vergangenen Jahrhundert, weil es – im
Gegensatz zu Schulbüchern von heute – vollgestopft ist mit richtiger Mathematik
und einer, für heutige Verhältnisse, Unmenge von Aufgaben.

Aufgabe 4.5. *Erkläre den Beweis von Nairizi[2] (vgl. Abb. 4.1).*

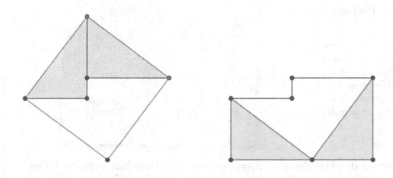

Abb. 4.1. Beweis von Nairizi

Sucht man im Internet nach den Stichworten Pythagoras und Leonardo da
Vinci, findet man eine Unmenge von Seiten (ebenso wie Dutzende von Büchern,
insbesondere [72, 76, 77, 79, 96, 123], die den folgenden Beweis des Satzes von
Pythagoras Leonardo da Vinci[3] zuschreiben. Keine einzige dieser Seiten gibt aber
einen Hinweis darauf, wo Leonardo da Vinci diesen Beweis veröffentlicht haben soll
– in der Regel ist in solchen Situationen Vorsicht angebracht. Selbst Heath, ein
exzellenter Kenner der klassischen Mathematik, schreibt 1908 in [43, S. 365] nur,

---

[2] Abu-l-Abbasal-Fadlibn Hatim an-Nairizi war ein arabischer Mathematiker und Astro-
nom, der um 900 n.Chr. in Bagdad lebte.
[3] Leonardo da Vinci (1452–1519) wurde in Anchiano bei Vinci in der Toskana geboren.

War Pythagoras Chinese?

Diese etwas dümmliche Art der Fragestellung hat sich in jüngster Zeit zunehmender Beliebtheit erfreut („Können Hunde rechnen" ist ein Beispiel von vielen, und das ist auch noch aus dem Amerikanischen „Do dogs know calculus" entlehnt). Gemeint ist, ob die Chinesen den Satz des Pythagoras schon vor den Griechen kannten.
Die Geschichte der Mathematik in Indien und China reicht sehr weit zurück, ist aber aus verschiedenen Gründen bei Weitem nicht so genau untersucht wie z.B. die griechische. Die Mathematik aus Asien wurde im Westen erst im 19. Jahrhundert bekannt, und auch heute noch ist es zum einen schwer, an Originalquellen zu kommen, zum andern stellen sich westlichen Mathematikern große Sprachbarrieren entgegen: Sanskrit und alte chinesische Dialekte verstehen heute nur die wenigsten.

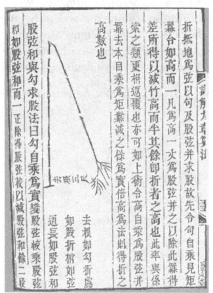

Im Zusammenhang mit dem Satz des Pythagoras ist das Problem des abgebrochenen Bambus berühmt; es stammt aus dem Buch Chiu Chang Suan Shu (Neun Kapitel über die mathematische Kunst), und die nebenstehende Zeichnung dazu wurde von Yang Hui (1261 n.Chr.) erstellt.
Das dazugehörige Problem ist folgendes:

> *Ein 10 Chih hoher Bambus ist abgebrochen; seine Spitze berührt den Boden in einer Entfernung von 3 Chih vom Stamm. In welcher Höhe ist er abgebrochen?*

Damit kannten neben den Babyloniern, Ägyptern und den Griechen auch die Chinesen schon sehr früh den Satz des Pythagoras. Man ist sich ziemlich sicher, dass der Satz von Mesopotamien aus nach Ägypten und Griechenland gekommen ist. Ob die Chinesen ihn unabhängig entdeckten oder nicht ist eine Frage, um die sich Historiker streiten.

Die Chinesen kannten den Satz des Pythagoras schon sehr früh. Er findet sich im Buch Chao Pei Suan Ching, welches vermutlich aus der Han Dynastie um 200 n. Chr. stammt. Dort steht auch eine Illustration des Satzes, welches das rechtwinklige Dreieck mit den Seiten 3, 4 und 5 benutzt:

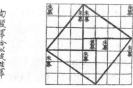

dass er aus den wissenschaftlichen Arbeiten Leonardos zu kommen scheint, und verweist auf Kompilationen durch Müller (1819) und Hoffmann (1821; s. [71]). Bei Müller jedoch wird der Beweis in einer späteren Auflage dem Göttinger Geometer Johann Tobias Mayer (1752–1830) zugeschrieben. Der Ursprung der Legende von Leonardos Beweis liegt im recht nachlässig verfassten Bericht „Über die Entwicklung der Elementar-Geometrie im XIX. Jahrhundert" von Max Simon (vgl. den Artikel [73]).

Johann Tobias Mayer war 10 Jahre alt, als sein Vater Tobias Mayer (s. Kasten) starb. Trotz enger finanzieller Verhältnisse gelang es ihm, 1769 sein Studium in Göttingen zu beginnen. Er unterrichtete danach in Göttingen und benutzte auch die dortige Sternwarte. In den Jahren 1779–1785 unterrichtete J.T. Mayer an der Universität Altdorf in Nürnberg; dort hat er seinen Beweis des Satzes von Pythagoras vorgetragen, und 1790 hat ihn Tempelhof in sein Lehrbuch „*Geometrie für Soldaten und die es nicht sind*" aufgenommen, allerdings ohne den Autor zu nennen. Dass der Beweis von Johann Tobias Mayer stammt hat erst 1826 Johann Wolfgang Müller in seiner Sammlung von Beweisen des Satzes von Pythagoras bekannt gemacht.

Mayers Beweis ist von Terquem [81, S. 103–104] wiederentdeckt worden. Er schreibt dort:

> *Le théorème de Pythagore étant très-important, nous en donnons ici une nouvelle démonstration uniquement fondée sur la superposition des figures.*

Aufgabe 4.6. *Erkläre den Beweis von Mayer und Terquem (Abb. 4.2, linke Abbildung). Als Hilfe ist unten das französische Original mit abgedruckt.*

L'angle BAG étant droit, construisant le carré ABCD et le carré AEFG, menant les deux hypothénuses BG, DE, la somme des deux carrés sera équivalente à l'hexagone CDEFGB, moins les deux triangles rectangles égaux ABG, ADE; construisant le carré BGLM, et sur LM le triangle LMN égal á ABG at dans une position renversée, on aura un second hexagone BAGMNL équivalant au premier. En effet, menons AN et les diagonales CA, AF formant la droite CAF; les quadrilatères CDEF, AGMN, sont égaux, car MN = CD; angle NMG = angle CDE; GM = DE; angle MGA = [angle] DEF; EF = AG. On prouve de même que les quadrilatères ABLN, CBGF, sont égaux, donc les deux hexagones sont équivalens[4]; retranchant de chacun les triangles égaux, il reste d'un coté la somme des deux carrés AC, AF, et de l'autre de carré GL; donc on a

$$BGLM = ABCD + AGEF,$$

ou

$$BG^2 = AB^2 + AG^2.$$

---

[4] Ob die drei verschiedenen Schreibweisen von équivalent nahelegen, dass es damals (1838) eine kanonische Rechtschreibung nicht gab, oder ob nur dieses Buch schlampig geschrieben wurde, weiß ich nicht.

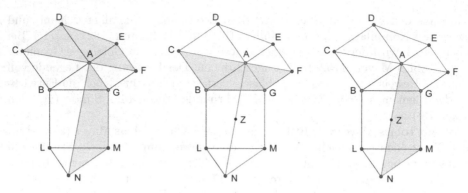

Abb. 4.2. Mayers Beweis des Satzes von Pythagoras

Auch sehr schöne Beweise wie derjenige von Tobias Mayer lassen sich manchmal noch gefälliger präsentieren. Eine hübsche Variation des obigen Beweises ist die folgende (s. Abb. 4.2, Mitte und rechts): Dreht man das Viereck GFCB um 90° um G, so erhält man das Viereck GANM. Das erste Viereck hat eine Fläche, die halb so groß ist wie die der beiden Quadrate über den Katheten und den beiden rechtwinkligen Dreiecken, während das letzte Viereck halb so groß ist wie das Quadrat über der Hypotenuse und den beiden rechtwinkligen Dreiecken. Also folgt, wenn wir den Flächeninhalt des rechtwinkligen Dreiecks mit F bezeichnen (es ist $F = \frac{1}{2}ab$, aber das brauchen wir nicht),

$$a^2 + b^2 + 2F = c^2 + 2F,$$

woraus sich sofort der Satz des Pythagoras ergibt.

Hier sind noch einige Details nachzutragen. Erstens halbiert die Gerade CF das Sechseck BCDEFG; dazu ist nur zu zeigen, dass A auf der Geraden CF liegt. Dies wiederum liegt daran, dass

$$\sphericalangle CAF = \sphericalangle CAB + \sphericalangle BAG + \sphericalangle GAF = 45° + 90° + 45° = 180°$$

ist.

Zweitens hat das Viereck GANM in der Tat den halben Flächeninhalt des Sechsecks ABLNMG, wie eine Drehung um 180° um den Mittelpunkt Z des Quadrats BLMG zeigt. Dies folgt sofort, wenn wir uns daran erinnern, dass wir das Dreieck LNM gerade so konstruiert haben, dass es aus einer Drehung um 180° umd den Mittelpunkt Z des Quadrats aus dem ursprünglichen Dreieck ABG entsteht. Eine andere Möglichkeit, diese Halbierung einzusehen, ist folgende: Man erhält die eine Hälfte des Vierecks ABLN durch eine Drehung von BGFC um 90° im Uhrzeigersinn um B, die andere durch Drehung desselben Vierecks um 90° im Gegenuhrzeigersinn um G.

Aufgabe 4.7. *Zeige, dass in Abb. 4.2 AN die Winkelhalbierende von $\sphericalangle BAG$ ist. Zeige weiter, dass $\sphericalangle AZG = \sphericalangle ABG$ ist.*

Tobias Mayer

Unter heutigen Mathematikern ist der Name Tobias Mayer fast unbekannt. Da wir des öfteren schon biographische Details zu bekannten Mathematikern erwähnt haben, wollen wir uns hier die Zeit nehmen, auch einmal das Leben eines weniger bekannten Wissenschaftlers unter die Lupe zu nehmen.

Tobias Mayer wurde am 17. Februar 1723 in Marbach geboren. Sein Vater und sein Großvater hießen ebenfalls Tobias Mayer. Die meisten seiner Geschwister starben sehr jung, ein jüngerer Bruder ist umgekommen, als ein Freund des Hauses beim Spielen mit ihm eine Flinte von der Wand nahm und abdrückte; Mayer schreibt:

> Er erschrack nicht wenig, da ihm der Knall zu verstehen gab, dass das Gewehr geladen gewesen, noch mehr aber, als er sah, dass das Kind tod niederfiel, und sein Gehirn an die Wand versprützt war.

Mayers Vater war Handwerker; er baute unter anderem Brunnen und zeichnete gern Maschinen, wobei ihm sein Sohn genau zuschaute und bald versuchte, es ihm nachzumachen:

> Meine Mutter wurde deshalb von mir um Dinte, Feder und Papier mehr geplagt als um Brod.

In der Schule hat Tobias Mayer sich sehr gelangweilt; er war mit 5 Jahren bereits des Lesens und Schreibens mächtig und galt als sehr talentierter Maler (oder „Mahler", wie er damals geschrieben hatte).

Nach dem sehr frühen Tode seiner Eltern nahm ihn der Bürgermeister bei sich auf, der ihn später zum Maler ausbilden lassen wollte, aber ebenfalls früh starb. Zuvor hatte Mayer Mathematik aus einem Buch gelernt, das ein ihm befreundeter Schuster besaß:

> Mein Schuster und ich passten gut zusammen, denn er war ein Liebhaber der mathematischen Wissenschaften, und hatte Geld, um Bücher zu kaufen, aber keine Zeit zum Lesen; er musste Schuhe machen. Ich hatte dagegen Zeit zum Lesen, aber kein Geld Bücher zu kaufen. Er kaufte also die Bücher, welche wir zu lesen wünschten, und ich machte ihm Abends, wenn er sein Tagewerk vollendet hatte, auf das aufmerksam, was ich merkwürdiges in den Büchern gefunden hatte.

Mayer wurde bereits mit 16 Jahren als Privatlehrer angestellt und veröffentlichte mit 18 sein erstes Buch über praktische Geometrie. Nach Aufenthalten in Augsburg und anderen Städten wurde er schließlich nach Göttingen berufen.

Zu seinen großen Leistungen zählt eine Methode zur Bestimmung des Längengrads auf hoher See durch Beobachtungen des Mondes, für die er vom englischen Parlament einen Preis bekam, sowie die Verbesserung von Gradmessungen, mit deren Hilfe die Franzosen den Erdumfang bestimmen und das Urmeter festlegen konnten.

Gauß, der größte deutsche Mathematiker, schrieb später (in einem Brief an den Astronomen Bessel) über ihn:

> Ich weiß keinen Professor, der viel für die Wissenschaft getan hätte, als den großen Tobias Mayer, und dieser galt zu seiner Zeit für einen schlechten Professor.

Mayer starb am 20. Februar 1762 in Göttingen. In Marbach gibt es heute ein Tobias-Mayer-Museum und einen gleichnamigen Verein. Wenn man also einmal in der „Schiller-Stadt" vorbeikommen sollte ...

Aufgabe 4.8. *Beschreibe den Beweis des Satzes des Pythagoras, den die vier Diagramme nahelegen. Dieser Beweis aus Indien stammt aus dem 10. Jahrhundert und hat den Namen „Der Brautstuhl".*

Zu zeigen ist, dass das Quadrat mit Kantenlänge c den gleichen Flächeninhalt hat wie die beiden Quadrate mit Kantenlängen a bzw. b zusammen.

Auch bei den einfachen Verschiebungsbeweisen oben haben wir das ein oder andere Detail „übersehen"; allerdings lassen sich alle unsere Unterlassungssünden leicht beheben.

Euklids Beweis

Der erste Beweis für den Satz des Pythagoras, den man in Euklids *Elementen* findet[5], ist aufwendiger als die obigen, hat aber einen ganz eigenen Charme. Euklids Beweis benutzt lediglich die Tatsache, dass Dreiecke mit der gleichen Grundseite und der gleichen Höhe auch die gleiche Fläche haben. Diese eigentlich triviale Beobachtung wird so oft angewendet, bis am Ende etwas ganz und gar nicht Offensichtliches steht, nämlich in unserem Falle Euklids Proposition 47 in Buch I, der

Satz des Pythagoras. *In einem rechtwinkligen Dreieck ist das auf der Hypotenuse errichtete Quadrat gleich der Summe der beiden Quadrate auf den Katheten.*

In früheren Zeiten hieß diese Proposition die Eselsbrücke[6] (*pons asinorum* auf Latein, *le pont aux ânes* auf Französisch, und *the asses' bridge* auf Englisch). Die meisten Quellen beziehen die „Eselsbrücke" aber auf Proposition V (im ersten Buch), wonach Basiswinkel eines gleichschenkligen Dreiecks gleich sind; dieses Resultat wurde Eselsbrücke genannt, weil es diejenige Proposition in Euklids Büchern war, bis zu der es auch „Esel" schafften.

Die „Eselsbrücke" taucht auch im berühmten Roman „Von der Erde zum Mond" von Jules Verne (1828–1905) auf:

> *Vor einigen Jahren machte ein deutscher Geometer den Vorschlag, eine Commission von Gelehrten in die Steppen Sibiriens zu schicken. Dort solle man auf ungeheuer ausgedehnten Ebenen unermessliche geometrische*

---

[5] Eine Verallgemeinerung des Satzes von Pythagoras, in welchem den drei Seiten eines rechtwinkligen Dreiecks keine Quadrate, sondern beliebige ähnliche Figuren aufgesetzt werden, ist Gegenstand von Proposition VI.31.

[6] Der Beweis von Garfield, den wir unten besprechen werden, wurde unter dem Titel *pons asinorum* veröffentlicht.

Das Curry-Dreieck

Beweise das Satzes von Pythagoras „durch Verschieben" wie in Aufgabe 4.8 sind etwas tückisch, weil die Anschauung dafür sorgt, dass manche Dinge als „offensichtlich" angesehen werden, die es nicht sind. Als schlagenden Beweis dafür sei hier das *Curry Triangle* genannt.

Die Diagramme unten zeigen zwei „kongruente" Dreiecke, bei denen Verschiebungen zu einem Flächenzuwachs geführt haben. Hier sind die Dreiecke schon so sauber gezeichnet, dass man sofort sieht, wo der Hase im Pfeffer liegt. Im Internet kann man Zeichnungen finden, die so „geschickt" gezeichnet sind, dass man auf den ersten Blick nicht erkennen kann, was passiert.

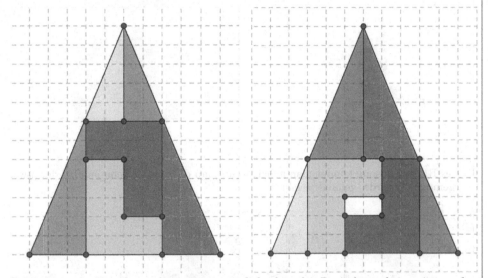

Bei genauerem Hinsehen erkennt man nämlich, dass das Dreieck gar keines ist, und auch keines sein kann: Denn dazu müsste nach dem Strahlensatz (s. Abschn. 5.1) das Verhältnis der Katheten in den beiden linken Dreiecken gleich sein. Diese sind aber 12 : 5 im einen und 7 : 3 im anderen Dreieck.

Benannt ist das Curry-Dreieck übrigens nach einem amerikanischen Hobbyzauberer, Paul Curry (1917–1986), der es, wie der wohl berühmteste Schöpfer mathematischer Puzzles, Martin Gardner (1914–2010), in einem seiner über 70 Büchern [125, 139–150] erzählt. Varianten dieses Paradoxons waren allem Anschein nach sehr früh bekannt; die früheste Erwähnung, die ich gefunden habe, stammt von dem italienischen Architekten Sebastiano Serlio (1475–1554) und wurde in seinem Buch *Libro primo d'Architettura* veröffentlicht (die mir zugängliche Ausgabe stammt von 1566). Vergleiche auch das Paradoxon von Loyd und Schlömilch im nächsten Kasten.

Für eine ganze Sammlung solcher Beispiele schaue man in das sehr hübsche Büchlein von Konforowitsch [91, S. 121 ff].

Das Paradoxon von Loyd und Schlömilch

Der wesentliche Gehalt des Paradoxons von Curry wurde schon von Schlömilch Ende des 19. Jahrhunderts erkannt (s. [130]), dessen Beispiel aus einem Quadrat der Seitenlänge 8 und einem Rechteck mit den Seitenlängen 5 und 13 bestand.

Dasselbe Paradoxon hat der für seine Puzzles berühmte Amerikaner Sam Loyd (1841–1911) nach eigenen Angaben im Jahr 1858 auf dem ersten amerikanischen Schachkongress entdeckt und vorgetragen. In diesem Zusammenhang sei auf die Sammlungen [126] und [129] verwiesen.

Bei diesem Puzzle wird ein Schachbrett mit $8 \times 8 = 64$ so zerschnitten, dass nach dem Zusammensetzen ein Rechteck mit $5 \times 13 = 65$ Feldern entsteht:

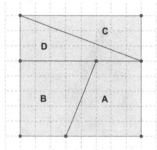 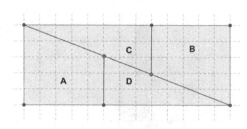

Des Rätsels Lösung kommt man näher, wenn man die obige Zeichnung, bei der etwas „gemogelt" wurde, genauer zeichnet:

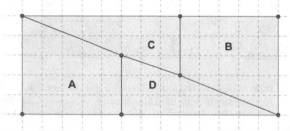

In der ersten Zeichnung wurde erst die Diagonale eingezeichnet, dann die Punkte auf der Diagonale in die Nähe der jeweiligen Gitterpunkte gesetzt. In der zweiten Zeichnung wurden erst die Gitterpunkte gesetzt und dann die Punkte durch Strecken verbunden. Man sieht, dass diese keine Diagonale bilden, weil die entsprechenden „Steigungen" gleich $-\frac{2}{5}$, $-\frac{1}{3}$ und wieder $-\frac{2}{5}$ sind. Die Dreiecksteile, die man aus dem Quadrat ausgeschnitten hat, passen daher nicht zusammen, sondern lassen etwas Zwischenraum frei, was dazu führt, dass es vermeintlich einen Flächenzuwachs von einem Kästchen gegeben hat. Die Steigungen sind so gewählt, dass $\frac{2}{5} \approx \frac{1}{3}$ ist, was wiederum daran liegt, dass die beiden ganzen Zahlen $2 \cdot 3$ und $1 \cdot 5$ sich nur um eine Einheit unterscheiden: $2 \cdot 3 = 1 \cdot 5 + 1$.

Die Zahlen 5, 8 und 13 übrigens sind nicht aus Zufall Fibonacci-Zahlen, also Zahlen aus der Reihe 1, 1, 2, 3, 5, 8, 13, ..., in der jede Zahl die Summe der beiden vorhergehenden ist; vielmehr liegt das an der Identität $5 \cdot 13 = 8^2 + 1$, die man auch in der Form $\frac{13}{8} = \frac{8}{5} + \frac{1}{40}$ schreiben kann, welche erklärt, warum der Betrag fast unsichtbar ist.

Aufgabe 4.9. *Eine kleinere Variante desselben Paradoxons erhält man aus den Fibonacci-Zahlen 3, 5 und 8, bei denen $3 \cdot 8 = 5^2 - 1$ ist. Konstruiere ein solches Paradoxon. Warum ist diese Variante weniger zum Hereinlegen geeignet?*

Figuren mit Hilfe beleuchteter Metallspiegel entwerfen, unter anderen das Quadrat der Hypotenuse, das die Franzosen gewöhnlich „Eselsbrücke" nennen. „Jedes intelligente Wesen", sagt der Geometer, „muss die wissenschaftliche Bedeutung dieser Figur begreifen. Wenn es nun Mondbewohner giebt, so werden sie mit einer ähnlichen Figur antworten, und ist einmal die Verbindung eingerichtet, so ist's keine schwere Sache, ein Alphabet zu schaffen, welches in Stand setzt, sich mit den Bewohnern des Mondes zu unterhalten." So lautet der Vorschlag des deutschen Geometers, aber er kam nicht zur Ausführung, und bis jetzt ist noch keine direkte Verbindung zwischen der Erde und ihrem Trabanten eingerichtet.

Diese Form der Kommunikation mit Außerirdischen wurde in einer abgewandelten Version später tatsächlich angewandt: Am 16.3.1974 sandte das Radioteleskop in Arecibo in Puerto Rico eine Nachricht in Richtung der Galaxie M13, die etwa 25000 Lichtjahre von uns entfernt ist. Die Nachricht, die viele Male wiederholt wurde, bestand aus 1679 Bits. Die Zahl 1679 ist das Produkt der beiden Primzahlen 23 und 73; ordnet man diesen bits Pixel auf einem Bildschirm des Formats $23 \cdot 73$ zu, erhält man ein Bild, das die Zahlen von 1 bis 10 in Binärdarstellung, die Zahlen 1, 6, 7, 8 und 15 (die den Atomen von Wasserstoff, Kohlenstoff, Stickstoff, Sauerstoff und Phosphor entsprechen, aus denen die DNA zusammengesetzt ist, ein Strichmännchen und eine Skizze unseres Sonnensystems darstellt.

Wir werden mit Euklid zeigen, dass das Rechteck ADEF den gleichen Flächeninhalt besitzt wie das Quadrat auf AC. Entsprechend hat das Rechteck BGEF denselben Flächeninhalt wie das Quadrat auf BC. Also ist der Flächeninhalt des Quadrats auf AB (also der Summe der Flächeninhalte der beiden Rechtecke) gleich der Summe der Flächeninhalte der Quadrate auf den Hypotenusen.

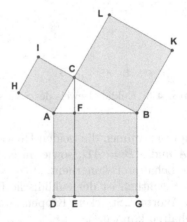

Zum Beweis beachten wir, dass die Hälfte des Flächeninhalts von ADEF gleich dem Flächeninhalt des Dreiecks ADF ist.

Dieses Dreieck ADF hat dieselbe Grundseite AD und die gleiche Höhe AF wie das Dreieck ACD. Letzteres wiederum ist kongruent zum Dreieck ABH, wie man durch Drehung um 90° feststellt. Das Dreieck ABH hat dieselbe Grundseite AH und die gleiche Höhe AC wie das Dreieck ACH. Dieses wiederum ist die Hälfte des Quadrats über der Kathete AC (vgl. Abb. 4.3).

In der Tat ist

$$\sphericalangle CAD = \sphericalangle CAB + \sphericalangle BAD = \alpha + 90°,$$
$$\sphericalangle HAB = \sphericalangle HAC + \sphericalangle CAB = 90° + \alpha,$$

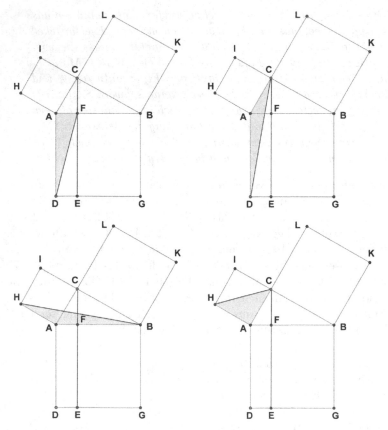

Abb. 4.3. Euklids Beweis des Satzes von Pythagoras

folglich stimmen die beiden Dreiecke HAB und CAD in den beiden Seiten $\overline{HA} = \overline{CA}$ und $\overline{AB} = \overline{AD}$, sowie im eingeschlossenen Winkel überein und sind damit, wie behauptet, kongruent.

Eigentlich ist der euklidische Beweis gar nicht sooo undurchsichtig. Wer sich die Wörter „Strecken, Kippen, Stauchen" merken kann, wird auch diesen Beweis behalten können.

Es sei auch bemerkt, dass der euklidische Beweis mehr zeigt als nur den Satz des Pythagoras: Die Strecke $\overline{AF}$ von A bis zum Lotfußpunkt F von C nennt man traditionell p; Euklids Beweis zeigt, dass das Rechteck mit den Seiten p und c denselben Flächeninhalt besitzt wie das Quadrat über a. Dies ist der Inhalt des Kathetensatzes:

Satz 4.2 (Kathetensatz). *In einem rechtwink-ligen Dreieck gelten die Formeln*

$$a^2 = pc \quad und \quad b^2 = qc.$$

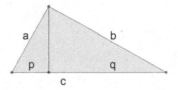

Die Addition der beiden Gleichungen liefert übrigens nach Einsetzen von $p+q = c$ wieder den Satz des Pythagoras.

In Prop. 48 des ersten Buches von Euklid findet man übrigens auch die Umkehrung des Satzes von Pythagoras:

Satz 4.3 (Umkehrung des Satzes von Pythagoras). *Ist das Quadrat, das auf einer Seite eines Dreiecks errichtet ist, gleich den Quadraten auf den beiden anderen Seiten, dann ist der Winkel zwischen den beiden letzten Seiten ein rechter Winkel.*

Sei nämlich ABC ein Dreieck derart, dass das Quadrat auf der Seite BC gleich der Summe der Quadrate über AB und AC ist. Dann, so sagt Euklid, ist der Winkel $\sphericalangle BAC$ ein rechter Winkel. Dazu wählen wir auf dem Lot zu AC durch A einen Punkt D mit $\overline{AD} = \overline{AB}$ und verbinden D mit C. Wegen $\overline{AD} = \overline{AB}$ ist das Quadrat über AD gleich demjenigen über AB. Addieren wir dazu je das Quadrat über AC, so folgt $\overline{DA}^2 + \overline{AC}^2 = \overline{BA}^2 + \overline{AC}^2$. Nach dem Satz des Pythagoras ist $\overline{DC}^2 = \overline{DA}^2 + \overline{AC}^2$, und nach Voraussetzung ist $\overline{BC}^2 = \overline{BA}^2 + \overline{AC}^2$. Also ist $\overline{DC}^2 = \overline{BC}^2$ und damit $\overline{DC} = \overline{BC}$.

Die beiden Dreiecke ACD und ACB stimmen daher in allen drei Seiten überein und sind somit *kongruent*[7]. Also stimmen auch die Winkel überein, und es folgt $\sphericalangle BAC = \sphericalangle DAC$, und der letzte Winkel ist ein rechter Winkel. Das war zu zeigen.

Aufgabe 4.10. *Erkläre den Beweis von Baravalle[8] ([66, 67]). Dieser Beweis ist dem Euklidischen ganz ähnlich; der wesentliche Unterschied ist, dass das Kippen der Figur bei Euklid hier ersetzt wird durch ein Verschieben:*

---

[7] Kongruent bedeutet „deckungsgleich": Kongruente Dreiecke lassen sich durch Verschieben, Drehen und Spiegeln ineinander überführen, stimmen also in allen Seiten und Winkeln überein.

[8] Hermann von Baravalle (1898–1973) war ab 1920 Lehrer an Deutschlands erster Waldorfschule in Stuttgart, die 1919 von Rudolf Steiner gegründet worden war (als Schule für die Kinder der Arbeiter in der Zigarettenfabrik Waldorf-Astoria). 1937 emigrierte Baravalle in die USA und kehrte erst kurz vor seinem Tod wieder nach Deutschland zurück. In seinen Biographien im Netz findet man gelegentlich Hinweise darauf, dass er seine mathematischen Vorträge durch „Gestik und Tanz" untermalte; ich kann der Vorstellung einiges abgewinnen, dass man damals auf Waldorfschulen nicht seinen Namen getanzt hat, sondern den Satz des Pythagoras.

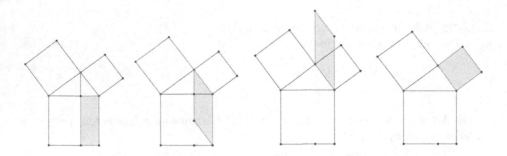

Der Beweis des Präsidenten

Für den nächsten Beweis des Satzes von Pythagoras brauchen wir den Flächeninhalt eines Trapezes. Wir beginnen mit dem Fall, in dem ein Winkel im Trapez ein rechter Winkel ist:

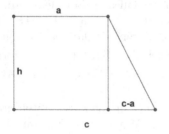

Offenbar ist der gesuchte Flächeninhalt gleich der Summe der Fläche des Rechtecks und des rechtwinkligen Dreiecks.

Wir finden so

$$A = ah + \frac{1}{2}(c-a)h = ah + \frac{ch - ah}{2} = \frac{2ah + ch - ah}{2} = \frac{ah + ch}{2} = \frac{a + c}{2} \cdot h.$$

Aufgabe 4.11. *Berechne den Flächeninhalt des Trapezes im rechten Diagramm auf zwei verschiedene Arten und folgere den Satz des Pythagoras.*

Dieser Beweis wurde 1876 von J.A. Garfield (1831–1881) [69] entdeckt, der etwas später der 20. Präsident der USA wurde und zu den fast 10 % aller US-amerikanischen Präsidenten gehört, die bei einem Attentat ums Leben kamen.

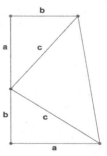

Im Garfieldschen Beweis muss man natürlich zeigen, dass die beiden Seiten der Länge c einen rechten Winkel bilden, wenn man a und b so hinlegt, dass sie auf einer Geraden liegen. Oder man legt die Seiten c im rechten Winkel, muss dann aber nachweisen, dass a und b auf einer Geraden liegen.

Der Beweis von Dijkstra

Vom niederländischen Informatiker Edsger Wybe Dijkstra (1930–2002) stammt eine ungewöhnliche Formulierung und ein dazugehöriger ungewöhnlicher Beweis des Satzes von Pythagoras, aus dem man viel über das Verallgemeinern von mathematischen Sätzen lernen kann.

Dijkstra beginnt mit der folgenden Formulierung des Satzes:

$$\gamma = 90° \implies a^2 + b^2 = c^2 \tag{4.1}$$

für ein Dreieck mit den Seiten a, b und c. An dieser Formulierung stören die unmotivierten 90°; die entsprechende Gleichung kann man aber als $2\gamma = 180° = \alpha + \beta + \gamma$ schreiben, da die Winkelsumme im Dreieck 180° ist. Also ist die Aussage $\gamma = 90°$ gleichbedeutend mit $\alpha + \beta = \gamma$. Unsere Behauptung ist daher

$$\alpha + \beta = \gamma \implies a^2 + b^2 = c^2. \tag{4.2}$$

Diese Gleichung besitzt eine Symmetrie, die Mathematiker ästhetisch finden. Vor allen Dingen legt ihnen die Symmetrie nahe, darüber nachzudenken, ob nicht sogar

$$\alpha + \beta = \gamma \iff a^2 + b^2 = c^2 \tag{4.3}$$

wahr sein könnte. Noch stärker als diese Äquivalenz ist das folgende Tripel von Aussagen

$$\alpha + \beta < \gamma \iff a^2 + b^2 < c^2,$$
$$\alpha + \beta = \gamma \iff a^2 + b^2 = c^2,$$
$$\alpha + \beta > \gamma \iff a^2 + b^2 > c^2.$$

Mit Hilfe der signum-Funktion

$$\mathrm{sgn}(x) = \begin{cases} +1 & \text{falls } x > 0, \\ 0 & \text{falls } x = 0, \\ -1 & \text{falls } x < 0 \end{cases}$$

kann man diese drei Aussagen zu einer zusammenfassen:

$$\mathrm{sgn}(\alpha + \beta - \gamma) = \mathrm{sgn}(a^2 + b^2 = c^2). \tag{4.4}$$

Diese Aussage wollen wir jetzt beweisen. Dazu betrachten wir zuerst den Fall, bei dem $\alpha + \beta < \gamma$ ist.

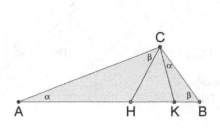 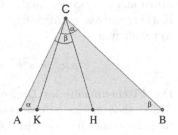

Hier schöpfen die beiden Dreiecke AHC und BKC das große Dreieck nicht aus, d.h. es ist

$$F(AHC) + F(BKC) < F(ABC).$$

Ist $\alpha + \beta = \gamma$, so fallen H und K zusammen, und wir haben

$$F(AHC) + F(BKC) = F(ABC).$$

Endlich ist im Falle $\alpha + \beta > \gamma$ sicherlich

$$F(AHC) + F(BKC) > F(ABC).$$

In allen drei Fällen ist also

$$\mathrm{sgn}(\alpha + \beta - \gamma) = \mathrm{sgn}(F(AHC) + F(BKC) - F(ABC)).$$

Die drei Dreiecke auf der rechten Seite sind alle ähnlich, somit verhalten sich deren Flächen zueinander wie die Quadrate ihrer längsten Seite:

$$\frac{F(BKC)}{a^2} = \frac{F(AHC)}{b^2} = \frac{F(ABC)}{c^2} > 0.$$

Nennt man dieses Verhältnis r, so ist

$$F(BKC) = r \cdot a^2, \quad F(AHC) = r \cdot b^2, \quad F(ABC) = r \cdot c^2,$$

also

$$F(AHC) + F(BKC) - F(ABC) = r(a^2 + b^2 - c^2)$$

und damit

$$\mathrm{sgn}(F(AHC) + F(BKC) - F(ABC)) = \mathrm{sgn}(a^2 + b^2 - c^2).$$

Somit gilt

$$\mathrm{sgn}(\alpha + \beta - \gamma) = \mathrm{sgn}(a^2 + b^2 = c^2)$$

wie behauptet, und Dijkstras Beweis ist vollendet.

4.2 Der Höhensatz

Den Höhensatz kann man direkt aus dem Kathetensatz herzuleiten:

Multipliziert man die beiden Gleichungen des Kathetensatzes, nämlich $a^2 = pc$ und $b^2 = qc$, so erhält man

$$pqc^2 = a^2b^2. \qquad (4.5)$$

Der Flächeninhalt des Dreiecks ist einerseits $\frac{1}{2}h_c{\cdot}c$, andererseits $\frac{1}{2}ab$, woraus $ab = h_c c$ folgt. Setzt man dies in (4.5) ein, folgt der

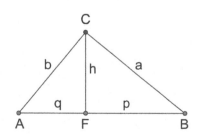

Satz 4.4 (Höhensatz). *Im rechtwinkligen Dreieck gilt $h_c^2 = pq$.*

Aufgabe 4.12. *Beweise den Höhensatz durch dreimaliges Anwenden des Satzes von Pythagoras.*

Hinweis: Wende Pythagoras auf die beiden Teildreiecke an, addiere die Gleichungen und benutze Pythagoras für das große Dreieck.

Einen hübschen Beweis des Höhensatzes findet man in [74, S. 45]; er geht auf K. Meitzner zurück. Die beiden rechtwinkligen Teildreiecke mit den Seiten a, q und h bzw. b, p und h legen wir in ein großes Dreieck. Dabei ist zu beachten, dass diese Dreiecke ähnlich sind, also die gleichen Winkel haben (s. Abb. 4.4).

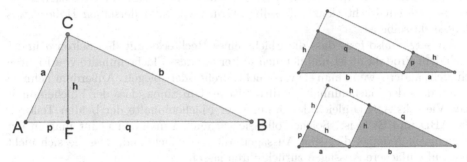

Abb. 4.4. Höhensatz samt Zerlegungsbeweis

Offenbar sind die Teildreiecke in den nebenstehenden Dreiecken allesamt kongruent. Der Flächeninhalt des großen Dreiecks ist also einerseits h^2 plus der Inhalt der beiden Teildreiecke, andererseits pq plus der Inhalt der beiden Teildreiecke. Also ist $h^2 = pq$.

Aufgabe 4.13. *Formuliere die Umkehrung des Höhensatzes.*

Aufgabe 4.14. *Beweise Euklids Proposition I.43: Sei S ein Punkt auf der Diagonale AC des Parallelogramms ABCD. Die Parallelen der Seiten durch S schneiden die Seiten in den Punkten E, F, G, H (s. Skizze). Zeige, dass die Parallelogramme EBFS und HSGD den gleichen Flächeninhalt besitzen.*

Benutze Euklids Proposition I.43 zu einem Beweis des Höhensatzes!

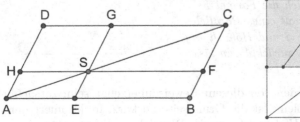
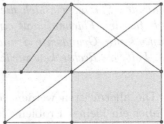

4.3 Heronsche Dreiecke

In einigen Beweisen des Satzes von Pythagoras, die wir oben gegeben haben, haben wir Ergebnisse über Flächen von Dreiecken benutzt, auf die wir jetzt noch ein wenig eingehen wollen. Das wichtigste Ergebnis über Flächen von Dreiecken ist der folgende

Satz 4.5. *Dreiecke mit gleicher Grundseite und gleicher Höhe haben denselben Flächeninhalt. Genauer ist $A = \frac{1}{2}ah_a$, wobei a eine Grundseite und h_a die Höhe auf diese Grundseite bezeichnet.*

Es genügt natürlich, die Formel zu beweisen. Die Griechen kannten solche Formeln übrigens noch nicht, sondern sagten stattdessen, dass ein Dreieck halb so groß ist wie ein Rechteck mit derselben Grundseite und derselben Höhe – was offenbar dasselbe ist.

Wir setzen also fest, dass die Fläche eines Rechtecks mit den Seiten a und b gleich dem Produkt ab ist und nehmen weiter an, dass Flächeninhalte von Figuren sich nicht ändern, wenn man sie verschiebt, dreht oder spiegelt. Außerdem nehmen wir an, dass der Flächeninhalt „additiv" ist in dem Sinne, dass der Flächeninhalt eines Vierecks ABCD gleich der Summe der Flächeninhalte der beiden Teildreiecke ABD und BCD ist. Solche „offensichtlichen" Annahmen nennt man in der Mathematik Axiome; dies sind Aussagen, die so einfach sind, dass sie sich nicht mehr auf einfachere Aussagen zurückführen lassen.

Ist nun ein Dreieck ABC gegeben, und dreht man dieses Dreieck um 180°, so fügen sich beide Dreiecke wegen $\overline{BC} = \overline{CB}$ zu einem Viereck zusammen. Die Drehung um 180° garantiert, dass dabei $CD \parallel AB$ und $BD \parallel AC$ ist, d.h. das Viereck ist ein Parallelogramm. Nach unseren Annahmen ist der Flächeninhalt des Parallelogramms ABCD gleich dem doppelten Flächeninhalt des ursprünglichen Dreiecks ABC.

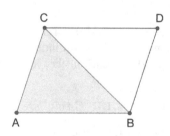

Es geht also nur noch darum, den Flächeninhalt eines Parallelogramms zu bestimmen.

Aufgabe 4.15. *Zeige mithilfe der nebenstehenden Skizze, wie sich die Formel $F = g \cdot h$ für den Flächeninhalt eines Parallelogramms mit Grundseite g und Höhe h auf den Fall von Rechtecken zurückführen lässt.*

Die allermeisten werden von diesem Beweis überzeugt sein; tatsächlich gibt es aber ein kleines Problem: Ist die Grundseite zu kurz, funktioniert der Beweis nicht mehr! Die Lösung: Verlängert man das Parallelogramm um eines, bei dem der

Beweis funktioniert, dann erhält man den Inhalt des „zu kleinen" Parallelogramms als Differenz von zweien, die „groß genug" sind.

Aufgabe 4.16. *Führe den Beweis der Formel $F = g \cdot h$ im Falle „zu kleiner" Grundseiten im Detail aus.*

Wenn man den Satz des Pythagoras dann bewiesen hat (und das haben wir oben hinreichend oft gemacht), dann kann man mit seiner Hilfe eine Formel für den Flächeninhalt eines Dreiecks herleiten, die auf Heron zurückgeht. Heron[9] war zusammen mit Archimedes der bedeutendste Ingenieur der Antike.

Satz 4.6. *Der Flächeninhalt F eines Dreiecks mit den Seitenlängen a, b und c ist gegeben durch*

$$F = \sqrt{s(s-a)(s-b)(s-c)}, \tag{4.6}$$

wobei $s = \frac{a+b+c}{2}$ der halbe Umfang des Dreiecks ist.

Heron berechnete als Anwendung den Flächeninhalt eines Dreiecks mit den Seiten $a = 13$, $b = 14$ und $c = 15$. Um das Ergebnis zu kontrollieren, kann man dieses Dreieck in zwei rechtwinklige Dreiecke zerlegen. Dies geht auf mehrere Arten, aber die folgende zeigt, wie Heron dieses Dreieck vielleicht konstruiert hat. Man kann es nämlich aus den beiden pythagoreischen Dreiecken mit den Seiten $(5, 12, 13)$ und der Mutter aller pythagoreischen Dreiecke mit den Seiten $(3, 4, 5)$ zusammensetzen, wenn man das zweite Dreieck um den Faktor 3 vergrößert: Die beiden Dreiecke $(5, 12, 13)$ und $(9, 12, 15)$ werden so aneinandergelegt, dass die Seite der Länge 12 die gemeinsame Höhe wird; die Seitenlängen 5 und 9 addieren sich dann zur Seite mit der Länge 14. Der Flächeninhalt des Dreiecks mit den Seiten $a = 13$, $b = 14$ und $c = 15$ ist daher $F = \frac{1}{2}(5 \cdot 12 + 9 \cdot 12) = \frac{1}{2} \cdot 14 \cdot 12 = 84$, und dasselbe Ergebnis wird auch von Herons Formel geliefert.

Ein Dreieck mit ganzzahligen Seitenlängen und ganzzahligem Flächeninhalt nennt man Heron zu Ehren ein Heronsches Dreieck. Wir haben eben ein solches Dreieck mit den Seitenlängen 13, 14 und 15 vorgestellt. In der Tat gibt es nicht nur unendlich viele Heronsche Dreiecke, sondern sogar unendlich viele mit Seitenlängen aus drei aufeinanderfolgenden Zahlen.

Sind die Seitenlängen nämlich $a - 1$, a und $a + 1$, so gibt Herons Formel wegen $s = \frac{1}{2}(a - 1 + a + a + 1) = \frac{3a}{2}$ nach einer kleinen Rechnung

$$A = \sqrt{\frac{3a}{2} \cdot \left(\frac{a}{2} - 1\right) \cdot \frac{a}{2} \cdot \left(\frac{a}{2} + 1\right)} = \frac{a}{2}\sqrt{3\left(\frac{a^2}{4} - 1\right)}.$$

Damit diese Zahl ganz ist, muss erstens a gerade sein, sagen wir $a = 2m$, und dann wird

$$A = m\sqrt{3(m^2 - 1)}.$$

Damit unter der Wurzel ein Quadrat steht, muss weiter $m^2 - 1$ die Form $3n^2$ haben, d.h. m und n müssen der Gleichung

---

[9] Heron lebte irgendwann zwischen 100 v.Chr. und 100 n.Chr. (vermutlich eher im ersten Jahrhundert n.Chr.) und arbeitete in Alexandria.

Beweis der Heronschen Formel

Der Beweis der Heronschen Formel

$$F = \sqrt{s(s-a)(s-b)(s-c)}$$

benutzt natürlich die Höhe des gegebenen Dreiecks. Wendet man auf die beiden rechtwinkligen Teildreiecke den Satz
des Pythagoras an und subtrahiert die beiden resultierenden Gleichungen voneinander, so erhält man (alle Behauptungen,
die nicht offensichtlich sind, muss man
natürlich nachrechnen)

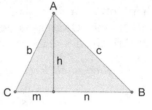

$$m^2 - n^2 = b^2 - c^2. \tag{4.7}$$

Da wir $m + n = a$ kennen, benötigen wir zur Bestimmung von m und n nur noch
deren Differenz, die wir aus (4.7) durch Anwenden der dritten binomischen Formel
erhalten: (4.7) liefert $b^2 - c^2 = (m-n)(m+n) = (m-n)a$. Dividieren durch a und
Addieren zu $a = m + n$ liefert dann

$$m = \frac{a^2 + b^2 - c^2}{2a}, \qquad n = \frac{a^2 - b^2 + c^2}{2a}. \tag{4.8}$$

Jetzt wird gerechnet:

$$
\begin{aligned}
h^2 &= b^2 - m^2 = (b-m)(b+m) \\
&= \left(b + \frac{a^2 + b^2 - c^2}{2a}\right)\left(b - \frac{a^2 + b^2 - c^2}{2a}\right) \\
&= \frac{a^2 + 2ab + b^2 - c^2}{2a} \cdot \frac{c^2 - a^2 + 2ab - b^2}{2a} \\
&= \frac{(a+b)^2 - c^2}{2a} \cdot \frac{c^2 - (a-b)^2}{2a} \\
&= \frac{(a+b+c)(a+b-c)(c+a-b)(c-a+b)}{4a^2}.
\end{aligned}
$$

Setzt man jetzt $a + b + c = 2s$, sowie $a + b - c = 2(s - c)$, $c + a - b = 2(s - b)$ und
$c - a + b = 2(s - a)$, so erhält man

$$h^2 = 4\frac{s(s-a)(s-b)(s-c)}{a^2}.$$

Wurzelziehen und Einsetzen in $F = \frac{1}{2}ah$ liefert dann die Heronsche Formel (4.6). Ich
weise noch einmal ausdrücklich auf das Feuerwerk an binomischen Formeln hin, das
wir in diesem Beweis losgelassen haben.

Aufgabe 4.17. *Zeige, dass sich die Heronsche Formel im Falle eines rechtwinkligen
Dreiecks mit $a^2 + b^2 = c^2$ zu $F = s(s - c) = \frac{1}{2}ab$ vereinfacht.*

$$m^2 - 3n^2 = 1$$

genügen. Die kleinste Lösung dieser Gleichung[10] in positiven ganzen Zahlen ist $(m,n) = (2,1)$, und diese Lösung führt auf $a = 4$, also auf das pythagoreische Dreieck $(3,4,5)$ mit Flächeninhalt 6.

Aus der „Fundamentallösung" $(2,1)$ der Pellschen Gleichung $x^2 - 3y^2 = 1$ erhält man sofort unendlich viele Lösungen:

Aufgabe 4.18. *Schreibe* $(2 + \sqrt{3})^k = m_k + n_k\sqrt{3}$ *und zeige, dass für alle* $k \geq 1$ *die Gleichung* $m_k^2 - 3n_k^2 = 1$ *gilt. Zeige weiter, dass* $m_{k+1} = 2m_k + 3n_k$ *und* $n_{k+1} = m_k + 2n_k$ *gilt.*

Die nächstkleinere Lösung $(m,n) = (7,4)$ liefert das Heronsche Dreieck $(13,14,15)$, das wir oben vorgestellt haben, die drittkleinste Lösung $(m,n) = (26,15)$ führt auf $(51,52,53)$.

Auf den ersten Blick ist die Heronsche Formel sehr überraschend, schließlich ist die Berechnung des Flächeninhalts eines beliebigen Dreiecks durch Zerlegung in rechtwinklige Teildreiecke eine ziemlich mühsame Arbeit. Bevor man sich an den Beweis einer Formel macht, sollte man erst versuchen, sie zu verstehen. Das bedeutet in erster Linie, dass man die Frage beantworten sollte, ob sie überhaupt richtig sein *kann*. Dazu stellt man sich am besten eine Reihe von Fragen (die zum Teil aus dem kleinen Artikel von Polya (1887–1985) [99] stammen und der mir die Gelegenheit gibt, auf die Pflichtlektüre [100] hinzuweisen):

1. Hat F die richtige Dimension? Hat also F die Einheit m^2, wenn die Seitenlängen in m angegeben sind? Gleichbedeutend damit ist die Frage, ob für F wirklich das Vierfache (Neunfache, . . .) herauskommt, wenn man die Seitenlängen verdoppelt (verdreifacht, . . .).

2. Liefert die Formel sinnvolle Ergebnisse? Ist also der Ausdruck unter der Wurzel nie negativ? Das wird sicherlich der Fall sein, wenn $s - a$, $s - b$ und $s - c$ allesamt positiv sind.

3. Der Flächeninhalt eines Dreiecks mit den Seitenlängen a, b und c darf nicht von der Reihenfolge der Seiten abhängen. Bleibt der Ausdruck für F gleich, wenn man die Seitenlängen „permutiert", also z.B. a und b vertauscht?

4. Stimmt die Formel in Spezialfällen? Stimmt sie z.B. im Falle eines gleichseitigen ($a = b = c$) oder auch nur gleichschenkligen ($a = b$) Dreiecks? Stimmt sie für ein rechtwinkliges Dreieck?

5. Stimmt die Formel im „entarteten" Fall, also wenn das Dreieck (z.B. im Falle $a + b = c$) gar keines ist?

Aufgabe 4.19. *Beantworte die obigen Fragen.*

---

[10] Euler hat Gleichungen der Form $x^2 - my^2 = 1$ Pellsche Gleichungen genannt; der englische Mathematiker Pell hatte aber mit dieser Gleichung nichts zu tun und hat auch sonst keine großartigen mathematischen Leistungen vollbracht. Euler hat ihn also aus Versehen unsterblich gemacht.

4.4 Übungen

4.1 Zeige, dass ein Rechteck durch seine Diagonalen in vier Dreiecke mit dembselben Flächeninhalt zerlegt wird. Ist dies auch für Parallelogramme richtig? Wie sieht es bei beliebigen Vierecken aus?

4.2 Ein Parallelogramm wird durch seine beiden Diagonalen in vier Teildreiecke zerlegt. Zeige, dass diese den gleichen Flächeninhalt besitzen.

4.3 Seien A, B, C, D vier aufeinanderfolgende Punkte auf einer Geraden. Zeige, dass

$$\overline{AB} \cdot \overline{BD} + \overline{BC} \cdot \overline{AD} = \overline{AC} \cdot \overline{BD}$$

gilt. Wie lautet die Umkehrung des Satzes?

Hinweis: Setze $\overline{AB} = a$, $\overline{BC} = b$ und $\overline{CD} = c$ und rechne.

4.4 Beweise die Formel $F = \frac{a+c}{2} \cdot h$ für ein Trapez mit Höhe h, dessen parallele Seiten die Längen a und c haben.

4.5 Berechne den Flächeninhalt eines regelmäßigen Sechsecks mit Kantenlänge 1 auf zwei Arten:

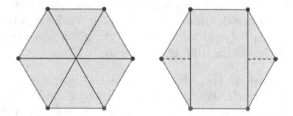

4.6 Zeichnet man das Quadrat über c nicht wie bei Euklid unter das rechtwinklige Dreieck, sondern darüber (um der Wahrheit die Ehre zu geben: das ist mir beim Arbeiten mit **geogebra** aus Unachtsamkeit passiert), so erhält man das folgende Diagramm und eine dazugehörige Aufgabe:

Zeige, dass die Punkte D, E, F sowie G, H und K kollinear sind. Zeige weiter, dass die Dreiecke ABC und AED kongruent sind. Wie kann man diese Beobachtungen in einen Beweis des Satzes von Pythagoras verwandeln?

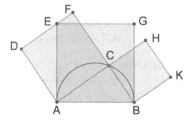

4.7 Zeige, dass die Formel $\frac{a+c}{2} \cdot h$ für den Flächeninhalt eines Trapezes auch dann gilt, wenn das Trapez keinen rechten Winkel hat.

Die folgenden Aufgaben befassen sich mit Anwendungen des Satzes von Pythagoras. Das Vorgehen dabei ist typisch für die Mathematik: Durch wiederholte Anwendung einer einfachen Beobachtung erhält man Resultate, die alles andere als einfach sind.

4.8 [85, S. 21] Sei ABC ein beliebiges Dreieck und D der Mittelpunkt von AB. Zeige, dass $\overline{AC}^2 + \overline{BC}^2 = 2\overline{AD}^2 + 2\overline{CD}^2$ gilt.

4.9 [85, S. 22] Sei ABCD ein Parallelogramm. Zeige, dass

$$\overline{AC}^2 + \overline{BD}^2 = \overline{AB}^2 + \overline{BC}^2 + \overline{CD}^2 + \overline{DA}^2$$

gilt.

Hinweis: Diese Aufgabe kann man auf zwei Arten lösen; entweder man wendet das Ergebnis von Übung 4.8 auf die durch eine Diagonale erzeugten beiden Teildreicke des Parallelogramms an, oder man zeichnet die Parallele durch C zu BD (diese schneidet die Gerade AB in E) und wendet das Ergebnis der vorhergehenden Aufgabe auf diese Situation an.

4.10 Zeige, dass die Länge s_c der Seitenhalbierenden in einem Dreieck mit den Seitenlängen a, b, c gegeben ist durch

$$s_c = \frac{1}{2}\sqrt{2(a^2 + b^2) - c^2}.$$

Hinweis: Problemlöser mit Erfahrung erkennen an dem Faktor $\frac{1}{2}$, dass es vielleicht nicht ungeschickt wäre, statt des Dreiecks ABC eine Figur zu betrachten, in der die Strecke $2s_c$ vorkommt. Eine solche bekommt man, wenn man ABC zum Parallelogramm ergänzt.

4.11 Das folgende Resultat (vgl. Casey [85, S. 22]) hat Euler (und nach ihm viele andere) entdeckt; das erste Mal ist es in seinem Brief an Goldbach vom 13. Februar 1748 beschrieben:

> *Ich bin neulich auf nachfolgendes Theorema Geometricum gefallen, welches mir merkwürdig zu seyn scheinet:*

Wie man hier sehen kann, unterhielten sich Euler und Goldbach in einem heute seltsam anmutenden Gemisch aus Deutsch und Latein (eine Übersetzung ins Englische findet man in [40]). Euler fährt fort:

Nehmlich gleichwie in einem jeden Parallelogrammo die summa quadratorum laterum der summae quadratorum diagonalium gleich ist, so ist in einem jeden quadrilatero non parallelogrammo die summa quadratorum laterum grösser als die summa quadratorum diagonalium; und der Excessus kan allso concinne angegeben werden: man bisecire in dem Trapezio ABCD die Diagonales AC und BD in N et M und jungire die Linie MN so wird seyn:

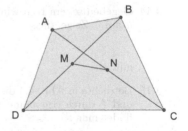

$$AB^2 + BC^2 + CD^2 + DA^2 = AC^2 + BD^2 + 4 \cdot MN^2.$$

Beweise Eulers Behauptung. Welchen Satz erhält man hieraus im Falle eines Parallelogramms, welchen im Falle eines Rechtecks?

Hinweise: Wendet man Aufgabe 8 auf die Teildreiecke ABD und BCD an, so erhält man

$$\overline{AB}^2 + \overline{BC}^2 + \overline{CD}^2 + \overline{DA}^2 = 2\overline{AN}^2 + 2\overline{CN}^2 + 4\overline{BN}^2.$$

Der Trick besteht jetzt darin, Aufgabe 8 auch auf das Dreieck ANC loszulassen; wenn man dann noch beachtet, dass $\overline{AC} = 2\overline{AM}$ ist, sollte es nicht mehr schwer sein.

4.12 [85, S. 23] In einem beliebigen Dreieck ABC mit Seitenmittelpunkten $D = M_{BC}$, $E = M_{AC}$ und $F = M_{AB}$ gilt

$$3(\overline{AB}^2 + \overline{BC}^2 + \overline{CA}^2) = 4(\overline{AD}^2 + \overline{BE}^2 + \overline{CF}^2).$$

In üblichen Bezeichnungen (also mit $\overline{AD} = s_a$, der Länge der Seitenhalbierenden, usw.) lautet diese Formel

$$3(a^2 + b^2 + c^2) = 4(s_a^2 + s_b^2 + s_c^2).$$

Hinweis: Es ist klar, dass man Aufgabe 8 auf die einzelnen Teildreiecke anwenden muss:

$$\overline{AB}^2 + \overline{AC}^2 = 2\overline{BE}^2 + 2\overline{AE}^2,$$
$$\overline{BC}^2 + \overline{BA}^2 = 2\overline{CF}^2 + 2\overline{BF}^2,$$
$$\overline{AC}^2 + \overline{BC}^2 = 2\overline{AD}^2 + 2\overline{CD}^2.$$

Addition dieser Gleichungen liefert das Ergebnis, wenn man beachtet, dass auf der rechten Seite $\overline{AD} = \frac{1}{2}\overline{AB}$ etc. ist. Man kann Brüche vermeiden, wenn man die Gleichung erst mit 2 multipliziert.

4.13 Zeige am Dreieck in Abb. 4.4

$$\cos\alpha = \frac{p}{b} = \frac{h}{a} \quad \text{und} \quad \cos\beta = \frac{q}{a} = \frac{h}{b},$$

und leite aus den resultierenden Gleichungen $ap = bh$ und $bq = ah$ den Höhensatz her.

4.14 Gegeben sei ein rechtwinkliges Dreieck mit den Katheten a und b, sowie der Höhe h auf c. Zeige, dass

$$\frac{1}{a^2} + \frac{1}{b^2} = \frac{1}{h^2}$$

gilt.

4.15 Betrachte in Abb. 4.4 die beiden Dreiecke ACF und BCF. Drücke das Verhältnis $\frac{p}{h}$ und $\frac{q}{h}$ durch trigonometrische Funktionen aus. Mit $\gamma_1 = \sphericalangle ACF$ und $\gamma_2 = \sphericalangle BCF$ findet man so

$$\frac{pq}{h^2} = \tan\gamma_1 \cdot \tan\gamma_2.$$

Wegen $\gamma_1 = \alpha$ und $\gamma_2 = \beta$ (Begründung!) kann man dies auch in der Form

$$\frac{pq}{h^2} = \tan\alpha \cdot \tan\beta$$

schreiben. Welche Behauptung muss man zeigen, um den Höhensatz auf diesem Weg zu beweisen?

Unter Benutzung von

$$\tan\alpha = \frac{\sin\alpha}{\cos\alpha} \quad \text{sowie von} \quad \sin(90° - \alpha) = \cos\alpha \quad \text{und} \quad \cos(90° - \alpha) = \sin\alpha$$

führe man den Beweis zu Ende.

Wie hängen die Ungleichungen $h^2 < pq$ bzw. $h^2 > pq$ mit dem Winkel γ zusammen?

4.16 Sind a, b, c Zahlen mit $a^2 + b^2 = c^2$, so ist zu zeigen, dass es ein Dreieck mit diesen Seitenlängen gibt, dass also $a + b > c$ ist.

4.17 (Pappus) In einem rechtwinkligen Dreieck, dessen Thales-Kreis Radius r hat, gilt immer $h \le r$. Zeige, dass $r = \frac{p+q}{2}$ ist, und leite daraus mithilfe des Höhensatzes die Ungleichung

$$\frac{p+q}{2} \ge \sqrt{pq} \tag{4.9}$$

von arithmetischem und geometrischem Mittel (für positive Zahlen p, q) her.

4.18 ([89, Aufg. 35, 36]) Zeige, dass in einem rechtwinkligen Dreieck mit Katheten a und b und der Höhe $h = h_c$ die Ungleichung

$$\frac{a+b}{2} \ge \sqrt{2} \cdot h \tag{4.10}$$

gilt. Für welche Dreiecke gilt in dieser Ungleichung das Gleichheitszeichen?

Hinweis: Benutze die Ungleichung von arithmetischem und geometrischem Mittel und drücke den Flächeninhalt des Dreiecks auf zwei verschiedene Arten aus.

4.19 (Kanadische Mathematik-Olympiade 1969 [132]) Zeige, dass in einem rechtwinkligen Dreieck mit Katheten a und b und Hypotenuse c die Ungleichung

$$a + b \le \sqrt{2} \cdot c \tag{4.11}$$

gilt. Für welche Dreiecke gilt in dieser Ungleichung das Gleichheitszeichen?

Hinweis: Betrachte $2c^2$, verwende Pythagoras sowie die oft nützliche Identität

$$2a^2 + 2b^2 = (a+b)^2 + (a-b)^2,$$

die aus der Addition zweier binomischer Formeln folgt. Eine geometrische Begründung findet man in [96, S. 12].

4.20 Zeige, dass man durch Verbindung der Ungleichungen (4.10) und (4.11) die Ungleichung $2h \le c$ erhält. Warum ist diese trivialerweise richtig?

4.21 (Pappus)

Zeige die Ungleichungen

$$\frac{2ab}{a+b} \le \sqrt{ab} \le \frac{a+b}{2} \le \sqrt{\frac{a^2+b^2}{2}}$$

für positive reelle Zahlen a, b. Hierbei nennt man $\frac{2ab}{a+b}$ das *harmonische Mittel*, $\sqrt{ab}$ das *geometrische Mittel*, und $\frac{a+b}{2}$ das *arithmetische Mittel*.

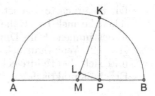

Welche dieser Ungleichungen erlauben einen geometrischen Beweis? (Setze $a = \overline{AP}$, $b = \overline{PB}$ in obiger Abbildung).

4.22 Sei S ein Punkt im Inneren eines Rechtecks ABCD. Zeige

$$\overline{AS}^2 + \overline{SA}^2 = \overline{BS}^2 + \overline{SD}^2.$$

4.23 ([135, S. 109]): Sei P ein beliebiger Punkt im Inneren eines Dreiecks (s. die Abbildung unten links). Die Lote von P auf die drei Seiten unterteilen diese in Abschnitte der Längen u, x, v, y, z, w.

Zeige, dass die Gleichung

$$u^2 + v^2 + w^2 = x^2 + y^2 + z^2$$

gilt.

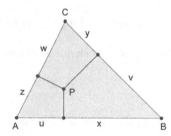   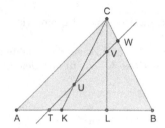

4.24 ([135, S. 18]) Die Seite $\overline{AB}$ eines Dreiecks ABC wird durch die Punkte K und L in drei gleich lange Teile geteilt (s. oben rechts). Sei T ein beliebiger Punkt auf $\overline{AK}$. Die Parallele zu AC durch T schneidet CK, CL und CB in U, V und W. Zeige, dass $\overline{UV} = 3 \cdot \overline{VW}$ gilt.

Gilt diese Behauptung auch, wenn T zwischen K und L liegt?

Welches Ergebnis erhält man, wenn man die Grundseite in 4 (5, 6, ...) gleich lange Teile zerlegt?

4.25 Die folgende Aufgabe stammt aus der New York Times vom 18. Oktober 2003; ich kenne sie aus Eli Maors wunderschönem Buch [77, S. 143].

Man bestimme den Flächeninhalt des Rechtecks ABCD, in welchem die beiden Strecken $\overline{AE} = 3$ und $\overline{BE} = 4$ rechtwinklig aufeinander stehen.

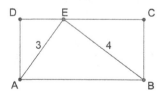

Die natürlichste Idee ist sicherlich, genauso vorzugehen wie beim Beweis der Heronschen Formel: Die Höhe h einzeichnen und mit Pythagoras die Abschnitte m und n bestimmen. Eine Durchführung dieser Rechnungen liefert einen Flächeninhalt $A = 12$. Wenn man sich allerdings die Skizze nach Einzeichnen der Höhe betrachtet und sich die Teildreiecke genauer ansieht, dann stellt man fest, dass man dieses Ergebnis praktisch ganz ohne Rechnung erhalten kann: Wie?

4.26 Setze aus den rechtwinkligen Dreiecken $(6, 8, 10)$ und $(15, 8, 17)$ ein Heronsches Dreieck mit den Seiten 10, 17 und 21 zusammen, und berechne dessen Flächeninhalt einmal ohne und einmal mit der Heronschen Formel.

4.27 (Kanadische Mathematik-Olympiade 1970 [132]) In ein Quadrat wird ein Viereck so eingezeichnet, dass auf jeder Kante des Quadrats eine Ecke des Vierecks liegt. Die Seitenlängen des Vierecks seien mit a, b, c, d bezeichnet.

Zeige, dass
$$2 \leq a^2 + b^2 + c^2 + d^2 \leq 4$$
gilt.

Hinweis: Zeige (z.B. mithilfe der Differentialrechnung oder durch quadratische Ergänzung) $\frac{1}{2} \leq x^2 + (1 - x)^2 \leq 1$ und verwende Pythagoras.

4.28 (Jiagu [88, S. 59]) Zeige, dass das Dreieck ABC mit Seite c und zugehöriger Seitenhalbierender s_c genau dann rechtwinklig in C ist, wenn $2s_c = c$ gilt.

4.29 (Jiagu [88, S. 60]) Ein rechtwinkliges Dreieck hat den Umfang $2 + \sqrt{6}$, und die Seitenhalbierende der Hypotenuse hat die Länge 1. Bestimme die Fläche des Dreiecks.

4.30 (Math. Teacher Oct. 1995) In einem Quadrat ABCD wird A mit den Mittelpunkten E und F der gegenüberliegenden Seiten verbunden; die Diagonale BD schneidet dann ein Trapez EFGH aus. Welche Fläche hat dieses Trapez, wenn die Seite eines Quadrats gleich 8 ist?

4.31 Bestimme alle Dreiecke mit den Seiten $a = b = 5$, welche dieselbe Fläche haben wie das Dreieck mit den Seiten 5, 5 und 4.

4.32 (Känguru Wettbewerb [98, S. 87, A 4.100]) Das Dreieck PQR ist ein rechtwinkliges Dreieck. Auf den Seiten dieses Dreiecks werden wie in der Zeichnung Quadrate errichtet. Bestimme die Flächen der Dreiecke PBC, QDE und RFA.

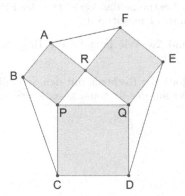
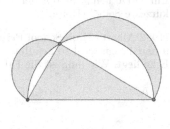

4.33 [136, S. 43]: In der Abbildung rechts oben ist das Dreieck rechtwinklig, und die äußeren Halbkreise haben dessen Katheten als Durchmesser. Zeige, dass die beiden Möndchen (die „Möndchen des Hippokrates") zusammen denselben Flächeninhalt haben wie das rechtwinklige Dreieck.

4.34 In einem rechtwinkligen Dreieck ABC werden alle Ecken an der gegenüberliegenden Seite gespiegelt; man erhält so das Dreieck A'B'C'. Welches Verhältnis haben die Flächeninhalte der beiden Dreiecke?

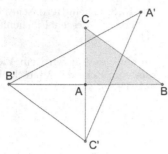

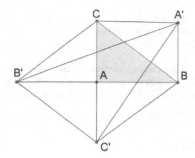

„Streckung" zu Übung 4.34   „Streckung" zu Übung 4.35

4.35 Löse die gleiche Aufgabe, nur dass A' diesmal der Punkt ist, der ABC zum Rechteck ergänzt.

4.36 (Kreisolympiade DDR, 7.12.1966, Klassenstufe 9) Beweise den folgenden Satz: Die Diagonalen eines ebenen konvexen Vierecks ABCD schneiden sich genau dann rechtwinklig, wenn

$$a^2 + c^2 = b^2 + d^2$$

gilt, wobei a, b, c und d die Seitenlängen des Vierecks sind.

4.37 (Wettbewerb, [82] Alpha 2 (1967), W(9)64, S. 54) Ein Bogen Papier, der die Form eines Rechtecks ABCD hat, wird einmal so gefaltet, dass die Eckpunkte B und D zusammenfallen. Das Rechteck habe die Seiten $\overline{AB} = a$ und $\overline{BC} = b$ mit $a > b$. Die Faltgerade schneide die Seite AB in E und die Seite CD in F. Berechne die Länge $k = \overline{EF}$ und das Verhältnis von k zur Diagonalen d des Rechtecks.

4.38 (VII. Kreisolympiade DDR, 6. u. 7.12.1967, Klassenstufe 10) Gegeben ist ein Rechteck ABCD. Der Mittelpunkt M von AB wird mit C und D verbunden und A mit C. Der Schnittpunkt von AC mit MD sei S. Bestimme das Verhältnis der Flächeninhalte des Rechtecks ABCD zu demjenigen des Dreiecks SMC.

4.39 Ein Dreieck hat Seiten der Länge 3, 25 und 26. Wie lang ist die Höhe auf die kürzeste Seite? (Heron!)

4.40 (1982 Alberta High School Prize Examination) Ein Rechteck mit den Seitenlängen 9 und 12 cm wird so gefaltet, dass eine Ecke auf der diagonal gegenüberliegenden Ecke liegt. Wie lang ist die Falte?

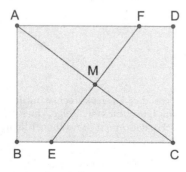

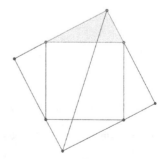

Papierfalten zu Übung 4.40   Winkelhalbierende zu Übung 4.41

4.41 ([95, S. 16]; aus Coll. Math. J. **22** (1991), p. 420) Zeige, dass die Winkelhalbierende des rechten Winkels in einem rechtwinkligen Dreieck das Quadrat auf der Hypotenuse halbiert:

Tatsächlich haben wir das in einem unserer Beweise des Satzes von Pythagoras mitbewiesen. In welchem?

4.42 (Archimedes 1/2 (1961), S. 14) Konstruiere die Quadrate über den Seiten eines beliebigen Dreiecks, dann wie in der folgenden Skizze die Quadrate über gewissen Eckpunkten der Quadrate, und wiederhole den letzten Schritt:

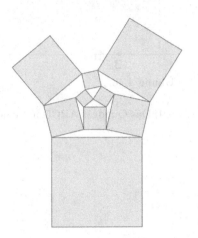

Zeige, dass die äußeren Quadrate parallel zu den inneren liegen und viermal so große Kanten haben wie diese.

(1992, Niederländische Mathematik-Olympiade, Runde 2 (1992)) Zeige, dass die Summe der Flächen der drei mittleren Quadrate dreimal so groß ist wie die der drei inneren Quadrate.

4.43 (Ungarische Olympiade 1987) Einem Quadrat der Seitenlänge 1 ist ein gleichseitiges Dreieck so einbeschrieben, dass eine seiner Ecken mit einer Ecke des Quadrats zusammenfällt. Zeige, dass für die Flächen der Dreiecke gilt:

$$A_1 + A_2 = A_3.$$

(American Mathematics Competition 10, 2004) Zeige, dass $A_3 : A_1 = 2 : 1$ ist.

(American Mathematics Competition 1974) Zeige, dass das gleichseitige Dreieck den Flächeninhalt $2\sqrt{3} - 3$ besitzt.

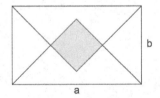

Dreiecksfläche zu Übung 4.43   Quadratfläche zu Übung 4.44

4.44 In einem Rechteck mit den Seiten $a > b$ werden auf den langen Seiten gleichschenklige rechtwinklige Dreiecke errichtet. Diese legen ein kleines Quadrat fest; welche Fläche hat es?

4.45 Erkläre den Beweis des Satzes von Pythagoras, der Multatuli[11] (1867) zugeschrieben
wird.

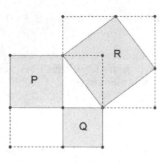
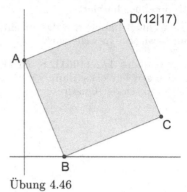

Multatulis Beweis.   Übung 4.46

4.46 (New Zealand Mathematics Magazine Oct. 1989) Das Quadrat ABCD hat eine Ecke
$D(12|17)$. Welche Koordinaten hat C?

---

[11] Multatuli ist der Künstlername des niederländischen Schriftstellers Eduard Douwes
Dekker (1820–1887), der in seinen Büchern gegen den holländischen Imperialismus in
den damaligen Kolonien (Indonesien) angeschrieben hat. In Holland hat Multatuli das
Ansehen, das Goethe und Schiller in Deutschland haben. Multatulis Beweis wurde
nach seinem Tod 1888 veröffentlicht [44, S. 291–296].

5. Thales und sein Kreis

Thales von Milet (ca. 640–550 v. Chr.) galt als einer der sieben Weisen Griechenlands. Er reiste nach Babylon und Ägypten und erlangte außer wegen seiner mathematischen Leistungen Weltruhm durch die Vorhersage einer Sonnenfinsternis, vermutlich derjenigen von 585 v. Chr.

Sonnenfinsternisse sind übrigens eines der wichtigsten Hilfsmittel bei der Datierung antiker Ereignisse – ohne Mathematik und Astronomie wären unsere Kenntnisse hierüber weitaus dürftiger als sie es ohnehin schon sind.

Thales werden einige Sätze zugeschrieben:[1]

- der Satz des Thales, wonach jeder Winkel im Halbkreis ein rechter ist;

- in gleichschenkligen Dreiecken sind die Basiswinkel gleich;

- der Strahlensatz[2].

Vor allen Dingen soll Thales aber den ersten „Beweis" gegeben haben: Er hat also die Entdeckung gemacht, dass man mathematische Sätze durch Überlegungen auf einfachere Tatsachen zurückführen kann. Thales konnte seine Sätze auch anwenden; so hat er den Strahlensatz benutzt, um die Höhe von Pyramiden oder die Entfernungen von Schiffen auf dem Meer zu messen.

Während wir uns in Kap. 4 vor allem mit Dreiecken beschäftigt haben (das ist, da sich dieses um den Satz des Pythagoras drehte, sicherlich keine Überraschung), geht es jetzt erst einmal um Eigenschaften des Kreises (ein schönes Büchlein über elementare Kreisgeometrie, das antiquarisch gut erhältlich ist, ist Lietzmanns [93]). Als wesentliches Hilfsmittel zur Herleitung fundamentaler Sätze über Sehnen und Tangenten stellt sich ein weiterer Satz über Dreiecke heraus, nämlich der Strahlensatz.

---

[1] Die „Beweislage" ist allerdings mehr als dürftig: Die erste derartige Zuordnung findet sich erstmals einige Jahrhunderte nach Thales. Entsprechendes gilt für viele andere derartige Behauptungen. Insbesondere ist unklar, ob Pythagoras selbst etwas mit seinem Satz zu tun hatte. Von Apollodoros (Mitte 4. Jh. v.Chr.) stammt ein Epigramm, wonach Pythagoras Stiere geopfert haben soll, nachdem er „die berühmte Zeichnung" gefunden habe. Auf der anderen Seite glauben wir zu wissen, dass Pythagoreer Tieropfer abgelehnt haben, und es ist auch unklar, auf welche Zeichnung sich diese Verse beziehen.

[2] Im Französischen heißt der Strahlensatz *Théorème de Thalès* oder *Théorème d'intersection*, im Englischen *Intercept Theorem*.

5.1 Die Strahlensätze

Der Strahlensatz und seine Varianten beschäftigen sich mit ähnlichen Dreiecken, also Dreiecken, die dieselben Winkel haben, aber verschieden groß sind. In der Praxis tauchen solche Dreiecke auf, wenn zwei parallele Geraden ein sich schneidendes Geradenpaar schneiden.

Der Strahlensatz bei Euklid

Unser Strahlensatz findet sich bei Euklid als Proposition II in Buch VI:

> *Wenn eine Gerade, die zu einer Dreiecksseite parallel ist, ein Dreieck schneidet, dann teilt sie die Seiten des Dreiecks proportional; teilt sie umgekehrt die Seiten proportional, dann ist die Gerade parallel zu einer Dreiecksseite.*

Zum Beweis benutzt Euklid Proposition I aus Buch VI, die wir im Wesentlichen als die Formel $A = \frac{1}{2}gh$ für den Flächeninhalt von Dreiecken kennen. Zum einen haben Dreiecke auf der gleichen Grundseite und mit der gleichen Höhe auch denselben Flächeninhalt, zum andern ist der Flächeninhalt zweier Dreiecke mit der gleichen Höhe h und den Grundseiten a_1 bzw. a_2 gleich $A_1 = \frac{1}{2}a_1h$ bzw. $A_2 = \frac{1}{2}a_2h$, woraus dann folgt, dass $A_1 : A_2 = a_1 : a_2$ ist, und das ist Euklids Proposition I:

> *Dreiecke und Parallelogramme mit der gleichen Höhe verhalten sich zueinander wie ihre Grundseiten.*

Jetzt schließt Euklid wie folgt:

Das Dreieck BDE hat denselben Flächeninhalt wie CDE, da es die gleiche Grundseite DE und die gleiche Höhe hat. Also ist

$$F_{BDE} : F_{ADE} = F_{CDE} : F_{ADE}.$$

Da die Dreiecke BDE und ADE die gleiche Höhe haben, verhalten sich ihre Flächeninhalte wie die Grundseiten BD und DA, d.h. es ist $F_{BDE} : F_{ADE} = BD : DA$. Aus dem gleichen Grund ist $F_{CDE} : F_{ADE} = CE : EA$, und wir erhalten

$$BD : DA = CE : EA.$$

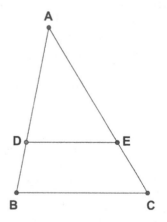

Aufgabe 5.1. *Formuliere den Umkehrsatz des Strahlensatzes. Beweis?*

Die Hessesche Normalenform

Man kann den Strahlensatz verwenden (s. Eisenman [2]), um eine kurze Herleitung der Formeln für den Abstand eines Punkts von einer Gerade in der euklidischen Ebene zu geben, die in der Schule unter dem Namen Hessesche Normalenform bekannt ist. Dazu gehen wir aus von einer Geraden $y = mx + c$ (für Geraden der Form $x = c$ ist die Lösung des Problems offensichtlich) und einem Punkt $P(a|b)$.

Man sieht leicht ein, dass die beiden Dreiecke in der nebenstehenden Zeichnung ähnlich sind. Wendet man den Strahlensatz darauf an, so erhält man die Gleichung

$$\frac{d}{|ma + c - b|} = \frac{1}{\sqrt{m^2 + 1}},$$

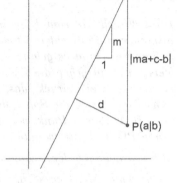

wobei $\sqrt{1 + m^2}$ die Länge der Hypotenuse des Steigungsdreiecks ist. Daraus erhält man den

Satz 5.1. *Der Abstand eines Punkts $P(a|b)$ zur Geraden $y = mx + c$ ist gegeben durch*

$$d = \frac{|ma + c - b|}{\sqrt{m^2 + 1}}. \qquad (5.1)$$

Diese Formel lässt sich sehr leicht merken, wenn man die Gerade $y = mx + b$ in der Form $y - mx - b = 0$ schreibt und dann noch durch die Länge $\sqrt{m^2 + 1}$ des „Normalenvektors" $\binom{m}{-1}$ teilt:

$$\frac{y - mx - c}{\sqrt{m^2 + 1}} = 0.$$

Diese Form der Gleichung der Geraden nennt man die Hessesche Normalenform; den Abstand erhält man aus dieser Formel (bis auf das Vorzeichen) durch Einsetzen des Punkts P.

Aufgabe 5.2. *Leite die Formel (5.1) durch Koordinatengeometrie her: Bestimme den Lotfußpunkt L von P auf der Geraden durch Schneiden der Geraden mit der Lotgeraden durch P, und bestimme den Abstand von L und P mit dem Satz des Pythagoras.*

Otto Hesse (1811–1874) stammt, wie sehr viele andere deutsche Mathematiker auch, aus Königsberg im damaligen Preußen (nach 1946 Kaliningrad, heute in Russland). Wie eine ganze Reihe von Mathematikern des 19. Jahrhunderts, die sich mit Geometrie beschäftigt haben, ist er heute fast vergessen; nur die Hessesche Normalenform ist von der Schule her noch geläufig, und die algebraische Geometrie kennt die Hessesche Kovariante und die Hessesche Kurve.

Jules Verne

In der Geschichte „Die geheimnisvolle Insel" von Jules Verne geht es um „Schiffbrüchige", die mit einem Ballon auf einer unbekannten Insel im Pazifik notlanden müssen. Die Gruppe versucht dann, den Längen- und Breitengrad der Insel zu bestimmen, auf der sie sich befinden, mit einer Taschenuhr als einzigem Hilfsmittel. Im 14. Kapitel gibt Jule Vernes Figur Cyrus Smith folglich „Eine Anwendung des Lehrsatzes von den ähnlichen Dreiecken". Für die Bestimmung der Koordinaten der Insel benötigte dieser die Höhe einer fast senkrecht aufragenden Granitwand. Jules Verne schreibt:

> *Etwa 20 Schritte vom Uferrand entfernt und an die 500 von der Granitmauer, die lotrecht aufstieg, befestigte Cyrus Smith die Stange 2 Fuß tief im Sand und es gelang ihm, sie mit Hilfe des improvisierten Senkbleis senkrecht gegen die Ebene des Horizonts aufzustellen. Hierauf ging er noch so weit zurück, dass seine Sehstrahlen, wenn er sich auf den Sand legte, genau die Spitze der Stange und den Kamm der Granitwand berührten. Diesen Punkt bezeichnete er sorgfältig durch einen eingetriebenen Pflock. Dann wandte er sich an Harbert:*

> *„Die Grundlagen der Geometrie sind dir bekannt?", fragte er.*

> *„Ein wenig, Mr. Cyrus", antwortete Harbert, der sich nicht bloßstellen wollte.*

> *„Du erinnerst dich der Eigenschaften der sogenannten ähnlichen Dreiecke?"*

> *„Ja", sagte Harbert, „die entsprechenden Seiten sind einander proportional."*

> *„Nun sieh, mein Sohn, hier konstruiere ich eben zwei ähnliche, rechtwinklige Dreiecke. Die Seiten des kleineren bilden die Höhe der senkrechten Stange und die Entfernung von dem Punkt, an dem diese in der Erde steckt, bis zu jenem Pflock. Eine Hypotenuse wird von meinem Sehstrahl dargestellt. Das zweite größere Dreieck hat als Seiten die lotrechte Felsenwand, um deren Höhe es geht, und die Entfernung von ihrem Fuß bis wiederum zu jenem Pflock hin, während meine Sehstrahlen auch dessen Hypotenuse bezeichnen, nämlich die Fortsetzung der des ersteren Dreiecks."*

> *„Ah, ich verstehe, Mr. Cyrus!", rief Harbert. „Da die horizontale Entfernung des Pflocks von der Stange proportional zu der von demselben Punkt bis zur Basis der Felsenwand ist, so steht auch die Höhe der Stange zu der der Felsenwand in demselben Verhältnis."*

> *„So ist es, Harbert", bestätigte der Ingenieur, „und sobald wir diese horizontalen Entfernungen gemessen haben, können wir, da die Höhe der Stange bekannt ist, durch eine einfache Berechnung auch die der Felsenwand finden und uns der Mühe entheben, sie unmittelbar zu messen."*

Die beiden Horizontalen wurden mittels der Stange aufgenommen, deren Höhe über dem Sand genau bestimmt war und genau 10 Fuß betrug. Die erstere zwischen dem Pflock und dem früheren Standpunkt der Messstange betrug 15 Fuß. Die zweite zwischen jenem Pflock und der Basis des Felsens aber 500 Fuß.

Cyrus Smith und der junge Mann kehrten nach Vollendung dieser Aufnahmen zu den Kaminen zurück. Der Ingenieur holte einen von einem früheren Ausflug mitgebrachten flachen Stein, eine Art Schiefer, auf dem man mit Hilfe einer spitzen Muschel leicht und deutlich zu schreiben vermochte. Er stellte folgende Proportion auf:

$$15 : 500 = 10 : x$$
$$500 \cdot 10 = 5000$$
$$\frac{5000}{150} = 333,33$$

Diese Berechnung ergab demnach für die Granitwand eine Höhe von 333 $\frac{1}{3}$ Fuß.

Die Romane von Jules Verne sind heute wohl kaum einem Jugendlichen mehr schmackhaft zu machen; vor 50 Jahren wurden sie aber durchaus noch gelesen. In jedem Fall ist es unvorstellbar, einen derartigen Abschnitt in, sagen wir, einem Harry-Potter-Roman unterzubringen.

Satz des Pythagoras

Sowohl der Satz des Pythagoras, als auch der Höhensatz folgen leicht aus den Strahlensätzen. Betrachten wir dazu das Dreieck auf der linken Seite von Abb. 4.4. Die Dreiecke ABC, BCF und CAF sind ähnlich; nach dem Strahlensatz ist also

$$\frac{q}{h} = \frac{h}{p}.$$

Beseitigen der Nenner ergibt den Höhensatz $h^2 = pq$.

Andererseits ist $\frac{a}{b} = \frac{q}{h}$ und $\frac{b}{a} = \frac{p}{h}$. Addition ergibt

$$\frac{c}{h} = \frac{a}{b} + \frac{b}{a} = \frac{a^2 + b^2}{ab}.$$

wegen $ab = hc$ (Berechnung des Flächeninhalts auf zwei Arten) ist daher $\frac{c}{h} = \frac{a^2+b^2}{hc}$, also nach Wegschaffen des Nenners $c^2 = a^2 + b^2$.

Noch einfacher geht es so: Es gilt

$$\frac{c}{a} = \frac{a}{q}, \quad \frac{c}{b} = \frac{b}{p},$$

also
$$qc = a^2, \quad pc = b^2, \quad \text{somit} \quad a^2 + b^2 = pc + qc = c(p + q) = c^2.$$

Der Beweis des Satzes von Pythagoras mit dem Strahlensatz kann definitiv Leonardo von Pisa (Fibonacci) zugeschrieben werden: Er steht in seiner *Practica Geometriae* aus dem Jahre 1220. Der Beweis, den Einstein am Anfang von Kap. 6 (S. 143) beschreibt, dürfte derselbe gewesen sein.

5.2 Thales & Co.

Der nach dem Satz des Pythagoras vielleicht bekannteste Satz der Elementargeometrie (jedenfalls bei den älteren Lesern) dürfte der Satz des Thales sein, wonach jeder Winkel im Halbkreis ein rechter ist. Bei Konstruktionen mit Zirkel und Lineal, die man in vergangenen Jahrhunderten als Schüler auszuführen hatte, war dieser Satz so hilfreich, dass er es zu folgendem Merkspruch gebracht hat:

> *Wenn einer mal nicht weiter weiß,*
>
> *dann denk er an den Thales-Kreis.*

Heutzutage ist dieser Satz für den Schulunterricht irrelevant geworden. Dennoch muss man zugeben, dass er etwas hat: Er ist einfach auszusprechen, er besagt etwas Überraschendes, und der Beweis ist nicht schwer.

Der Satz des Thales ist ein Spezialfall des Satzes vom Umfangswinkel und Zentrumswinkel:

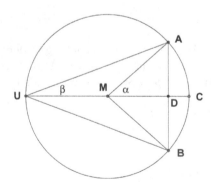 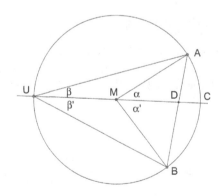

Hier ist $\alpha = \sphericalangle DMA$ und $\beta = \sphericalangle DUA$. Da das Dreieck UMA gleichschenklig ist wegen $\overline{UM} = \overline{MA} = r$, wo r den Radius des Kreises bezeichnet, ist auch $\sphericalangle UAM = \beta$ und damit $\sphericalangle UMA = 180° - 2\beta$. Andererseits ist $\sphericalangle UMA = 180° - \alpha$, und Gleichsetzen liefert
$$180° - 2\beta = 180° - \alpha,$$
also
$$\alpha = 2\beta.$$

Eratosthenes und der Erdumfang

Thales hat in Ägypten die Höhen der Pyramiden mithilfe des Strahlensatzes bestimmt. Damit hat er gezeigt, dass man mit Kenntnissen der Geometrie Dinge messen kann, die nicht direkt zugänglich sind.

Eratosthenes (ca. 285–194 v.Chr.) hat dies später in einem viel größeren Rahmen nachgemacht: Er hat den Umfang der Erde mit ganz einfachen Mitteln abgeschätzt.

Eratosthenes hatte gehört, dass sich um den 21. Juni herum in Syene (Ägypten; heute heißt die Stadt Assuan) die Sonne in einem tiefen Brunnen spiegelte, also direkt im Zenit stand. In Alexandria, wo Eratosthenes der Bibliothekar der größten Bibliothek des Altertums war, konnte er dagegen einen Winkel von etwas mehr als 7° messen (Eratosthenes sprach vom 50. Teil des Vollwinkels; das ergibt 360°/50 ≈ 7,2°). Der Abstand von Syene und Alexandria war etwa 5000 Stadien (vielleicht abgeschätzt mit Hilfe der Zeit, die eine Karawane von Syene nach Alexandria unterwegs war).

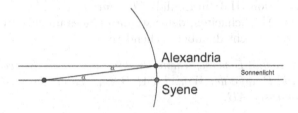

Eratosthenes nahm an, dass die Sonne so weit von der Erde entfernt ist, dass die Sonnenstrahlen praktisch parallel waren. Die obige Skizze zeigt, dass der Winkel zwischen Alexandria und Syene, vom Erdmittelpunkt aus gesehen, gleich dem gemessenen 50. Teil des Vollwinkels ist („Wechselwinkel"!). Da die Entfernung zwischen Syene und Alexandria daher etwa dem 50. Teil des Erdumfangs entspricht, ergibt sich dieser zu etwa 252 000 Stadien (hinsichtlich der „Rundung" dieser Zahl vgl. Übung 5.17).

Nimmt man an, dass 1 Stadium etwa 164 m entspricht, kommt man auf einen Wert von 41 000 km für den Erdumfang und knapp 6 400 km für den Erdradius. Nimmt man ein Stadium als etwa 185 m an, so führt dies auf einen Erdumfang von 46 000 km. Ein ägyptisches Stadium entspricht dagegen etwa 157,5 m und liefert 39 700 km.

Der bereits erwähnte Geograph Strabo aus Alexandria schrieb im ersten Jahrhundert:

> Diejenigen, die die Welt zu umsegeln abbrachen und zurückkehrten, wurden nach eigenen Angaben nicht durch einen Kontinent an der Fortsetzung ihrer Reise gehindert, denn die See blieb völlig offen, sondern durch den Mangel an Entschlusskraft und Mangel an Proviant ... Wenn die Ausdehnung des Atlantischen Ozeans kein Hindernis wäre, könnten wir laut Eratosthenes ohne Weiteres von Iberien nach Indien segeln ...

Fast eineinhalb Jahrtausende später hat Kolumbus diese Idee dann in die Tat umgesetzt und dabei aus Versehen Amerika „entdeckt".

Das gleiche Argument funktioniert auch, wenn die Sache etwas weniger symmetrisch aussieht: Die Aussage $\alpha = 2\beta$ (und das analoge $\alpha' = 2\beta'$) bleibt richtig, wenn man U auf dem Kreisumfang zwischen B und A umherwandern lässt:

Satz 5.2 (Satz vom Umfangs- und Zentrumswinkel). *Der Umfangswinkel $\sphericalangle AUB$ ist halb so groß wie der Zentrumswinkel $\sphericalangle AMB$. Insbesondere sind alle Umfangswinkel einer Sehne gleich.*

Man beachte, dass wir diesen Satz bewiesen haben, indem wir den Winkel $\sphericalangle UMA$ auf zwei verschiedene Arten ausgerechnet haben. Den Satz findet man im III. Buch von Euklid als Proposition 20.

Im Spezialfall $\alpha = 180°$ ist AMB der Durchmesser, und der Umfangswinkel ein rechter Winkel. Das ist genau der

Satz 5.3 (Satz des Thales). *Jeder Winkel im Halbkreis ist ein rechter.*

Dies ist Proposition III.31 in Euklids *Elementen.*

Es gibt diverse Möglichkeiten, den Satz des Thales umzukehren. Die folgende (s. [97, S. 4–5] ist vielleicht die überraschendste:

Satz 5.4. *Seien A und B verschiedene Punkte, und c eine Kurve von A nach B. Ist für jeden Punkt P auf c der Winkel $\sphericalangle APB$ ein rechter, dann ist c der Halbkreis über dem Durchmesser AB.*

Zur Lösung legen wir ein Koordinatensystem so fest, dass A und B auf der x-Achse liegen und der Ursprung mit dem Mittelpunkt M der Strecke AB zusammenfällt. Die Koordinaten von A und B seien $A(-a|0)$ und $B(a|0)$. Sei $P(x|y)$ irgendein Punkt auf c.

Aufgabe 5.3. *Zeige, dass die Steigungen der Geraden PA und PB gleich $m_1 = \frac{y}{x+a}$ und $m_2 = \frac{y}{x-a}$ sind. Zeige weiter, dass aus dem Kriterium $m_1 m_2 = -1$ für das Senkrechtstehen der Geraden die Kreisgleichung $x^2 + y^2 = a^2$ folgt.*

5.3 Sekanten und Tangenten

Es gibt eine Unmenge von Sätzen aus der Kreisgeometrie, die heutzutage fast kein Schüler mehr kennt. Ohne dieses Wissen sind aber Wettbewerbsaufgaben aus der Geometrie schlichtweg nicht lösbar. Um diese Standardsätze zu beweisen, müssen wir erst einige ganz einfache Tatsachen bereitstellen.

Der Kreis mit Mittelpunkt M und Radius $r > 0$ ist definiert als die Menge aller Punkte P, die von M denselben Abstand r haben.

Satz 5.5. *Ein Kreis geht beim Spiegeln an seinem Durchmesser in sich selbst über.*

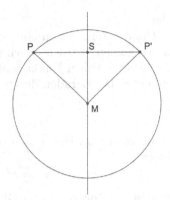

Dieser Satz ist eigentlich eine Trivialität, wenn man benutzt, dass Längen beim Spiegeln gleich bleiben. Da P auf dem Kreis liegt, hat es Abstand r vom Mittelpunkt M. Also hat P' denselben Abstand von M, und liegt folglich ebenfalls auf dem Kreis.

Im Wesentlichen die gleiche Aussage ist die folgende (Euklid, Proposition III.3):

Satz 5.6. *Das vom Mittelpunkt eines Kreises auf seine Sehne AB gefällte Lot halbiert die Sehne.*

In der Tat: Da der Kreis beim Spiegeln am Durchmesser erhalten bleibt, muss wie oben $\overline{SA} = \overline{SB}$ sein. Euklids Beweis benutzt kongruente Dreiecke anstatt der Technik des Spiegelns.

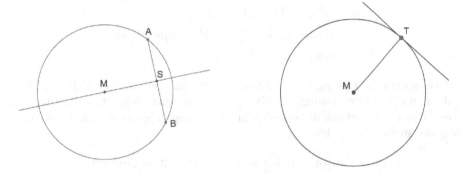

Als Nächstes definieren wir die **Tangente** im Punkt P eines Kreises: Dies ist eine Gerade, die den Kreis in P so schneidet, dass der gesamte Kreis auf einer Seite der Tangente liegt. Mit anderen Worten: Eine Gerade, die den Kreis in genau einem Punkt, nämlich P, schneidet.

Satz 5.7 (Euklid, Proposition III.18). *Berührt eine Tangente einen Kreis mit Mittelpunkt M in T, dann ist MT orthogonal zur Tangente.*

Wir wollen erst einmal das Schulwissen auf diesen Satz anwenden, also die Behauptung mit den Mitteln der Koordinatengeometrie und Differentialrechnung herleiten. Der Kreis besteht aus allen Punkten $P(x|y)$, die von einem Punkt (dem Mittelpunkt M, den wir in den Ursprung legen) ein und denselben Abstand r haben. Der Abstand $\overline{PM} = r$ ist nach Pythagoras $\sqrt{(x-0)^2 + (y-0)^2} = r$, woraus durch Quadrieren die Kreisgleichung

$$x^2 + y^2 = r^2$$

folgt.

Um die Tangente in einem Punkt $P(a|b)$ des Kreises (es ist also $a^2 + b^2 = r^2$) zu bestimmen, betrachten wir alle Geraden durch P und bestimmen diejenige, die den Kreis in einem Punkt (das muss dann natürlich P sein) und nicht in zweien schneidet. Die Geraden durch P haben die Form

$$y = m(x - a) + b$$

(denn wenn man hier $x = a$ setzt, erhält man $y = b$). Schneiden mit dem Kreis liefert

$$r^2 = x^2 + y^2 = x^2 + (m(x - a) + b)^2.$$

Dies ist eine quadratische Gleichung in x, die man nach Ausmultiplizieren wie üblich mit der abc-Formel lösen kann. Wir kennen aber schon eine Lösung, nämlich $x = a$ (in der Tat liefert Einsetzen von $x = a$ die richtige Gleichung $r^2 = a^2 + b^2$); also bringen wir alles auf eine Seite und klammern den Faktor $x - a$ aus:

$$
\begin{aligned}
0 &= x^2 + (m(x - a) + b)^2 - r^2 \\
&= x^2 + m^2(x - a)^2 + 2m(x - a)b + b^2 - r^2 \\
&= x^2 + m^2(x - a)^2 + 2mb(x - a) + b^2 - (a^2 + b^2) \\
&= x^2 - a^2 + m^2(x - a)^2 + 2mb(x - a) \\
&= (x - a)(x + a) + m^2(x - a)^2 + 2mb(x - a) \\
&= (x - a)(x + a + m^2(x - a) + 2mb).
\end{aligned}
$$

Jetzt kann man die Lösung $x = a$ ablesen; setzt man den zweiten Faktor gleich 0, erhält man die zweite Lösung. Damit es aber nur einen Schnittpunkt gibt, muss diese zweite Lösung gleich der ersten sein. Setzt man daher in die zweite Klammer $x = a$ ein, muss 0 herauskommen:

$$a + a + m^2(a - a) + 2mb = 0, \quad \text{also} \quad 2a + 2mb = 0.$$

Auflösen nach m ergibt

$$m = -\frac{a}{b}.$$

Dies ist also die Steigung der Tangente. Und dass die Tangente senkrecht auf die Gerade MP mit der Steigung $m' = \frac{b-0}{a-0} = \frac{b}{a}$ steht, ist gleichbedeutend mit $m \cdot m' = -\frac{a}{b} \cdot \frac{b}{a} = -1$.

Aufgabe 5.4. *Dieser Beweis funktioniert für vier Punkte auf dem Kreis nicht – welche sind das?*

Die Steigung der Tangente bekommt man natürlich leichter durch die Anwendung der Differentialrechnung: Ableitung von $f(x) = \sqrt{r^2 - x^2}$ liefert $f'(x) = -\frac{x}{\sqrt{r^2-x^2}}$, also $f'(a) = -\frac{a}{b}$ wie oben.

Noch leichter erhält man dieses Ergebnis, wenn man die Gleichung $x^2 + y^2 = r^2$ direkt nach x ableitet: Es ist $(x^2)' = 2x$, während die Ableitung von y^2 als Funktion von x nach der Kettenregel gleich $(y^2)' = 2yy'$ ist. Also folgt $2x + 2yy' = 0$, d.h. $y' = -\frac{x}{y}$, und dies liefert wieder das Ergebnis, dass die Tangentensteigung in $(a|b)$ gleich $-\frac{a}{b}$ ist.

Der Standardbeweis mit analytischer Geometrie ist alles andere als einfach. Jetzt wollen wir uns der Sache geometrisch nähern.

Beweis von Satz 5.7. Sei F der Lotfußpunkt des Mittelpunkts M auf der Tangente t. Dieser Punkt F kann, da der Kreis auf einer Seite der Tangente liegt, nicht innerhalb des Kreises liegen. Also ist $\overline{MF} \geq \overline{MT}$.

Andererseits ist nach Pythagoras

$$\overline{MT}^2 = \overline{MF}^2 + \overline{FT}^2 \geq \overline{MT}^2 + \overline{FT}^2.$$

Diese Ungleichung kann nur dann gelten, wenn $\overline{FT} = 0$, also $F = T$ ist. Also ist T der Lotfußpunkt von M, folglich steht der Radius MT senkrecht auf die Tangente.   □

Das folgende Ergebnis ist ebenfalls wenig überraschend:

Satz 5.8. *Werden von einem Punkt P außerhalb eines Kreises die beiden Tangenten an den Kreis gezeichnet, und sind A bzw. B deren Berührpunkte, dann ist* $\overline{PA} = \overline{PB}$.

Proof. Nach dem vorhergehenden Satz steht MA senkrecht auf die eine Tangente, also ist nach Pythagoras $\overline{MA}^2 + \overline{AP}^2 = \overline{PM}^2$. Aus dem gleichen Grund gilt auch $\overline{MB}^2 + \overline{BP}^2 = \overline{PM}^2$. Also ist $\overline{MA}^2 + \overline{AP}^2 = \overline{MB}^2 + \overline{BP}^2$. Da $\overline{MA} = \overline{MB}$ der Radius des Kreises ist, folgt $\overline{AP}^2 = \overline{BP}^2$ und damit die Behauptung $\overline{AP} = \overline{BP}$.   □

Aufgabe 5.5. *Beweise Satz 5.8 mithilfe des Satzes über die Basiswinkel gleichschenkliger Dreiecke.*

Satz 5.9 (Sehnen-Tangenten-Winkel-Satz)**.** *Sei T der Schnittpunkt einer Tangente an einen Kreis von einem Punkt P aus, und seien A und B die Schnittpunkte einer Sekante durch P. Dann ist der Tangentenwinkel* $\alpha = \sphericalangle BTP$ *gleich dem Sehnenwinkel* $\alpha = \sphericalangle BAT$.

Beweis. Nach dem Satz über den Umfangswinkel ist (s. Abb. 5.1 links) $\alpha = \sphericalangle TAB = \sphericalangle TA'B$, wo A' so gewählt ist, dass $A'T$ durch den Mittelpunkt M des Kreises geht. Da B auf dem Thales-Kreis über $A'T$ liegt, ist $\sphericalangle ABT = 90°$, und damit $\sphericalangle ATB = 90° - \alpha$. Da die Tangente in T senkrecht auf den Radius TM steht, ist $\sphericalangle ATP = 90°$ und daher $\sphericalangle ATB = 90° - \sphericalangle BTP$. Da dieser Winkel aber auch gleich $90° - \alpha$ ist, muss $\sphericalangle BTP = \alpha$ sein.   □

Auch der nächste Satz ist einfach und oft hilfreich:

Satz 5.10 (Sehnen-Tangenten-Satz)**.** *Sei T der Schnittpunkt einer Tangente an einen Kreis von einem Punkt P aus, und seien A und B die Schnittpunkte einer Sekante durch P. Dann ist*

$$\overline{PA} \cdot \overline{PB} = \overline{PT}^2.$$

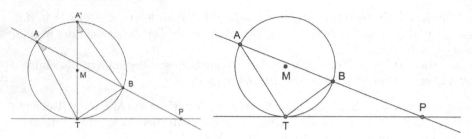

Abb. 5.1. Sehnen und Tangenten

Beweis. Nach dem Satz vom Sehnen- und Tangentenwinkel ist $\sphericalangle BTP = \sphericalangle BAT$; weiter ist natürlich $\sphericalangle BPT = \sphericalangle APT$. Also stimmen die Dreiecke APT und BPT in zwei (und damit in allen drei) Winkeln überein und sind somit ähnlich. Nach dem Strahlensatz ist daher

$$\overline{PT} : \overline{PB} = \overline{PA} : \overline{PT},$$

woraus sofort die Behauptung folgt.   □

Umgekehrt liefert der Sehnen-Tangenten-Satz den Satz des Pythagoras: Wendet man den Sehnen-Tangenten-Satz auf den Durchmesser eines Kreises an (Abb. 5.1 rechts), so erhält man mit $\overline{PB} = h$ und $\overline{PT} = w$ die Gleichung

$$h(2r + h) = w^2,$$

woraus man mit quadratischer Ergänzung

$$(r + h)^2 = w^2 + r^2$$

erhält. Dies ist offenbar der Satz des Pythagoras, angewandt auf das rechtwinklige Dreieck MTP.

Betrachtet man zwei Sehnen $\overline{AB}$ und $\overline{CD}$ innerhalb eines Kreises, die sich in einem Punkt P außerhalb des Kreises schneiden, so ist, wenn die Tangente durch P an den Kreis diesen in T schneidet, sowohl $\overline{PA} \cdot \overline{PB} = \overline{PT}^2$, als auch $\overline{PC} \cdot \overline{PD} = \overline{PT}^2$, und somit $\overline{PA} \cdot \overline{PB} = \overline{PC} \cdot \overline{PD}$. Dies gilt auch, wenn sich die Sehnen innerhalb des Kreises schneiden:

Wie groß ist die Erde?

Ein Motorboot fährt mit der konstanten Geschwindigkeit von 40 km/h von einem 20 m hohen Aussichtsturm am Ufer des Bodensees auf den See hinaus. Nach 24 Minuten verschwindet es am Horizont. Wie groß ist der Erdradius?

Wenn das Boot am Horizont verschwindet, ist es

$$s = v \cdot t = 40 \text{ km/h} \cdot \frac{24}{60} \, h = 16 \text{ km}$$

vom Turm entfernt. Wir stellen uns daher die Frage

Wie weit sieht man von einem Turm der Höhe h aus bis zum Horizont?

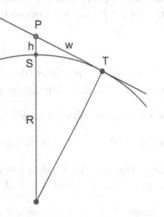

Setzt man den Erdradius mit R an und misst man die Weite als die Länge des Sehstrahls PT anstatt der Länge des Kreisbogens ST (der Unterschied ist winzig, wenn wir annehmen, dass die Höhe h des Turms klein gegenüber der Sichtweite $w = \overline{PT}$ ist), dann erhält man aus Pythagoras oder dem Sehnen-Tangenten-Satz die Gleichung

$$h(2R + h) = w^2.$$

Dieselbe Gleichung erhält man, wenn man den Satz des Pythagoras

$$(R + h)^2 = R^2 + w^2$$

anwendet und ausmultipliziert. Ist die Höhe klein gegenüber R, so wird $2R + h \approx 2R$ sein, folglich $2Rh \approx w^2$ und damit $R \approx \frac{w^2}{2h}$.

Im vorliegenden Fall erhalten wir also

$$R \approx \frac{16^2}{2 \cdot 0{,}02} \text{ km} = 6400 \text{ km}.$$

Aufgabe 5.6. *Zeige, dass man von einem Leuchtturm der Höhe h_1 einen zweiten Leuchtturm der Höhe h_2 nur sehen kann, wenn die Entfernung kleiner ist als ungefähr*

$$3{,}6(\sqrt{h_1} + \sqrt{h_2}),$$

wobei h_1 und h_2 in m, die Sichtweite in km gemessen wird.

Mit im Wesentlichen dieser Idee (Messung des Winkels zwischen Horizontale und Horizont auf einem Berg bekannter Höhe) hat der arabische Mathematiker al-Biruni (973–1048) im Jahre 1023 den Erdradius bestimmt.

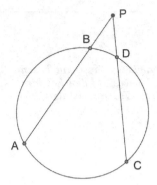 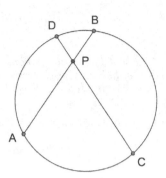

Satz 5.11 (Sehnensatz). *Sind $\overline{AB}$ und $\overline{CD}$ zwei nichtparallele Sehnen eines Krei-ses, und ist P der Schnittpunkt der Geraden AB und CD, dann gilt*

$$\overline{PA} \cdot \overline{PB} = \overline{PC} \cdot \overline{PD}.$$

Wir müssen nur noch den Beweis im Falle eines Schnittpunkts innerhalb des Kreises nachtragen. Die Dreiecke APD und CPB sind ähnlich:

- die beiden Winkel in P stimmen überein: $\sphericalangle APD = \sphericalangle BPC$;

- es ist $\sphericalangle ADC = \sphericalangle ABC$ nach einem unserer Sätze – welchem?

Daher stimmen die beiden Dreiecke in allen Winkeln überein; nach dem Strahlen-satz gilt $\overline{PA} : \overline{PC} = \overline{PD} : \overline{PB}$, und daraus folgt die Behauptung.

Aufgabe 5.7. *Beweise den Sehnensatz direkt auch im Falle eines Schnittpunkts P außerhalb des Kreises.*

Der Sehnensatz enthält als Spezialfall den Höhensatz, und auch den Satz des Pythagoras kann man aus ihm herleiten:

Aufgabe 5.8. *Beweise den Höhensatz und den Satz des Pythagoras mithilfe des Sehnen-satzes.*

Dazu wende man den Sehnensatz an, benutze $\overline{PC} = \overline{PD}$, und schreibe $\overline{PA} = \overline{AO} + \overline{OP}$, sowie $\overline{PB} = \overline{OB} - \overline{OP}$. Danach muss man nur noch die binomische Formel anwenden.

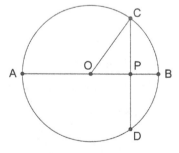

Der Erdumfang und das Urmeter

Der Meter geht auf eine Initiative der Franzosen zurück; im Mittelalter wurden Längen in Fingern, Ellen, Fuß und Meilen gemessen, die aber von Region zu Region verschieden waren und regelmäßig zu Betrugsversuchen Anlass gaben. Das metrische System hat sich inzwischen weltweit durchgesetzt; die große Ausnahme sind die USA, wo weiterhin das englische „imperiale" System verwendet wird (Inch, Foot, Mile usw.). Übrigens geht Inch auf das lateinische Wort *uncia* (ein Zwölftel) zurück, und in der Tat ergeben 12 Inch einen Foot. Auch die Unze, das ist der 12. Teil eines Pounds, hat denselben Ursprung.

Die Tatsache, dass die USA sowohl das imperiale (im Alltag) als auch das metrische System (in der Wissenschaft) benutzen, gelangte 1999 in die Schlagzeilen, als die NASA im September 1999 ihren Mars-Satelliten beim Anflug auf den Mars wegen eines, wie es manche Zeitungen nannten, „dummen Schülerfehlers" verlor. Was war passiert? Die Programmierer hatten die Einheiten für den Schub der Landerakete in Newton angenommen, das Bodenpersonal aber gab die Einheiten in Pound ein. Daraufhin ist der 125 Millionen Dollar teure Satellit im Wüstensand des Mars zerschellt.

Die Geschichte der Längenmaße streift das NASA-Programm noch an einer anderen Stelle (diese schöne Geschichte kenne ich aus [14]). Die Raketenabtriebe (Booster), die beim Start an den beiden Seiten des Spaceshuttle angebracht sind, wurden in Utah hergestellt und dann per Bahn nach Florida transportiert. Dabei mussten die Ingenieure berücksichtigen, dass dabei ein Tunnel zu durchfahren war. Dieser war nur ein wenig breiter als die Schienen, und diese sind genau 4 Fuß und $8\frac{1}{2}$ *Inches* breit. Diese Maße hatten die Engländer beim Bau der Eisenbahn in die USA mitgebracht. Sie wurden gewählt, weil die ersten Ingenieure, die Eisenbahnen bauten, zuvor Wagen gebaut hatten, deren Räder ebenso weit auseinander lagen. Diese Radweite konnte man nicht beliebig variieren: Tat man dies, so brachen die Achsen oft, wenn eines der Räder die Spur verließ. Diese Wagenspuren hatten sich im Laufe der Jahrhunderte in die alten Straßen eingegraben, und die ältesten Straßen für Wagen gingen auf die Römer zurück. Deren Kriegskarren hatten alle dieselbe Breite, die dadurch festgelegt war, dass sie von zwei Pferden gezogen werden mussten. Die Größe der Raketenantriebe an den Spaceshuttles geht also auf die Breite zweier Pferdehintern zurück.

Die Franzosen beschlossen nach ihrer Revolution, den Vorschlag einer Kommission von Wissenschaftlern anzunehmen, wonach der 40millionste Teil des Erdumfangs ein Meter (das Wort kommt vom griechischen Wort für messen) genannt wird. Diesen haben Jean Baptiste Delambre (1747–1822) und Pierre Méchain (1744–1804) zwischen 1792 und 1799 bestimmt, und zwar durch die Messung der Entfernung zweier Orte auf demselben Längengrad, nämlich Dünkirchen (Dunquerque) in der Bretagne (Frankreich) und Barcelona (Spanien).

Die Arbeit der französischen Wissenschaftler war im Juni 1799 beendet. Die Länge eines Meters wurde auf einem Metallstab durch zwei Striche markiert, der dem französischen Staatsarchiv übergeben wurde und Urmeter genannt wurde. Dieses verbreitete sich aber nur langsam: In Deutschland wurde es erst ab dem 1. Januar 1872 verbindlich.

Zur Längenmessung im 20. Jahrhundert taugte das Urmeter wegen der gestiegenen Anforderungen an Genauigkeit nicht mehr; im Jahre 1960 wurde der Meter durch die Wellenlänge des orangefarbenen Lichts des Edelgases Krypton 86 festgelegt. Inzwischen ist es der 1/299 792 458-te Teil der Strecke, den Licht in einer Sekunde im Vakuum zurücklegt.

Ein falscher Beweis des Satzes von Pythagoras

Nicht alle „Beweise" des Satzes von Pythagoras, die in den letzten 2500 Jahren veröffentlicht wurden, sind auch korrekt. Ein Beispiel für einen solchen falschen Beweis ist der folgende von Loomis [75].

Sei nun ein rechtwinkliges Dreieck gegeben, und sei, wie üblich, $a = \overline{BC}$, $b = \overline{AC}$ und $c = \overline{AB}$. Der Inkreis des Dreiecks schneide dieses in den Punkten D, E und F (vgl. Skizze). Dann ist das Viereck $MECF$ ein Quadrat, denn der Winkel in C ist ein rechter Winkel nach Voraussetzung, und die Winkel in E und F sind rechte Winkel, weil die Tangenten an einen Kreis senkrecht auf die Verbindungsgerade von Mittelpunkt und Schnittpunkt stehen (Satz 5.7). Also sind (Winkelsumme 360°) alle Winkel rechte Winkel. Nach Satz 5.8 ist $\overline{CE} = \overline{CF}$, und die Behauptung folgt. Insbesondere ist $\overline{CE} = \overline{ME} = r$ und $\overline{CF} = r$, wobei r den Radius des Inkreises bezeichnet.

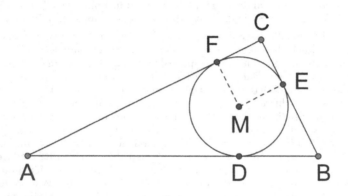

Jetzt gilt
$$c = \overline{AB} = \overline{AD} + \overline{DB} = \overline{AF} + \overline{BE}$$
nach dem Hilfssatz, folglich
$$c + 2r = \overline{AF} + \overline{BE} + \overline{FC} + \overline{EC} = a + b. \tag{5.2}$$

Quadrieren dieser Gleichung ergibt
$$c^2 + 4cr + 4r^2 = a^2 + 2ab + b^2. \tag{5.3}$$

Der Satz des Pythagoras ist gleichbedeutend mit der Aussage $4cr + 4r^2 = 2ab$.

Wäre $4cr + 4r^2 > 2ab$, also $c^2 + 4cr + r^2 > a^2 + 2ab + b^2$, so würde durch Wurzelziehen $c + r > a + b$ folgen, was (5.2) widerspricht. Ebenso führt die Möglichkeit $4cr + 4r^2 < 2ab$ zum Widerspruch. Also muss $4cr + 4r^2 = 2ab$ gelten, und dies impliziert den Satz des Pythagoras.

Der Beweis dieses Satzes ist auf eine Art und Weise aufgeschrieben, die es schwer macht, den Fehler zu finden (es ist überhaupt eine nicht ganz leichte Sache,

Beweise von richtigen Sätzen als falsch nachzuweisen, weil es ja kein Gegenbeispiel zum Satz geben kann).

Gehen wir also zurück zu (5.3) und betrachten den Fall $4cr + 4r^2 > 2ab$. Dann besagt (5.3) nicht mehr und nicht weniger als $a^2 + 2ab + b^2 = c^2 + 4cr + 4r^2 > c^2 + 2ab$, also $a^2 + b^2 > c^2$. Wie kommt Loomis daraus auf einen Widerspruch? Das gelingt ihm wie folgt: Er addiert im Wesentlichen die Gleichung $c^2 = a^2 + b^2$ zu seiner Annahme $4cr + 4r^2 > 2ab$ und erhält daraus den Widerspruch $c + 2r > a + b$. Mit anderen Worten: Er hat die zu beweisende Gleichung $a^2 + b^2 = c^2$ in seinem Beweis benutzt. Ein solches Verfahren heißt in der Mathematik ein **Zirkelschluss**, und die Tatsache, dass dieser Schluss einen Namen hat, lässt schon vermuten, dass er in der Mathematik doch hin und wieder vorkommt.

Der Ansatz von Loomis lässt sich, worauf unter anderem Sawyer [78] hingewiesen hat, dennoch zu einem Beweis[3] ausbauen: Dazu berechnen wir den Flächeninhalt des Dreiecks ABC auf zwei Arten. Zum einen ist der Flächeninhalt sicherlich gleich $\frac{1}{2}ab$. Zum andern haben die Teildreiecke ABM, BMC, CMA die Flächeninhalte $\frac{rc}{2}$, $\frac{ar}{2}$ und $\frac{br}{2}$. Also ist

$$\frac{ab}{2} = \frac{ar + br + cr}{2} \quad \text{und damit} \quad 2ab = 2r(a + b + c). \tag{5.4}$$

Setzt man (5.2) in diese Gleichung ein, folgt

$$2ab = 2r(a + b + c) = 2r(2c + 2r) = 4rc + 4r^2.$$

Wir hatten aber bereits oben gesehen, dass diese Aussage gleichbedeutend mit dem Satz des Pythagoras ist.

Der Satz von Archimedes

Der folgende Satz von Archimedes[4] gibt mir die Gelegenheit, auf die sehr hübschen Bücher von Ross Honsberger hinzuweisen. Dieser Satz des Archimedes ist aus dem ersten Kapitel von [4].

Satz 5.12 (Archimedes). *Sei ABC ein Dreieck und M derjenige Punkt auf dem Umkreis von ABC, der den Boden ACB halbiert. Ist AC länger als AB, so sei D der Lotfußpunkt von M auf AC.*

Dann halbiert D den Polygonzug ACB, d.h. es ist

$$\overline{AD} = \overline{DC} + \overline{CB}.$$

---

[3] Dazu müssten wir allerdings Satz 5.7 ebenfalls ohne den Satz des Pythagoras beweisen. Das geht, wenn man die Längenberechnung durch Pythagoras ersetzt durch Euklids Proposition I.19: In einem Dreieck liegt der größte Winkel gegenüber der längsten Seite.

[4] In den erhaltenen Werken von Archimedes taucht dieser Satz nicht auf; der arabische Mathematiker al-Biruni hat ihn Archimedes zugeschrieben.

Auch hier ergibt sich der erste Schritt im Beweis durch Spurenlesen: Da D der Punkt sein soll, der den Weg von A über C nach B halbiert, ist es vermutlich eine gute Idee, D als Mittelpunkt einer Strecke AF zu betrachten. Wir gehen also wie folgt vor:

Wir verlängern AC so weit bis F, dass $CF = CB$ wird. Das Dreieck CFB ist gleichschenklig, folglich sind die Basiswinkel θ in F und B gleich. Daraus ergibt sich $\sphericalangle ACB = 2\theta$.

Der Kreis durch A, B und F hat seinen Mittelpunkt M' auf der Mittelsenkrechten von AB, und nach dem Satz vom Zentrums- und Umfangswinkel muss der Winkel $\sphericalangle AM'B = 2\sphericalangle AFB = 2\theta$ sein. Da M auf der Mittelsenkrechten liegt und $\sphericalangle AMB = \sphericalangle ACB = 2\theta$ (wieder nach dem Satz vom Zentrums- und Umfangswinkel) ist, muss $M = M'$ sein.

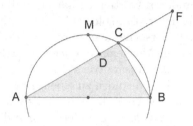

Also ist $\overline{MA} = \overline{MF}$, folglich MD die Mittelsenkrechte von AF und daher $\overline{AD} = \overline{DF}$. Damit ist

$$\overline{AD} = \overline{DF} = \overline{DC} + \overline{CF} = \overline{DC} + \overline{CB},$$

was zu beweisen war.

5.4 Übungen

5.1 Beweise den Strahlensatz für rechtwinklige Dreiecke durch geeignete Flächenberechnungen. Leite daraus den Strahlensatz für beliebige Dreiecke her, indem man dieses in zwei rechtwinklige zerlegt oder durch Anfügen eines rechtwinkligen Dreiecks zu einem rechtwinkligen Dreieck macht.

5.2 Wir haben den Satz des Thales aus dem Satz von Umfangs- und Zentrumswinkel erhalten. Beweise den Satz des Thales direkt.

5.3 Formuliere und beweise eine Umkehrung des Satzes von Thales.

5.4 Formuliere und beweise eine Umkehrung des Satzes vom Umfangs- und Zentrumswinkel.

5.5 Zeige, dass in jedem einem Kreis einbeschriebenen Viereck gegenüberliegende Winkel jeweils zusammen 180° ergeben. (Euklid Proposition III.22)

5.6 (Mathematical Association National Mathematics Contest 1994) Einem gleichschenkligen rechtwinkligen Dreieck werden zwei Quadrate einbeschrieben:

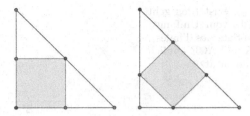

Wie verhalten sich ihre Flächen?

5.7 Einem rechtwinkligen Dreieck (s. die folgende Skizze links) wird ein Quadrat der Kantenlänge t einbeschrieben. Zeige, dass

$$\frac{1}{t} = \frac{1}{a} + \frac{1}{b}$$

gilt.

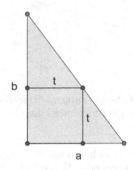
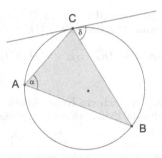

5.8 Beweise den Tangentenwinkelsatz: In der rechten Abbildung oben gilt $\alpha = \delta$.

5.9 (Junior Euler Society Univ. Zürich, Frühlingssemester 2010) In einer Ecke eines Dreiecks ist der Winkel zwischen dem Umkreisradius und der Höhe gleich der Differenz der beiden anderen Dreieckswinkel.

5.10 Zeichne ein beliebiges Rechteck ABCD; sei S der Schnittpunkt der Diagonalen. Benutze die Symmetrie des Rechtecks, um zu zeigen, dass S von allen Eckpunkten den gleichen Abstand hat, also der Mittelpunkt des Umkreises von ABCD ist. Folgere, dass der Durchmesser eines Kreises den Kreis halbiert.

Wie kann man anhand dieser Skizze den Satz des Thales entdecken?

5.11 Gegeben sei ein rechtwinkliges Dreieck ABC. Zeichne einen Kreis mit Radius c und Mittelpunkt B wie in der Skizze.

Zeige, dass $\sphericalangle BAD = \sphericalangle CAE = \frac{\alpha}{2}$ ist (das geht direkt, aber auch mit dem Satz vom Umfangs- und Zentrumswinkel sowie dem Satz des Thales). Folgere, dass die Dreiecke DCA und ACE ähnlich sind, und schließe aus dem Strahlensatz

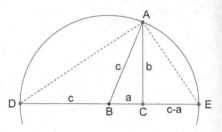

$$\frac{b}{c+a} = \frac{c-a}{b}.$$

Leite daraus den Satz des Pythagoras her (dieser Beweis stammt von Michael Hardy [95, S. 8]).

5.12 (S. [133, S. 123])

Sei ABC ein spitzwinkliges Dreieck mit Höhen BD und CE. Die Fußpunkte von B und C auf der Geraden DE seien F und G. Zeige, dass $\overline{DG} = \overline{EF}$ ist.

Hinweis: Zeige, dass BEF und BCD ähnlich sind, und leite daraus her, dass $\overline{EF} : \overline{BE} = \overline{CD} : \overline{BC}$ ist.

Zeige ähnlich, dass $\overline{DG} : \overline{BE} = \overline{CD} : \overline{CB}$ gilt.

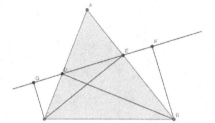

5.13 Ein Viereck, dem sich ein Kreis einbeschreiben lässt, heißt *Tangentenviereck*. Beweise, dass für die Seitenlängen a, b, c und d eines Tangentenvierecks die Gleichung

$$a + c = b + d$$

gilt; diese Aussage ist analog zum Satz, dass in einem Sehnenviereck (eines, das einem Kreis einbeschrieben ist) die Summe gegenüberliegender Winkel gleich 180° ist.

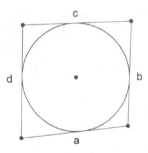

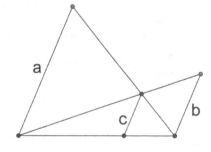

Tangentenviereck zu Übung 5.13   Strahlensatz zu Übung 5.14

5.14 Gegeben sei das folgende Diagramm, in dem die Geraden, von welchen die Strecken der Längen a, b und c Teile sind, parallel sind. Zeige, dass

$$\frac{1}{a} + \frac{1}{b} = \frac{1}{c}$$

gilt.

5.15 (UK Intermediate Mathematical Challenge, Februar 1998; Crux Math. **24** (1998), S. 285) Ein Quadrat ist dem pythagoreischen Dreieck mit den Seiten 3, 4 und 5 einbeschrieben. Welchen Anteil an der Gesamtfläche hat es?

5.16 (Kanadische Mathematik-Olympiade 1971; [132])

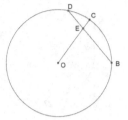

Sei BD die Sehne eines Kreises mit Mittelpunkt O, und sei E ein Punkt auf dieser Sehne. Die Gerade OE schneidet den Kreis in C.
Berechne den Radius aus den Angaben $\overline{DE} = 3$, $\overline{BE} = 5$ und $\overline{EC} = 1$.

5.17 Eratosthenes scheint (die Quellenlage ist nicht ganz klar) die Zahl 250 000 auf 252 000 Stadien gerundet zu haben. Das erscheint uns nur deswegen seltsam, weil wir im Dezimalsystem rechnen, während die klassischen Astronomen das Sexagesimalsystem der Babylonier benutzten. Erkläre diese Rundung mithilfe des Sexagesimalsystems.

5.18 Sehr viele klassische Probleme aus China befassen sich mit Variationen des folgenden Problems ([80]).

Eine Stadt ist von einer quadratischen Mauer umgeben, deren Seiten 200 m lang sind (selbstverständlich haben die Chinesen andere Längenmaße verwendet); in der Mitte jeder Seite ist ein Tor. 15 m vom östlichen Tor entfernt steht ein Baum; wie weit muss jemand aus dem Südtor hinaus Richtung Süden gehen, bis er den Baum sieht?

5.19 Zeige, dass MP und NQ parallel sind.

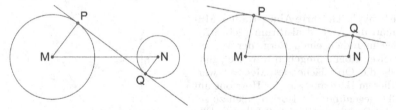

5.20 Diese beiden Probleme stammen aus dem schönen Buch [51, S. 57].

Bestimme den Radius des Kreises bzw. die Kantenlänge des Quadrats in den beiden nachfolgenden Abbildungen.

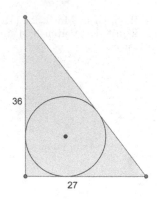
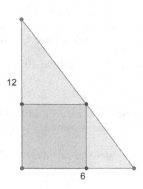

5.21 (Vgl. H. Oehl, Archimedes 7 (1964), S. 76; ibid. 8 (1964), S. 129) Eine weitere Möglichkeit, den Radius der Erde abzuschätzen, ist folgende: Man beobachtet den Sonnenuntergang im Liegen; sobald die Sonne untergegangen ist, steht man auf und misst, nach welcher Zeit die Sonne ein zweites Mal untergeht.

Zeige, dass der Erdradius etwa 5000 km beträgt, wenn die Differenz der Augenhöhen im Liegen und Stehen 1,7 m beträgt und die Zeitdifferenz der beiden Sonnenuntergänge bei 11 s liegt.

Die Sache funktioniert in Wirklichkeit aber wohl nicht: Zum einen müsste man einen unverstellten Blick bis zum fernen und flachen Horizont haben, zum andern macht die Lichtbrechung in der Atmosphäre eine genaue Messung des Sonnenuntergangs praktisch unmöglich.

5.22 New York ist 4800 km von Los Angeles entfernt. Die Zeitdifferenz zwischen diesen Städten beträgt 3 Stunden. Wie groß ist die Erde?

5.23 (Juschkewitsch [53, S. 302–303])

Der islamische Gelehrte Abu-r-Raihan Muhammad ibn Ahmad al-Biruni (geb. 973) bestieg in Indien einen Berg, der von einer weiten Ebene umgeben war, die „glatter als die Oberfläche des Meeres" war. Von diesem Berg aus war der Horizont um $\alpha = 34'$ gegenüber der Horizontalen zu sehen, der Berg selbst war 652 Ellen (1 Elle entspricht etwa einem halben Meter) hoch. Zeige, dass für Erdradius r, die Höhe des Berges h und den Winkel α die Gleichung

$$\frac{r}{h} = \frac{\cos\alpha}{1 - \cos\alpha}$$

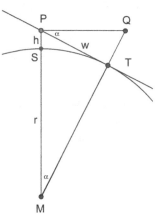

gilt, und bestimme daraus den Umfang der Erde (al-Baruni kam auf umgerechnet etwa 40700 km).

Hinweis: Zeige $\cos\alpha = \frac{r}{r+h}$, bilde den Kehrwert, subtrahiere 1 und bilde wieder den Kehrwert.

5.24 ([134, S. 83]) Zwei Kreise berühren sich in B. Eine Sekante durch B schneidet die Kreise in S und T. Zeige, dass die Tangenten in S und T parallel sind.

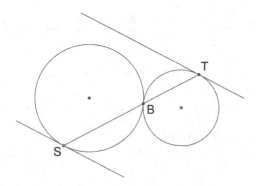

5.25 ([134, S. 83]) Gegeben sei ein Halbkreis mit Mittelpunkt M und Radius $\overline{MC}$; die Tangente an diesen in A schneidet den Durchmesser in B. Der Halbkreis durch N mit Mittelpunkt M und die Tangente an den inneren Halbkreis in C schneiden sich in D.

Zeige $\overline{CD} = \overline{AB}$. Zeige ebenfalls, dass M, A und D kollinear sind.

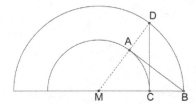
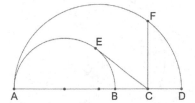

5.26 ([134, S. 83]) Zwei Halbkreise berühren sich innen in A. Der Punkt F des äußeren Halbkreises liegt auf der Mittelsenkrechten von B und D. Die Tangente durch den Mittelpunkt C von $\overline{BD}$ an den inneren Halbkreis berührt diesen in E.

Zeige $\overline{CE} = \overline{CF}$. Zeige ebenfalls, dass A, E und F kollinear sind.

5.27 Die Breitengrade von Dünkirchen und Barcelona unterscheiden sich etwa um $9,6°$, und ihre Entfernung wurde zu 547 279 Toise bestimmt (einer in Frankreich vor der Französischen Revolution verbreiteten Längeneinheit).

Zeige, dass sich für den Erdumfang eine Länge von etwa 20 523 000 Toise ergibt, und dass 1 m etwa 0,513 Toise entspricht.

5.28 (M.J. Zerger, Math. Teacher Nov. 1995) Beweise den Satz des Pythagoras durch „Papierfalten". Zeige, dass die Dreiecke AEF und BFC ähnlich sind.

Verwende den Strahlensatz, um

$$\overline{AE} : \overline{AF} = a : b,$$

$$\overline{EF} : \overline{AF} = c : b$$

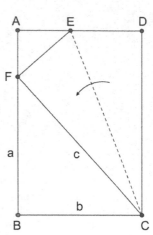

zu zeigen. Wegen

$$b = \overline{AE} + \overline{ED} = \overline{AE} + \overline{EF} \quad \text{und} \quad c = \overline{AB} = \overline{AF} + \overline{BF}$$

ist also

$$\frac{a+c}{b} = \frac{b}{\overline{AF}} = \frac{b}{c-a}.$$

Beseitigen der Nenner liefert mit der binomischen Formel den Satz des Pythagoras.

5.29 ([82] Alpha 23 (1989), 98) Bestimme x und r.

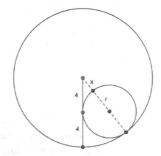
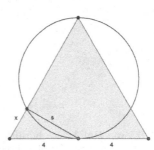

5.30 ([82] Alpha 23 (1989), 98) Bestimme x und s.

5.31 Sei P ein Punkt auf der Diagonale BD eines konvexen Vierecks ABCD. Zeige, dass für die Flächen der Teildreiecke die Gleichung

$$A_1 \cdot A_3 = A_2 \cdot A_4$$

gilt.

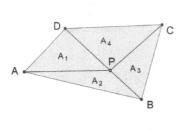
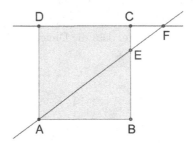

5.32 Eine Gerade durch einen Punkt A schneidet die Seite BC des Quadrats ABCD in E und die Gerade CD in F. Zeige, dass

$$\frac{1}{\overline{AE}^2} + \frac{1}{\overline{AF}^2} = \frac{1}{\overline{AB}^2}.$$

5.33 (Prasolov [101, Aufg. 1.45]) Sei ABCD ein Parallelogramm. Auf den Seiten BC und CD werden gleichseitige Dreiecke BCE und CDF errichtet. Zeige, dass AEF ein gleichseitiges Dreieck ist.

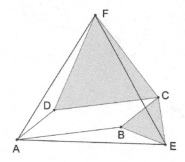 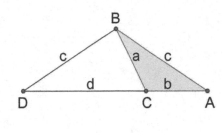

5.34 (L. Hoehn [70]) In einem gleichschenkligen Dreieck mit Seiten c, c und $b + d$ gilt

$$c^2 = a^2 + bd.$$

Zeige, dass daraus der Satz des Pythagoras folgt, wenn BC senkrecht auf AD steht, und beweise den Satz.

5.35 Auf dem Umkreis eines Dreiecks ABC wird ein Punkt R ausgewählt. Seien L, M und N die Lotfußpunkte von R auf den Geraden AB, BC und CA. Zeige, dass L, M und N kollinear sind.

Diese Gerade nennt man die *Gerade von Wallace* oder auch *Gerade von Simson*.

Hinweis: Winkel in Sehnenvierecken.

5.36 (28. Landeswettbewerb Mathematik BW, 2014) Im Parallelogramm ABCD ist M der Mittelpunkt der Seite DA und E ein Punkt auf der Strecke MC. Beweise: Das Dreieck ABE ist genau dann gleichschenklig mit Basis BE, wenn BE das Lot von B auf MC ist.

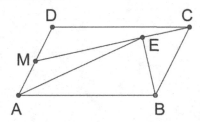

Hinweis: Man ergänze das Parallelogramm ABCD zu einem größeren Parallelogramm, in welchem CM die halbe Diagonale ist. Dann erinnere man sich an den Satz von Zentrums- und Umfangswinkel.

6. Euklid und seine *Elemente*

Geometrische Beweise für algebraische Tatsachen finden sich bereits im berühmtesten Mathematikbuch aller Zeiten, den *Elementen* Euklids. Einer der besten Kenner der antiken Mathematik, Thomas Heath, hat die Bedeutung dieses Buches so beschrieben:

> *So long as mathematics is studied, mathematicians will find it necessary and worth while to come back again and again, for one purpose or another, to the twenty-two-centuries old book which, notwithstanding its imperfections, remains the greatest elementary textbook in mathematics the world is privileged to possess.*

Tatsächlich gab es zu allen Zeiten Jugendliche, die von Beweisen geometrischer Sätze wie demjenigen des Pythagoras unglaublich fasziniert waren. Lassen wir einmal Albert Einstein[1] zu Wort kommen ([39]):

> *Im Alter von 12 Jahren erlebte ich ein zweites Wunder ganz verschiedener Art: an einem Büchlein über Euklidische Geometrie der Ebene, das ich am Anfang eines Schuljahres in die Hand bekam. Da waren Aussagen wie z. B. das Sichschneiden der drei Höhen eines Dreieckes in einem Punkt, die – obwohl an sich keineswegs evident – doch mit solcher Sicherheit bewiesen werden konnten, dass ein Zweifel ausgeschlossen zu sein schien. Diese Klarheit und Sicherheit machte einen unbeschreiblichen Eindruck auf mich. Dass die Axiome unbewiesen hinzunehmen waren, beunruhigte mich nicht. Überhaupt genügte es mir vollkommen, wenn ich Beweise auf solche Sätze stützen konnte, deren Gültigkeit mir nicht zweifelhaft erschien.*

> *Ich erinnere mich beispielsweise, dass mir der pythagoreische Satz von einem Onkel mitgeteilt wurde, bevor ich das heilige Geometriebüchlein in die Hand bekam. Nach harter Mühe gelang es mir, diesen Satz auf*

---

[1] Albert Einstein wurde am 14.03.1879 in Ulm geboren und ging in München zur Schule. Nach seinem Studium an der ETH Zürich arbeitete er in einem Patentamt in Bern; dort schrieb er 1905 seine bahnbrechenden Artikel, die ihm 15 Jahre später den Nobelpreis in Physik einbringen würden. 1932 nahm er eine Stelle in Princeton an; nach der Machtübernahme der Nationalsozialisten beschloss er, nicht mehr nach Deutschland zurückzukehren. Eine Woche vor seinem Tod am 18. April 1955 in Princeton schrieb er seinen letzten Brief, und zwar an Bertrand Russell im Zusammenhang mit dem Einstein-Russell-Manifest zur nuklearen Abrüstung.

Grund der Ähnlichkeit von Dreiecken zu „beweisen"; dabei erschien es mir „evident", dass die Verhältnisse der Seiten eines rechtwinkligen Dreiecks durch einen der spitzen Winkel völlig bestimmt sein müssen. Nur was nicht in ähnlicher Weise „evident" erschien, schien mir überhaupt eines Beweises zu bedürfen. Auch schienen mir die Gegenstände, von denen die Geometrie handelt, nicht von anderer Art zu sein als die Gegenstände der sinnlichen Wahrnehmung, „die man sehen und greifen konnte".[2]

Dies ist kein Einzelfall; dem Philosophen (und Mathematiker) Bertrand Russell[3] erging es ähnlich (s. [116, S. 25]):

At age eleven, I began Euclid, with my brother as my tutor. This was one of the greatest events of my life, as dazzling as first love. I had not imagined that there was anything as delicious in the world.

An der Art und Weise, *wie* über Jahrhunderte hinweg mithilfe der *Elemente* Euklid unterrichtet worden ist, wurde viel Kritik geübt; der Geometer Peter Schreiber meint im Vorwort von [46, S. iv], dass diese Methode „dem öffentlichen Bild von der Mathematik vermutlich mehr geschadet [hat] als irgend ein anderer Umstand".

Aber wenn die Lehrmethode schlecht ist (das war sie in allen anderen Fächern vermutlich auch), warum schafft man dann den Inhalt ab? Wie groß das Ansehen Euklids auch im „einfachen Volk" war, kann man den ersten Seiten des Buchs *Der Schimmelreiter* von Theodor Storm entnehmen. Dort erklärt ein Vater seinem vorlauten Sohn:

„Willst du mehr wissen, so suche morgen aus der Kiste, die auf unserm Boden steht, ein Buch – einer, der Euklid hieß, hat's geschrieben; das wird's dir sagen!"

Auch bei diesem Kind hat Euklid Wirkung gezeigt:

Als der Alte sah, dass der Junge weder für Kühe noch Schafe Sinn hatte und kaum gewahrte, wenn die Bohnen blühten, was doch die Freude von jedem Marschmann ist, und weiterhin bedachte, dass die kleine Stelle wohl mit einem Bauer und einem Jungen, aber nicht mit einem Halbgelehrten und einem Knecht bestehen könne, angleichen, dass er auch

---

[2] Es gibt eine, wenn auch nicht ernst gemeinte, Verbindung zwischen Einstein und Pythagoras, nämlich die „Gleichung von Einstein und Pythagoras":

$$E = m(a^2 + b^2).$$

[3] Bertrand Russell (1872–1970) hat eine ganze Reihe von Büchern über Logik, die Grundlagen der Mathematik, Philosophie und Religion geschrieben. Sein Pazifismus hat ihn 1918 für sechs Monate ins Gefängnis gebracht. In den späten 1930er Jahren unterrichtete er am City College in New York, wurde aber nach öffentlichen Protesten entlassen. 1950 erhielt er den Nobelpreis für Literatur und war weiterhin in der Anti-Kriegsbewegung und der Abrüstungsbewegung aktiv. 1961 wurde er schließlich ein zweites Mal inhaftiert.

*selber nicht auf einen grünen Zweig gekommen sei, so schickte er seinen
großen Jungen an den Deich, wo er mit andern Arbeitern von Ostern bis
Martini (11. November) Erde karren musste. „Das wird ihn vom Euklid
kurieren", sprach er bei sich selber.*

*Und der Junge karrte; aber den Euklid hatte er allzeit in der Tasche, und
wenn die Arbeiter ihr Frühstück oder Vesper aßen, saß er auf seinem
umgestülpten Schubkarren mit dem Buche in der Hand.*

Noch lesenswerter ist die Unterrichtsstunde, die Mr. O'Neill in [105, Kap. 6] abhält;
da man das Buch ohnehin gelesen haben sollte, wird ein kurzes Zitat genügen:

*„Dies ist ein Knabe, der es noch weit bringen wird. Wohin wird er es
bringen, ihr Knaben?"*

„ Noch weit, Sir. "

*„ Allerdings, das wird er auch. Der Knabe, der etwas über die Anmut,
Eleganz und Schönheit von Euklid erfahren will, der kann gar nicht anders, der wird seinen Weg machen. Was kann er gar nicht anders, und
was wird er machen, ihr Knaben?"*

„Seinen Weg, Sir."

Was gibt es im heutigen Mathematikunterricht an der Schule, das einen Einstein, einen Russell, oder Jungen oder Mädchen auf dem Land fesseln, beeindrucken oder wenigstens ein bisschen überraschen könnte? Wenn man ehrlich ist:
Vermutlich nicht viel. Die klassische Geometrie wurde schon vor geraumer Zeit
aus dem Schulunterricht verbannt und durch lineare Algebra ersetzt[4], die inzwischen ebenfalls wieder fast komplett eliminiert wurde, ohne dass man die klassische
Geometrie zurückgeholt hätte.[5] Auch die Grundzüge der Algebra, angefangen vom
Bruchrechnen über die binomischen Formeln bis zum routinierten Umstellen von
Gleichungen werden, so will es der Bildungsplan, nur noch am Rande gestreift.
Die endgültige Abschaffung des letzten kümmerlichen Rests an Analysis scheint
ebenfalls nur noch eine Frage der Zeit zu sein (vgl. Sonar [12]).

---

[4] Ganz im Sinne von Dieudonnés Schlachtruf „Nieder mit Euklid – Tod den Dreiecken".
[5] Von den als „Wiederholungsbüchlein" gedachten Repetitorien der Elementargeometrie
[137, 138, 139] dürfte heute deutlich weniger als 10 % noch unterrichtet werden.

Diese *Elemente* wurden von Euklid aus Alexandria[6] um 300 v.Chr. zusammengestellt und dienten bis ins letzte Jahrhundert als Grundlage für den Geometrieunterricht an Schulen.

Über den Menschen Euklid wissen wir fast überhaupt nichts. Unsere Kenntnisse sind in der Tat so dürftig, dass wir nicht einmal sagen können, er wäre kein Afrikaner gewesen (sehr wahrscheinlich war er natürlich ein Grieche und hat seine Ausbildung in Athen erhalten). Auch wann er wie lange gelebt hat, ist uns nicht bekannt; einigermaßen sicher ist nur, dass die *Elemente* um 300 v. Chr. geschrieben worden sind. Vom Standpunkt der Geschichte aus gesehen ist der überragende Erfolg von Euklids *Elementen* höchst bedauerlich: Da Bücher damals nur durch Abschreiben vervielfältigt wurden, sah man keinen Grund mehr darin, Vorgänger von Euklids *Elementen* zu kopieren, sodass wir von der voreuklidischen Mathematik praktisch keinerlei fundierte Kenntnisse mehr haben. Hier zeigt sich einmal mehr, dass das Bessere der Feind des Guten ist.

Euklid beginnt seine Bücher mit Definitionen, in denen er die grundlegenden Objekte zu definieren versucht, mit denen er arbeitet: Punkte, Geraden, Kreise usw.; manche seiner Definitionen sind nicht wirklich überzeugend; so definiert er einen Punkt als etwas, das keine Teile hat. In Postulaten legt er dann fest, was man mit diesen Objekten anstellen kann; z.B. kann man durch zwei verschiedene Punkte immer eine Gerade legen. Aus diesen Definitionen und Postulaten leitet er dann durch reine Überlegungen Satz um Satz her, von ganz einfachen (Konstruktion eines gleichseitigen Dreiecks mit Zirkel und Lineal) über weniger triviale (Satz des Pythagoras) bis hin zu ziemlich verwickelten Resultaten (z.B. die Untersuchung Platonischer Körper).

Es sei auch auf die Tatsache hingewiesen, dass Euklids *Elemente* nicht geschrieben worden wären, wenn Euklid alle Beweise selbst hätte finden müssen. Er mag die gedanklichen Leistungen seiner Vorgänger verbessert haben, aber man hat ihn nicht gezwungen, sie selbständig wiederzuentdecken. Dasselbe gilt auch für die Leistungen anderer Riesen, auf deren Schultern[7] wir stehen: Alle großen Mathematiker haben von jemandem gelernt, der mehr wusste als sie, und zwar, wenn es anders nicht ging, aus Büchern.

---

[6] Die Stadt Alexandria im heutigen Ägypten wurde wenige Jahrzehnte vor Euklid von Alexander dem Großen gegründet. Über viele Jahrhunderte hinweg war Alexandria wegen seiner vorzüglichen Bibliothek das Zentrum der wissenschaftlichen Welt der Antike. Den ersten großen Brand erlebte die Bibliothek bei der Eroberung Alexandrias durch Caesar. Nach weiteren Bränden und dem Niedergang griechischer Kultur war 650 n.Chr. vom Weltruf Alexandrias (oder seiner Bibliothek) nichts mehr übrig. Vermutlich waren es Christen, welche die Legende in die Welt gesetzt haben, es sei Kalif Umar ibn al-Chattab gewesen, der nach der Eroberung Alexandrias im Jahre 642 die Bücher der Bibliothek zum Beheizen öffentlicher Bäder verwendet haben soll, mit der Begründung, dass Bücher, deren Inhalt mit dem Koran nicht übereinstimmt, nicht benötigt werden, und solche, die dem Koran widersprechen, nicht gelesen werden sollen.

[7] Der Spruch, er sei eben auf Schultern von Riesen gestanden, geht auf Newton zurück.

6.1 Axiome, Postulate, Definitionen und Beweise

Die Entwicklung der Mathematik, die sich um die euklidischen Axiome rankt, zeigt deutlich, wie schwierig diese Inhalte eigentlich sind. Ausgebildete Mathematiker unterschätzen den Abstraktionsgrad, der zum wirklichen Verständnis der Problematik notwendig ist.

Worum geht es? Die Griechen haben erkannt, dass ein Beweis nichts anderes ist als die Zurückführung einer Aussage auf andere, einfachere Aussagen. Da man Aussagen nicht auf nichts zurückführen kann, ist das ein Spiel, das nie endet, es sei denn. man ist damit zufrieden, alle Aussagen auf eine Menge an Einsichten zurückzuführen, die man als „offensichtlich" ansieht.

Euklid hat eine solche Reduktion versucht, und die Tatsache, dass sie über 2000 Jahre lang Bestand hielt, zeigt, wie erfolgreich seine Arbeit war. Euklid hat seine geometrischen Sätze zurückgeführt auf ganz wenige Annahmen, die allesamt von der Anschauung her einleuchten:

1. Durch zwei Punkte kann man eine Gerade zeichnen.

2. Auf einer Geraden kann man eine Strecke festlegen.

3. Es gibt einen Kreis zu gegebenem Mittelpunkt und gegebenem Radius.

4. Alle rechten Winkel sind einander gleich.

5. Zu einer gegebenen Geraden gibt es genau eine Parallele durch einen Punkt außerhalb der Geraden.

Da er sich bei der Postulierung der Existenz geometrischer Objekte auf Geraden und Kreise beschränkte, war Euklid gezwungen, bei seinen Konstruktionen nur Zirkel und Lineal zuzulassen. Andere griechische Mathematiker haben sich davon aber nicht abhalten lassen, auch andere Kurven zu untersuchen. Sogar Euklid selbst hat Bücher über Kegelschnitte geschrieben, die aber leider nicht mehr erhalten sind.

Besonders die beiden letzten Postulate legen die Frage nahe, wie denn rechte Winkel und Parallelen überhaupt definiert sind. Nun haben Definitionen mit Beweisen eines gemeinsam: Auch sie erklären neue Begriffe mithilfe von alten, schon bekannten Begriffen. Irgendwo aber wird man mit einer Definition beginnen müssen, die keinen bereits definierten Begriff verwendet. Das ist, wenn man anfängt, darüber nachzudenken, ein Ding der Unmöglichkeit. Euklid hat diesen Gedanken nicht vollständig zu Ende geführt, denn er versuchte noch, elementare Dinge wie Punkte und Geraden zu definieren, was ihm aber nicht wirklich gelingen konnte:

1. Ein Punkt ist, was keine Teile hat.

2. Eine Linie ist eine Länge ohne Breite.

Hat man die Grundbegriffe, so wird es später einfacher: Ein Kreis ist diejenige Linie, deren Punkte vom Mittelpunkt denselben Abstand haben.

Den rechten Winkel definiert Euklid so: Schneiden sich zwei Geraden so, dass die entstehenden Nebenwinkel gleich groß sind, dann nennt man die beiden Winkel rechte. Euklids viertes Postulat soll daher „nur" aussagen, dass rechte Winkel einander gleich sind, egal an welchem Punkt sie angebracht sind.

Euklids 35. und letzte Definition ist die der Parallele: Er nennt zwei Geraden parallel, wenn sie in derselben Ebene liegen und, egal wie weit sie auf beiden Seiten verlängert werden, sich nie schneiden.

Das fünfte Postulat, dass es zu einer Gerade und einem Punkt immer genau eine parallele Gerade geben soll, wurde bereits von den alten Griechen eher als ein Satz als ein Axiom gesehen. Aus diesem Grund versuchten Generationen von Mathematikern, dieses Axiom aus den anderen herzuleiten. Alle „Beweise" stellten sich aber als fehlerhaft heraus. Erst Carl-Friedrich Gauß (1777–1855), Janos Bolyai (1802–1860) und Nikolai Iwanowitsch Lobatschewsky (1793–1856) gelang es nachzuweisen, dass dieses Axiom sich nicht aus den anderen herleiten lässt. Damit begann die Geschichte der nicht-euklidischen Geometrie, die später von Bernhard Riemann (1826–1866) und anderen weiterentwickelt wurde und schließlich die Grundlage von Albert Einsteins (1879–1955) allgemeiner Relativitätstheorie wurde, die zweifellos eine der großartigsten gedanklichen Leistungen des 20. Jahrhunderts ist.

Man mag sich nun fragen, warum man dieses fünfte Axiom nicht einfach mit Koordinaten beweist. Sind die Gerade $g : y = mx + b$ und der Punkt $P(r|s)$ gegeben, so ist die Gerade $h : y = m(x - r) + s$ parallel zu g und geht durch P; ist $y = nx + c$ eine weitere Gerade, die durch P geht und parallel zu g ist, so zeigt eine einfache Rechnung, dass $g = h$ ist.

Das Problem dabei ist, dass in einem ebenen kartesischen Koordinatensystem die Axiome Euklids bereits „eingebaut" sind. Betrachtet man dagegen die Oberfläche einer Kugel und nennt die Großkreise auf der Kugel (wie den Äquator) „Geraden", so geht durch zwei Punkte immer noch genau eine Gerade, man kann um einen Punkt immer noch Kreise ziehen, aber es gibt keine Parallelen mehr, da sich verschiedene Großkreise notwendig schneiden. Nichteuklidischen Geometrien liegen andere „Flächen" als die Kugel zugrunde, vor allem aber andere Abstände. In der Kugelgeometrie beispielsweise ist der Abstand zweier Punkte auf der Kugeloberfläche nicht der kürzeste Abstand, der die Kugel „durchtunnelt", sondern die Länge der kürzesten Linie, welche die beiden Punkte auf der Kugeloberfläche verbindet. So wie die Gerade die kürzeste Verbindung zweier Punkte in der euklidischen Ebene ist, ist der Großkreis diejenige auf der Kugeloberfläche.

Um zu sehen, wie Euklid seinen Aufbau der Geometrie beginnt, wollen wir uns seine erste Proposition samt Beweis ansehen. Euklids erste Proposition ist als „Aufgabe" formuliert. Im Allgemeinen wählt Euklid diese Form, wenn es sich um „Existenzbeweise" handelt. Wenn er also schreibt,

auf einer gegebenen Strecke AB ein gleichseitiges Dreieck zu errichten,

dann würden wir das heute so formulieren:

Satz 6.1. *Auf einer gegebenen Strecke $\overline{AB}$ kann man mit Zirkel und Lineal ein gleichseitiges Dreieck konstruieren.*

Beweis. Wir konstruieren den Kreis mit Mittelpunkt A und Radius $\overline{AB}$ und den Kreis mit Mittelpunkt A und demselben Radius $\overline{AB}$. Sei C einer der beiden Schnittpunkte der beiden Kreise; dann ist ABC das gesuchte Dreieck.

In der Tat ist $\overline{AB} = \overline{AC}$, da nach der Definition des Kreises alle Punkte auf dem Kreis vom Mittelpunkt A denselben Abstand haben. Aus dem gleichen Grunde ist $\overline{BC} = \overline{BA}$. Wegen $\overline{AB} = \overline{BA}$ folgt aus dem ersten Grundsatz, dass auch $\overline{AC} = \overline{BC}$ ist. Also sind alle drei Seiten des Dreiecks gleich lang.   □

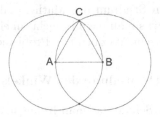

Der erste Grundsatz, den Euklid hier zitiert, besagt: „*Was ein und demselben gleich ist, ist einander gleich*". Gemeint ist damit, dass aus A = B und B = C immer A = C folgt.

Man kann auch sehen, dass Euklid ohne Beweis verwendet hat, dass zwei Kreise, von denen der Mittelpunkt des einen auf dem anderen Kreis liegt, sich immer schneiden. Eine genaue Durchforstung aller von Euklid implizit gemachten Annahmen ist erst im 19. Jahrhundert vorgenommen worden und hat mit Hilberts Einführung in die Geometrie ihren Höhepunkt erreicht.

Wir wollen uns hier mit Euklids erster Proposition begnügen. Wer sehen will, was Russell und Einstein und viele andere an Euklid gereizt hat, mag die *Elemente* selbst lesen; die deutsche Ausgabe von Thaer[8] [46] ist noch erhältlich. Wer sich ein Buch in englischer Sprache zutraut, ist mit Artmanns [48] als Einstiegs- und Begleitlektüre sehr gut beraten. Dort werden die wesentlichen Inhalte der *Elemente* ausführlich diskutiert und kommentiert.

Aufgabe 6.1. *Studiere die ersten fünf Propositionen des ersten Buchs von Euklid.*

6.2 Die drei ungelösten Probleme der griechischen Mathematik

Bereits die Griechen befassten sich mit diversen Problemen, für die sie keine Lösung fanden. Drei davon wurden berühmt und haben die Jahrtausende überdauert, bis man sie im 19. Jahrhundert mit neuen mathematischen Methoden lösen konnte. Diese Probleme sind

- die Dreiteilung des Winkels,

---

[8] Clemens Thaer war Lehrer und wurde 1935 wegen seiner Ablehnung des Naziregimes an eine Schule in Hinterpommern strafversetzt, aber auch dort wurde er 1939 entlassen. 1931 hatte er begonnen, an der deutschen Übersetzung und Kommentierung des Euklid zu arbeiten, die einzelnen Bücher erschienen von 1933 bis 1937.

- die Verdopplung des Würfels,

- die Quadratur des Kreises.

Bei allen dreien war ein Verfahren gesucht, das die Lösung des Problems mit Zirkel und Lineal erlaubte. In diesem Abschnitt wollen wir diese Probleme erklären; wer wissen will, warum man sie mit Zirkel und Lineal nicht lösen kann, wird um ein Studium der Mathematik nicht herumkommen: Dort erfährt man dann alles, was man dazu braucht, in einer Algebra-Vorlesung (was auf den ersten Blick überrascht, da doch alle Probleme geometrischer Natur sind).

Die Dreiteilung des Winkels

In der Schule hat man früher noch gelernt, wie man mit Zirkel und Lineal einen beliebig vorgegebenen Winkel halbiert; die meisten Schüler wären damals wohl wie folgt vorgegangen:

Schlage einen Kreis mit beliebigem Radius um den Schnittpunkt der Geraden, welche den Winkel bilden; durch die beiden Schnittpunkte zieht man wieder Kreise (mit gleichem Radius); die Gerade durch den Scheitel des Winkels und den Schnittpunkt der beiden Kreise ist dann die Winkelhalbierende, was man sofort daran ablesen kann, dass die beiden Dreiecke ABD und ACD kongruent sind, da sie in allen drei Seiten übereinstimmen.

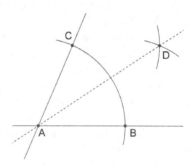

Bei Euklid sieht das etwas anders aus. In Proposition I.9 wird folgende Konstruktion angeboten: Um einen gegebenen Winkel BAC zu halbieren, wähle man einen beliebigen Punkt D auf AB, und wähle E auf AC so, dass $\overline{AD} = \overline{AE}$ ist. Auf der Strecke DE errichte man (mit Proposition I.1) ein gleichseitiges Dreieck DEF; dann ist AF die Winkelhalbierende. Zum Nachweis beachte man, dass in den beiden Dreiecken ADF und AEF die Seiten $\overline{AD} = \overline{AE}$ (nach Wahl von E) und $\overline{DE} = \overline{DF}$ (da DEF gleichseitig ist) einander gleich sind und dass die Dreiecke die Seite AF gemeinsam haben. Nach dem Kongruenzsatz (Proposition I.8) sind in diesen Dreiecken auch die Winkel gleich, insbesondere ist $\sphericalangle DAF = \sphericalangle EAF$.

Wiederholt man die Halbierung des Winkels, erhält man eine Methode, jeden gegebenen Winkel in 4 (und damit in 8, 16, 32 usw.) gleiche Teile zu teilen.

Es ist daher ein naheliegendes Problem zu fragen, ob und wie man einen gegebenen Winkel in drei gleiche Teile teilen kann. Für manche Winkel ist das kein Problem: Wir können sicher einen Winkel von 180° dritteln, da wir mit Zirkel und Lineal Winkel von 60° konstruieren können. Ebenso können wir 90° (oder auch 45° oder 22, 5°) dritteln, da wir die 60° von oben immer wieder halbieren können.

Versucht man dagegen, einen Winkel von 60° mit Zirkel und Lineal in drei gleiche Teile zu teilen, so wird man scheitern: Man kann nämlich *beweisen*, dass dies mit Zirkel und Lineal unmöglich ist. Jeder Beweis der Unmöglichkeit einer geometrischen Konstruktion mit Zirkel und Lineal beginnt damit, das geometrische Problem mithilfe von Koordinaten in ein algebraisches zu verwandeln. Die wesentlichen Schritte eines solchen Beweises sind die folgenden:

1. Man zeigt, dass man mit Zirkel und Lineal nur solche Größen konstruieren kann, die sich als Ausdrücke von verschachtelten Quadratwurzeln rationaler Zahlen schreiben lassen, wie z.B. $\sqrt{2}$ (Diagonale eines Quadrats), allgemeiner Quadratwurzeln rationaler Zahlen oder auch Zahlen wie $\frac{3}{4}\sqrt{\sqrt{2}-1}+\sqrt{17}$.

2. Man zeigt, dass die geometrische Konstruktion gleichbedeutend damit ist, dass man die Nullstelle eines dazugehörigen Polynoms mit Zirkel und Lineal konstruieren kann.

3. Man zeigt, dass man die Nullstelle des Polynoms nicht als Ausdruck von verschachtelten Quadratwurzeln rationaler Zahlen schreiben kann.

Auf einige Einzelheiten solcher Beweise werden wir an geeigneten Stellen noch zu sprechen kommen, aber für den vollständigen Beweis wird man sich eine Vorlesung in Algebra anhören müssen.

Die Verdopplung des Würfels

Das Problem der Verdopplung des Würfels ist religiösen Ursprungs: eine Legende besagt, dass die Bewohner der Insel Delos während einer Pestepidemie um 430 v.Chr. das Orakel von Delphi um Rat fragten. Dieses trug ihnen auf, den würfelförmigen Altar in ihrem Apollon geweihten Tempel zu verdoppeln.

Natürlich haben die Griechen gesehen, dass die Verdopplung der Kantenlänge zu einem 8-mal so großen Würfel führt. Man könnte nun versuchen, einen Würfel auf gewissen Hilfslinien des gegebenen Würfels zu konstruieren, auf eine Art und Weise, die derjenigen ähnelt, die Sokrates in seinem Gespräch mit dem Sklaven Menons vorgeführt hat.

Die Idee, auf der Fläche im linken Diagramm einen Würfel zu konstruieren schlägt aus banalen Gründen fehl: Das Rechteck ist kein Quadrat. Der Würfel, dessen Kantenlänge die Diagonale eines Quadrats ist, ist aber zu groß: Sein Volumen ist das $\sqrt{2}^{3}$-Fache des ursprünglichen Würfels. Auch die Fläche im rechten Würfel ist kein Quadrat, sondern nur eine Raute, und der Würfel mit ihrer Seite als Kante ist nicht doppelt so groß: Sein Volumen ist, wie man mit dem Satz des Pythagoras leicht nachrechnet, das $(\frac{1}{2}\sqrt{5})^{3}$-Fache, was einen Faktor von etwa 1,4 ergibt.

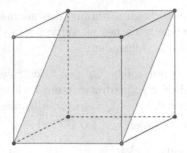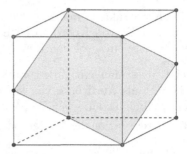

Wie schon die Dreiteilung des Winkels führt auch die Verdopplung des Würfels auf ein algebraisches Problem: Die Konstruktion von $\sqrt[3]{2}$ mit Zirkel und Lineal ist genau dann möglich, wenn man $\sqrt[3]{2}$ als Ausdruck schreiben kann, der rationale Zahlen mittels der Grundrechenarten und dem Ziehen der Quadratwurzel verbindet. Wenn beispielsweise

$$\sqrt[3]{2} = \sqrt{\frac{\sqrt{2} + \sqrt{3}}{2}}$$

wäre, könnte man den Würfel mit Zirkel und Lineal verdoppeln. Um zu zeigen, dass dies nicht möglich ist, muss man beweisen, dass man $\sqrt[3]{2}$ nicht als einen solchen Ausdruck schreiben kann, egal wie kompliziert er auch aussehen mag.

Die Quadratur des Kreises

Die Behauptung, die Griechen hätten die Formel $F = \frac{1}{2}gh$ für die Fläche eines Dreiecks mit Grundseite g und Höhe h besessen, ist so nicht richtig. Zum einen haben die griechischen Mathematiker, insbesondere Euklid, Strecken gar keine Längen in Bezug auf ein festgelegtes Maß zugeordnet, sondern sie haben Längen immer nur verglichen: Die Längen zweier Strecken sind entweder gleich, oder eine ist kleiner als die andere. Das Fehlen von Formeln hat die Griechen nicht davon abgehalten, Flächen von Dreiecken oder von Parabelsegmenten, oder Volumina von geometrischen Körpern zu bestimmen. Anstatt aber zu sagen, ein Dreieck mit Grundseite g und Höhe h habe den Flächeninhalt $F = \frac{1}{2}gh$, haben sie geometrisch gezeigt, dass und wie man ein Dreieck in ein flächengleiches Quadrat umwandeln kann. Archimedes hat seine Formel für das Volumen einer Kugel so ausgedrückt: Das Volumen einer Halbkugel verhält sich zum Volumen des umbeschriebenen Zylinders wie $2 : 3$. Da der umbeschriebene Zylinder Volumen $V = G \cdot h = \pi r^2 \cdot r = \pi r^3$ hat, besitzt die Halbkugel das Volumen $\frac{2}{3}\pi r^3$, die ganze Kugel also $\frac{4}{3}\pi r^3$.

In Proposition I.35 zeigt Euklid, dass Parallelogramme mit derselben Grundseite und derselben Höhe den gleichen Flächeninhalt haben. Danach folgt eine analoge Aussage für Dreiecke, und in Proposition I.42 konstruiert er zu einem gegebenen Dreieck ein flächengleiches Parallelogramm.

Die Idee ist ganz einfach: Konstruiere den Mittelpunkt E von $\overline{BC}$ und ziehe die Parallele zu BC durch
A; eine beliebige Gerade durch E (nicht parallel zu
BC) und deren Parallele durch C ergeben ein Parallelogramm, von dem man schnell zeigt, dass es die
gewünschte Eigenschaft besitzt. Da man den Winkel
$\sphericalangle FEC = 90°$ wählen kann, indem man die Senkrech-
te zu BC durch E konstruiert, können wir also jedes
Dreieck in ein flächengleiches Rechteck verwandeln.

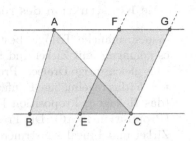

Mit dieser Technik konnten die Griechen zeigen, dass man alle Polygone in
flächengleiche Quadrate transformieren kann. Damit stellt sich die Frage, ob dies
beim Kreis ebenfalls möglich ist: Kann man einen gegebenen Kreis mit Zirkel und
Lineal in ein flächengleiches Quadrat verwandeln?

Um 430 v.Chr. war es Hippokrates gelungen, Teile eines ganz bestimmten Kreises zu quadrieren.

Errichtet man auf den Seiten eines rechtwinkligen Dreiecks Halbkreise, so gilt nach der bereits
Euklid bekannten Verallgemeinerung des Satzes von Pythagoras, dass die beiden Halbkreise
über den Katheten zusammen so groß sind wie
der Halbkreis über der Hypotenuse.

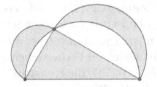

Daraus folgt, dass die beiden „Möndchen" zusammen so groß sind wie das
rechtwinklige Dreieck. Da man das Dreieck quadrieren konnte, waren damit auch
die beiden Möndchen quadrierbar.

Beim Kreis gelangen den Griechen keine Fortschritte (jedenfalls nicht, solange
man sich auf Zirkel und Lineal beschränkte). Nach der Einführung der Koordinaten durch Descartes und der Weiterentwicklung der Algebra hat es sich herausge-
stellt, dass die Quadratur des Kreises mit Zirkel und Lineal genau dann möglich
war, wenn sich π als Ausdruck verschachtelter Quadratwurzeln rationaler Zahlen
schreiben lässt.

Wäre also $\pi = \sqrt{10}$ oder $\pi = \sqrt{2} + \sqrt{3}$ oder auch (diese Näherung stammt vom
indischen Mathematiker Ramanujan)

$$\pi = \sqrt[4]{9^2 + \frac{19^2}{22}} = 3.14159265258\ldots,$$

dann könnten wir mit Zirkel und Lineal zu einem gegebenen Kreis ein flächengleiches Quadrat konstruieren. Dass dies nicht möglich ist, hat Ferdinand Lindemann
(1852–1939) im Jahre 1892, aufbauend auf grundlegenden Ergebnissen von Charles
Hermite aus dem Jahre 1873, zeigen können. Auch in diesem Fall sind die Kreis-
quadrierer mit diesem negativen Ergebnis nicht ausgestorben.

Die Konstruktion des regelmäßigen Siebenecks

Wie so manche Trilogie besteht auch unsere aus vier Teilen: Den Griechen war es gelungen, mit Zirkel und Lineal regelmäßige n-Ecke zu konstruieren für $n = 3$ (das gleichseitige Dreieck: Proposition I.1), $n = 4$ (das Quadrat, Proposition IV.6), $n = 5$ (das regelmäßige Fünfeck, auch Pentagon genannt; Proposition IV.11), $n = 6$ (das Hexagon; Proposition IV.15) oder auch $n = 8$ (das Oktagon) und $n = 15$ (Proposition IV.16). Die Frage, ob sich das regelmäßige Siebeneck ebenfalls mit Zirkel und Lineal konstruieren lässt, müssen sich die Griechen ebenfalls gestellt haben.

Nach Jahrhunderten vergeblicher Mühen in dieser Richtung setzte sich die Einsicht durch, dass dies wohl nicht möglich ist; es ist erst Gauß gelungen, diese Vermutung zu beweisen, und zwar durch Verbindung der Geometrie mit Algebra. Tatsächlich hat er den Beweis, dass die Konstruktion des regelmäßigen Siebenecks mit Zirkel und Lineal nicht möglich ist, nur ganz grob skizziert (durchgeführt hat ihn später der Franzose Pierre Wantzel (1814–1848)). Dagegen hat Gauß eine Konstruktion des regelmäßigen Siebzehnecks mit Zirkel und Lineal gegeben und allgemein gezeigt, dass sich das regelmäßige n-Eck für ungerades n mit Zirkel und Lineal konstruieren lässt, wenn n Produkt von verschiedenen Fermatschen Primzahlen ist: Das sind solche, die sich in der Form $F_k = 2^{2^k} + 1$ schreiben lassen.

Die kleinsten Fermatschen Primzahlen sind $F_0 = 3$, $F_1 = 5$, $F_2 = 17$, $F_3 = 257$ und $F_4 = 65537$; die Konstruktion des regelmäßigen 257-Ecks wurde relativ schnell nach der Veröffentlichung der Gaußschen Ideen erledigt, der Fall des regelmäßigen 65537-Ecks wurde als Doktorarbeit angenommen, die sich heute in einem Koffer in Göttingen befindet.

Fermat hatte vermutet, dass die Zahlen F_k allesamt prim seien; dies hat Euler dann durch die Faktorisierung der Fermatschen Zahl

$$F_5 = 641 \cdot 6700417$$

widerlegt; dabei hat ihm die Beobachtung geholfen, dass alle Teiler der Zahl F_k die Form $a \cdot 2^k + 1$ haben müssen.

Der tiefere Grund der Konstruierbarkeit des regelmäßigen Siebzehnecks ist die Tatsache, dass sich $\sin \frac{2\pi}{17}$ und $\cos \frac{2\pi}{17}$ als Ausdrücke von verschachtelten Quadratwurzeln schreiben lassen:

$$\cos \frac{2\pi}{17} = -\frac{1}{16} + \frac{1}{16}\sqrt{17} + \frac{1}{16}\sqrt{34 - 2\sqrt{17}}$$
$$+ \frac{1}{8}\sqrt{17 + 3\sqrt{17} - \sqrt{34 - 2\sqrt{17}} - 2\sqrt{34 + 2\sqrt{17}}}.$$

Die Richtigkeit dieser Formel nachzuweisen ist gar nicht einmal so schwer, wie das auf den ersten Blick aussehen mag – wir werden das an anderer Stelle nachholen, weil man dazu ein klein wenig Trigonometrie braucht.

6.3 Die Klassiker der Schulgeometrie

In Kap. 4 und 5 haben wir die Geometrie, die früher auf Gymnasien unterrichtet wurde, höchstens ansatzweise vorgestellt. Es gibt noch eine ganze Reihe weiterer Sätze der elementaren Geometrie, auf die wir hier nicht eingehen können – insbesondere gilt das für die ausgedehnte Theorie der Kegelschnitte. Manche elementargeometrischen Sätze sollte man aber zumindest einmal gesehen haben,[9] und die im Folgenden zusammengestellten gehören sicherlich dazu.

Satz 6.2. *Die Mittelsenkrechten eines Dreiecks schneiden sich in einem Punkt.*

Sätze wie diesen lassen sich im Prinzip mit Koordinatengeometrie beweisen; dazu legt man $A(0|0)$ in den Ursprung, $B(b|0)$ auf die x-Achse, und $C(c|d)$ ist dann beliebig (allerdings mit $d \neq 0$, da sonst alle drei Punkte auf einer Geraden liegen würden). Die Mittelpunkte der Seiten sind $M_a(\frac{b+c}{2}|\frac{d}{2})$, $M_b(\frac{c}{2}|\frac{d}{2})$ und $M_c(\frac{b}{2}|0)$. Die Mittelsenkrechte durch M_c hat die Gleichung $x = \frac{b}{2}$; die Mittelsenkrechte durch M_b steht senkrecht auf die Gerade AC mit $y = \frac{d}{c}x$, hat also Steigung $m = -\frac{c}{d}$ (hier benutzen wir $d \neq 0$) und ist damit gegeben durch $y = -\frac{c}{d}(x - \frac{c}{2}) + \frac{d}{2}$. In Übung 6.8 kann man die Rechnung zu Ende führen.

Der geometrische Beweis des Satzes über die Mittelsenkrechten ist verglichen mit den wenig schönen Rechnungen von oben ein Muster an Eleganz.

Der Beweis dieses Satzes ist ziemlich einfach. Sei m_a die Mittelsenkrechte zur Seite $a = \overline{BC}$, also die Gerade, die durch den Mittelpunkt von $\overline{BC}$ geht und senkrecht auf BC ist. Entsprechend sei m_b die Mittelsenkrechte zu b. Die Geraden m_a und m_b schneiden sich in einem Punkt (warum?), den wir mit M bezeichnen wollen.

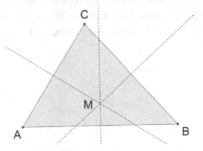

---

[9] Selbstverständlich sehen das Didaktiker heutzutage anders. Professor L. Profke (Gießen) beispielsweise hat erkannt ([9, S. 3]):

„Diese Inhalte werden nirgends wirklich gebraucht,"

und im Alltag kommen sie schon gar nicht vor. Also: Abschaffen. Stattdessen sollten Mathematiklehrer in Geometrie künftig Fahrplannetze unterrichten.

Wie es scheint, hat Schönheit in der Mathematik der Didaktiker keinen Platz mehr (man vergleiche noch einmal das Buch [119] von Glaeser oder auch das von Alsina und Nelsen [84]). Für mich ist Bildung die Fähigkeit, Schönheit zu sehen und würdigen zu können. Wer in der Geometrie etwas hinter die ersten Sätze blicken möchte, sollte einen Blick in [58] werfen.

An dieser Stelle sei auch darauf hingewiesen, dass der italienische Künstler Eugenio Carmi in vielen seiner Zeichnungen und Skulpturen den Satz des Pythagoras dargestellt hat; aus manchen seiner Werke kann man sogar einen Beweis ableiten. Im Internet findet man dazu mehr. Ebenfalls erwähnt sei das Bild „Allegorie der Geometrie" von Laurent de la Hire, auf dem die Geometrie den euklidischen Beweis des Satzes von Pythagoras in Händen hält.

Da alle Punkte auf der Mittelsenkrechten m_a den gleichen Abstand von B und C haben, ist $\overline{MB} = \overline{MC}$. Entsprechend ist $\overline{MC} = \overline{MA}$, da M auch auf m_b liegt. Also folgt $\overline{MB} = \overline{MA}$, und das bedeutet, dass der Schnittpunkt M von m_a und m_b auch auf der Mittelsenkrechten m_c liegt. Also schneiden sich alle drei Mittelsenkrechten in einem Punkt M, und der Satz ist bewiesen.

Vergleicht man die beiden Beweise, dann kann man feststellen, dass der rechnerische Beweis zeigt, *dass* die Mittelsenkrechten sich in einem Punkt schneiden, während der geometrische erklärt, *warum* sie sich in einem Punkt schneiden.

Der Beweis zeigt außerdem, dass M denselben Abstand von A, B und C hat. Also ist der Schnittpunkt M der Mittelsenkrechten das Zentrum eines Kreises durch A, B und C:

Satz 6.3. *Der Schnittpunkt der Mittelsenkrechten eines Dreiecks ist das Zentrum seines Umkreises.*

Dieser Satz findet sich im 4. Buch der euklidischen *Elemente* als Proposition IV.4; die darauffolgende 5. Proposition ist der analoge Satz über die Winkelhalbierenden:

Satz 6.4. *Die Winkelhalbierenden eines Dreiecks schneiden sich in einem Punkt, nämlich dem Mittelpunkt des Inkreises.*

Der Beweis funktioniert genau wie oben, wenn man benutzt, dass die Winkelhalbierende zweier Geraden aus allen Punkten besteht, die von beiden Geraden den gleichen Abstand besitzen. Der Beweis mit Koordinatengeometrie dagegen ist ziemlich schwierig und erfordert einiges an Trigonometrie.

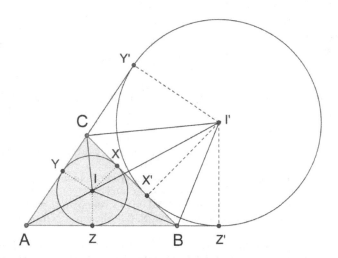

Abb. 6.1. Inkreis und Ankreis gegenüber von A

Außer dem Inkreis spielen in der Dreiecksgeometrie auch die drei Ankreise eine Rolle: Der Ankreis gegenüber von A berührt die Strecke $\overline{BC}$ und die beiden

Geraden AB und AC. Auch die Ankreismittelpunkte haben etwas mit Mittelsenkrechten zu tun:

Satz 6.5. *Der Mittelpunkt des Ankreises gegenüber von A ist der Schnittpunkt der Winkelhalbierenden in A und der beiden äußeren Winkelhalbierenden in B und C.*

Der Inkreis und die Ankreise haben eine Unmenge von Eigenschaften. Im Folgenden wollen wir nur die allerwichtigsten erwähnen:

Aufgabe 6.2. *Warum ist in Abb. 6.1 $\overline{AY} = \overline{AZ}$? Zeige, dass $\overline{AY} = \frac{b+c-a}{2}$ ist. Ist r der Inkreisradius, so gilt für den Flächeninhalt des Dreiecks $F = rs$, wo $s = \frac{1}{2}(a + b + c)$ der halbe Umfang ist.*
    Hinweis: Setze $x = \overline{BX}$, $y = \overline{CY}$ und $z = \overline{AZ}$, und zeige $y + z = a$, $z + x = b$ und $x + y = c$. Die Addition der Gleichungen liefert $x + y + z = s$. Löse das Gleichungssystem.

Wie Mittelsenkrechten und Winkelhalbierende schneiden sich auch die Seitenhalbierenden eines Dreiecks in einem Punkt:

Satz 6.6. *Die Seitenhalbierenden eines Dreiecks schneiden sich in einem Punkt. Dieser Punkt heißt Schwerpunkt S des Dreiecks. Weiter teilen sich die Seitenhalbierenden im Verhältnis $1 : 2$, d.h. es ist $\overline{AS} = 2\overline{SM_a}$ usw.*

Der Schwerpunkt eines Dreiecks fällt mit dem physikalischen Schwerpunkt zusammen: Wirft man ein Geodreieck durch die Gegend, beschreibt es eine ziemlich wilde Bahn; sein Schwerpunkt dagegen fliegt, wenn man den Luftwiderstand vernachlässigt, auf einer Parabel. Archimedes hat mit Schwerpunkten hantieren können wie heutige Schüler mit einem Smartphone; auf seine genialen Leistungen werde ich im Zusammenhang mit der Integralrechnung zurückkommen.

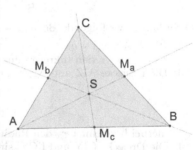

Der Beweis mit Koordinatengeometrie verläuft nach bekanntem Muster: wir legen $A(0|0)$ in den Ursprung, $B(b|0)$ auf die x-Achse; mit $C(c|d)$ bestimmen wir dann den Schnittpunkt zweier Seitenhalbierenden zu $S(\frac{b+c}{3}|\frac{d}{3})$, von dem wir endlich zeigen, dass er auch auf der dritten Seitenhalbierenden liegt (s. Übung 6.8).
    Der rein geometrische Beweis ist etwas verwickelter als bei Mittelsenkrechten oder Winkelhalbierenden, aber dennoch deutlich eleganter als die Rechnung mit Koordinaten. Außerdem erklärt der geometrische Beweis eher, *warum* die Seitenhalbierenden sich in einem Punkt schneiden.

Die Heronsche Dreiecksformel

Heron war in erster Linie einer der größten Ingenieure, welche die Antike hervorgebracht hat. Bereits in Kap. 3 haben wir Herons Beitrag zur Berechnung von Quadrat- und Kubikwurzeln kennengelernt; hier wollen wir noch einmal auf seine Flächenformel für Dreiecke zurückkommen.

In Kap. 5 haben wir gesehen, wie man die Heronsche Formel

$$F = \sqrt{s(s-a)(s-b)(s-c)}$$

für den Flächeninhalt F eines Dreiecks mit den Seitenlängen a, b und c und halbem Umfang $s = \frac{1}{2}(a+b+c)$ rechnerisch herleiten kann. In diesem Kapitel wollen wir einen geometrischen Beweis geben (ich kenne ihn aus Yiu [15], aber vermutlich ist der Beweis älter).

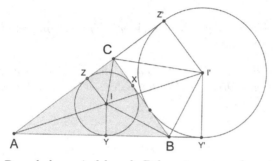

Dazu haben wir folgende Behauptungen zu beweisen:

1. $\overline{AY} = \overline{AZ} = s - a$.
2. $F = rs$, wo r den Inkreisradius bezeichnet.
3. Die Dreiecke AIZ und AI'Z' sind ähnlich; insbesondere ist

$$\frac{r}{r_a} = \frac{s-a}{s};$$

   hierbei bezeichnet r_a den Radius des Ankreises gegenüber von A.
4. Die Dreiecke CIY und I'CY' sind ähnlich; insbesondere ist

$$r \cdot r_a = (s-b)(s-c).$$

Daraus erhält man einerseits die Formel

$$r = \sqrt{\frac{(s-a)(s-b)(s-c)}{c}},$$

andererseits die Heronsche Formel.

Zum Beweis unterteilen wir die Seiten des Dreiecks in drei gleiche Teile; dadurch wird das Dreieck ABC in neun gleich große Teildreiecke zerlegt. Aus der nebenstehenden Zeichnung kann
man dann alle relevanten Behauptungen ablesen
(die Details seien dem Leser überlassen – verraten
sei nur, dass der Strahlensatz eine zentrale Rolle
spielt):

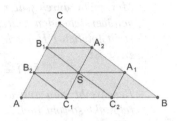

1. Die Geraden A_1B_2, B_1C_2 und C_1A_2 schneiden sich in S.

2. Das Viereck BA_1SC_2 ist ein Parallelogramm.

3. Die Gerade BS halbiert die Strecke A_1C_2.

4. Die Gerade BS halbiert die Strecke AC, und es ist $\overline{BS} = 2 \cdot \overline{SM_b}$.

Das gleiche Argument gilt für die anderen Seitenhalbierenden. Also gehen alle
Seitenhalbierenden durch S und teilen sich im Verhältnis $1:2$.

   Der Satz über den Schnittpunkt der Seitenhalbierenden steht nicht in Euklids *Elementen*; Archimedes wusste aber, dass der Schwerpunkt S eines Dreiecks
auf dem Schnittpunkt zweier Seitenhalbierender liegt, woraus folgt, dass auch die
dritte Seitenhalbierende durch S geht. Auch das Teilungsverhältnis $2:1$ hat er
implizit in seinen Rechnungen benutzt. Ausgesprochen findet sich der Satz aber
erst in Herons Mechanik.

   Auch die Höhen haben die Eigenschaft, die man nach den letzten Sätzen erwar-
tet; arabische Quellen schreiben Archimedes diesen Satz zu, aber der erste Beweis
scheint erst von einem arabischen Mathematiker gegeben worden zu sein:

Satz 6.7. *Die Höhen eines Dreiecks schneiden sich in einem Punkt.*

Der folgende äußerst elegante Beweis stammt
von Gauß [42, vol. IV, S. 396]. Dazu zeichnet
man die Parallelen zu den gegenüberliegenden
Seiten des Dreiecks ABC durch A, B und C;
diese schneiden sich in U, V, W. Die Höhen
des Dreiecks ABC sind dann (Strahlensatz)
die Mittelsenkrechten des Dreiecks UVW, und
diese schneiden sich, wie wir bereits wissen, in
einem Punkt.

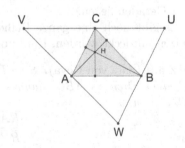

   Hier ist die Gaußsche Notiz im Original:

Dass die Perpendikel in einem Dreiecke, aus den Spitzen auf die ge-
genüberliegenden Seiten sich in einem Punkte schneiden, kann man sehr
einfach so zeigen. Das gegebene Dreieck sei BDF, und die erwähnten
Perpendikel $\overline{BI}$, $\overline{DG}$, $\overline{FH}$.

Man ziehe durch jeden Scheitelpunkt des Dreiecks Parallelen mit der ge-genüberstehenden Seite, die sich in den Punkten A, C, E schneiden, es steht folglich $\overline{FH}$ auch auf $\overline{AE}$, $\overline{GD}$ auf $\overline{CE}$, $\overline{BI}$ auf $\overline{AC}$ senkrecht, und zwar ist

$$\overline{AB} = \overline{BC}, \quad \overline{ED} = \overline{DC}, \quad \overline{AF} = \overline{FE}.$$

Beschreibt man nun um das Dreieck ABC einen Kreis, so liegt sein Mit-telpunkt sowohl in $\overline{BI}$, als in $\overline{DG}$, als in $\overline{FH}$, diese drei Linien müssen sich also in einem Punkt schneiden.

Diese Sätze sind klassisch. Erst Euler hat gesehen, dass es hier sehr viel mehr zu entdecken gibt:

Satz 6.8. *Der Schnittpunkt M der Mittelsenkrechten, der Schnittpunkt H der Höhen und der Schnittpunkt S der Seitenhalbierenden liegen auf einer Geraden, der Eulerschen Geraden. Dabei ist $\overline{HS} = 2\overline{SM}$.*

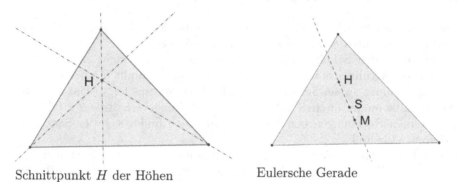

Schnittpunkt H der Höhen   Eulersche Gerade

Auch dieser Satz lässt sich mit Koordinatengeometrie beweisen. Die Koordi-naten der Punkte H, S und M haben wir bereits berechnet (Übungen 6.7, 6.8 und 6.9); es ist also nur noch zu zeigen, dass diese drei Punkte kollinear sind, also auf einer Geraden liegen.

Es gibt noch eine ganze Reihe weiterer geometrischer Sätze, die erst in der Neuzeit entdeckt wurden. Ein hübscher Satz geht auf Giovanni Ceva[10] zurück:

Satz 6.9 (Satz von Ceva). *Sind P, Q und R Punkte auf den Seiten BC, CA und AB eines Dreiecks ABC, dann sind die Geraden AP, BQ und CR genau dann kollinear, wenn*

$$\frac{\overline{RA}}{\overline{RB}} \cdot \frac{\overline{PB}}{\overline{PC}} \cdot \frac{\overline{QQ}}{\overline{QA}} = 1$$

ist.

Ein Spezialfall des Satzes von Ceva ist offensichtlich der Satz, dass die Sei-tenhalbierenden eines Dreiecks sich in einem Punkt schneiden. Umgekehrt liefert der Satz, dass die Winkelhalbierende eines Dreiecks die gegenüberliegende Seite

---

[10] Giovanni Ceva (1647–1734) war ein italienischer Ingenieur und Mathematiker.

im Verhältnis der beiden anliegenden Seiten teilt, einen Spezialfall des Satzes von Ceva.

Ein klassisches Vorbild dieses Satzes gibt es aber, nämlich den Satz des Menelaos von Alexandria (ca. 70–140), dessen Abhandlung *Sphaerica* die sphärische Trigonometrie (also die Geometrie auf Kugeln) begründete, und die von grundlegender Bedeutung für die Kartographie und die Astronomie ist. Es ist daher wenig verwunderlich, dass dieser Satz auch im Almagest des Ptolemäus auftaucht, dem damaligen Standardwerk der Astronomie und Kartographie.

Satz 6.10 (Satz des Menelaos)**.** *Seien P, Q und R kollineare Punkte auf den durch das Dreieck ABC definierten Geraden BC, CA und AB. Dann gilt*

$$\frac{\overline{RA}}{\overline{RB}} \cdot \frac{\overline{PB}}{\overline{PC}} \cdot \frac{\overline{QC}}{\overline{QA}} = 1.$$

Umgekehrt gilt: Wenn drei Punkte die obige Gleichung erfüllen, dann sind sie kollinear.

Der Beweis folgt einfach aus dem Strahlensatz, wenn man die Lotgeraden durch A, B und C auf die Gerade PQ einzeichnet:

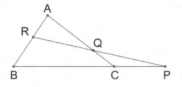 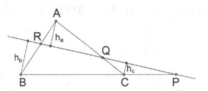

Aufgabe 6.3. *Beweise den Satz des Menelaos. Zeige, dass man daraus den Satz von Ceva durch Anwendung auf die Dreiecke ABP und ACP mit den Geraden ROC und BOQ erhält, wobei O den gemeinsamen Schnittpunkt der Geraden im Satz von Ceva bezeichnet.*

Der folgende Satz von Routh verallgemeinert nicht nur den Satz von Ceva, sondern auch viele Aufgaben, die bisweilen in mathematischen Olympiaden auftreten:

Satz 6.11 (Satz von Routh)**.** *Sei ABC ein Dreieck mit Flächeninhalt 1, dessen Seiten durch die Punkte X, Y und Z in Teile mit den Verhältnissen x : 1, y : 1 und z : 1 geteilt werden. Dann schneiden die Strecken AY, BZ, CX ein Dreieck aus, dessen Fläche gegeben ist durch*

$$\frac{(xyz - 1)^2}{(xy + x + 1)(yz + y + 1)(zx + z + 1)}.$$

Aufgabe 6.4. *Warum verallgemeinert der Satz von Routh den von Ceva?*

Im einfachsten Fall, bei dem die Seiten im Verhältnis 2 : 1 geteilt werden, ist die Fläche des kleinen Dreiecks also $\frac{1}{7}$ der Fläche des großen ([31]). Das entsprechende Dreieck wird manchmal auch Feynman-Dreieck genannt, weil das dazugehörige

Problem den Physiker Richard Feynman (1918–1988; Nobelpreis 1965) ein ganzes Mittagessen lang beschäftigt hat.[11] In [34] wurde es ebenfalls „wiederentdeckt".

Tatsächlich wurde die folgende Aufgabe von seinem Mathematiklehrer Maurer 1814 dem jungen Jakob Steiner (s. [36]) vorgesetzt:

Aufgabe 6.5. *In einem Dreieck ABC erzeugen zwei Seitenhalbierende vier Polygone; wie hängen deren Flächeninhalte von der Fläche des Dreiecks ABC ab?*

Die Aufgabe zum „Feynman-Dreieck" wurde ebenfalls an Steiners Schule gestellt, wie Steiner in seiner Antwort auf die Lösung des Problems durch Clausen [28] schrieb. Mehr zu Feynmans Dreieck findet man in [29, 30, 32, 33, 35, 37]; zu demselben Themenkreis gehört auch der Satz von Marion Walter, der in [83, vol. 7, no. 3] besprochen wird; diese Zeitschrift „Girls Angle Bulletin" versteht sich als Mathematik-Zeitschrift für Mädchen.

Ein falscher Beweis

Zu guter Letzt sei noch der vielleicht schönste aller falschen Beweise vorgestellt:

Satz 6.12. *Jedes Dreieck ist gleichschenklig.*

Dazu betrachten wir in einem Dreieck ABC den Schnittpunkt O der Winkelhalbierenden in A und der Mittelsenkrechten von BC:

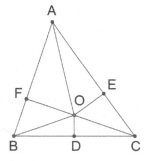

Seien D, E und F die Lotfußpunkte von O auf den drei Seiten. Dann gilt

$$\overline{OB} = \overline{OC} \qquad \text{(O liegt auf der Mittelsenkrechten von BC)}$$
$$\overline{OE} = \overline{OF} \qquad \text{(O liegt auf der Winkelhalbierenden in A)}$$
$$\overline{BF} = \overline{CE} \qquad \text{(Pythagoras)}$$
$$OFB \cong OEC \qquad \text{(Kongruenzsatz SSS)}$$
$$OFA \cong OEA \qquad \text{(Kongruenzsatz WSW)}$$

Damit ist $\overline{BF} = \overline{CE}$ und $\overline{AF} = \overline{AE}$ und somit auch $\overline{AB} = \overline{AC}$. Also ist das Dreieck ABC wie behauptet gleichschenklig.

Die Zeichnung legt schon nahe, dass hier irgendetwas faul ist.

Aufgabe 6.6. *Konstruiere mit geogebra eine korrekte Zeichnung und finde den Fehler im obigen Beweis.*

---

[11] An dieser Stelle sei auf das sehr lesenswerte Büchlein [106] hingewiesen.

6.4 Übungen

6.1 Zeige, dass sich die Winkelhalbierende in A und die äußeren Winkelhalbierenden in B und C in einem Punkt schneiden, nämlich im Mittelpunkt des Ankreises gegenüber von A.

6.2 Ein weiterer klassischer Beweis, dass die Seitenhalbierenden eines Dreiecks sich in einem Punkt schneiden, ist der folgende.

Seien M_a und M_b die Mittelpunkte von BC und AC und S der Schnittpunkt von AM_a und BM_b. Weiter seien D und E die Mittelpunkte von $\overline{AS}$ und $\overline{BS}$. Zeige:

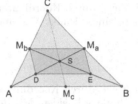

1. Das Viereck DEM_aM_b ist ein Parallelogramm, und S ist der Schnittpunkt seiner Diagonalen.
2. $\overline{M_aS} = \overline{SD} = \overline{DA}$ und $\overline{M_bS} = \overline{SE} = \overline{EB}$.
3. $\overline{BM_b}$ teilt $\overline{CM_c}$ ebenfalls im Verhältnis 2 : 1.
4. S liegt auf $\overline{CM_c}$.

6.3 In einem Dreieck ABC sei M der Mittelpunkt von $\overline{AB}$. Der Kreis mit Mittelpunkt M und Durchmesser $\overline{AB}$ schneidet $\overline{BC}$ und $\overline{AC}$ in D und E. Sei H der Schnittpunkt von $\overline{AD}$ und $\overline{BE}$. Zeige, dass die Gerade CH senkrecht auf die Gerade AB steht.

Zeige weiter: In einem Dreieck teilt der Höhenschnittpunkt die Höhen so, dass das Produkt der Höhenabschnitte bei allen drei Höhen konstant ist.

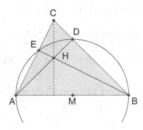 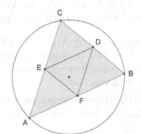

6.4 In einem Dreieck ABC seien D, E und F die Mittelpunkte der Seiten.

Zeige, dass der Mittelpunkt des Umkreises von ABC der Höhenschnittpunkt von DEF ist.

Zeige, dass ABC und DEF denselben Schwerpunkt besitzen.

6.5 ([135, S. 76]) Die Winkelhalbierende in C eines Dreiecks ABC schneidet $\overline{AB}$ in D und den Umkreis von ABC in E. Zeige:

1. $\overline{AE} = \overline{EB}$.
2. ADE und BCD sind ähnlich.
3. $\overline{AE}^2 = \overline{ED} \cdot \overline{CE}$.

6.6 (Archimedes; s. Tropfke [59, vol. IV, S. 223]) Sei w_a die Länge der Winkelhalbierenden in A, und seien $b = \overline{AC}$ und $c = \overline{AB}$. Dann gilt

$$w_a \leq \frac{b+c}{2}.$$

6.7 Der Satz, dass sich die Seitenhalbierenden eines Dreiecks in einem Punkt schneiden, welcher die Seitenhalbierenden im Verhältnis 1 : 2 teilt, lässt sich auch durch Koordinatengeometrie herleiten.

Dazu legen wir das Koordinatensystem so, dass einer der Punkte im Ursprung und der andere auf der x-Achse liegt, dass also $A(0|0)$ und $B(b|0)$ wird; wir setzen dann $C(c|d)$. Zeige, dass die Seitenhalbierenden sich in

$$S\left(\frac{b+c}{3}\bigg|\frac{d}{3}\right)$$

schneiden, und dass z.B. $\overline{AS} : \overline{SM_a} = 2 : 1$ ist.

6.8 Zeige durch Koordinatengeometrie, dass sich die Mittelsenkrechten eines Dreiecks in einem Punkt M schneiden, nämlich in

$$M\left(\frac{b}{2}\bigg|\frac{c^2 - bc + d^2}{2d}\right).$$

6.9 Zeige durch Koordinatengeometrie, dass sich die Höhen eines Dreiecks in einem Punkt schneiden. Mit den Bezeichnungen wie oben wird sich

$$H\left(c\bigg|\frac{bc - c^2}{d}\right)$$

ergeben.

6.10 Zeige durch Ausrechnen der Vektoren $\overrightarrow{MS}$ und $\overrightarrow{SH}$, dass die Punkte M, S und H aus den letzten drei Übungen auf einer Geraden liegen und dass $\overline{HS} = 2\overline{SM}$ ist.

6.11 (J. Lehmann, [82] Alpha **5** (1990); s. auch UCT Mathematics Competition 1993 und [96, S. 22]) In einem Quadrat (s. Skizze) wird jede Ecke mit dem Mittelpunkt einer der gegenüberliegenden Kanten so verbunden, dass in der Mitte des Quadrats ein Viereck entsteht.

Zeige, dass dieses Viereck ein Quadrat ist, und dass dessen Flächeninhalt ein Fünftel des Flächeninhalts des ursprünglichen Quadrats ist.

 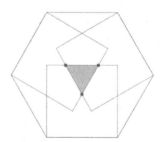

Zeige, dass sich diese Aussage auf beliebige Parallelogramme erweitern lässt, aber nicht auf beliebige Vierecke ([27]).

6.12 Welchen Anteil an der Fläche des regelmäßigen Sechsecks (s. Skizze oben rechts) hat das kleine Dreieck in der Mitte?

6.13 In den folgenden Aufgaben, die ebenfalls von J. Lehmann in [82] Alpha **5** (1990) zusammengestellt wurden, ist ebenso das Verhältnis von Gesamtfläche zum schraffierten Anteil zu bestimmen.

Bei den ersten vier Aufgaben geht es um Teilflächen eines Quadrats, die durch Verbindungsstrecken zwischen den Ecken und verschiedenen Mittelpunkten der Seiten begrenzt werden:

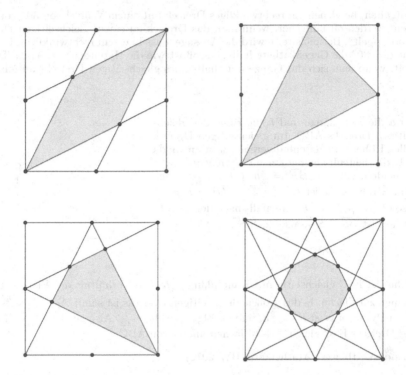

Die letzte Aufgabe stammt aus der Bezirksolympiade der DDR 1974 für die Klassenstufe 8.

Bei den folgenden beiden Aufgaben geht es um Flächen, die durch Verbindungsstrecken zwischen Ecken nebeneinanderliegender Quadrate begrenzt sind.

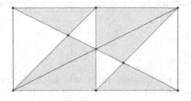
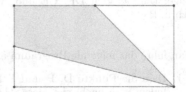

Erfinde selbst Aufgaben dieses Typs.

6.14 (Landeswettbewerb Mathematik BW 2009): Das Dreieck ABE ist gleichschenklig mit der Basis AB. Bestimme den Anteil der Fläche des Dreiecks ESC an der Fläche des Dreiecks ABC.

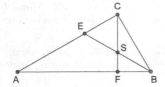

Aufgaben, bei denen ein rechtwinkliges Dreieck mit einem Winkel von 30° vorkommen, werden oft einfacher, wenn man das Dreieck zu einem gleichseitigen Dreieck „verdoppelt". Beispielsweise wird die Aussage, dass in einem rechtwinkligen Dreieck mit $\alpha = 30°$ die Gegenkathete halb so groß ist wie die Hypotenuse zu einer Trivialität, wenn man sich das Ganze innerhalb eines gleichseitigen Dreiecks ansieht.

Sei a die Seitenlänge und h die Höhe des gleichseitigen Dreiecks ABD. Im gleichseitigen Dreieck fallen Höhen und Seitenhalbierende zusammen; da sich die Seitenhalbierenden im Verhältnis 2 : 1 schneiden, gilt also $\overline{BE} = \frac{2}{3}h$, $\overline{CE} = \frac{1}{3}h$. Nach dem Strahlensatz ist $\overline{CS} : \overline{CF} = \overline{DE} : h = \frac{2}{3}$, also $\overline{CS} = \frac{2}{3}\overline{CF} = \frac{1}{3}h$. Ebenfalls nach dem Strahlensatz ist $\overline{BS} = \overline{SE}$, also auch $\overline{SE} = \frac{1}{3}h$.

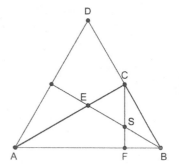

Daher ist ESC gleichseitig mit Kantenlänge $\frac{1}{3}h$. Das Verhältnis der Fläche A_1 des kleinen zur Fläche A_2 des großen gleichseitigen Dreiecks ist somit $A_1 : A_2 = \frac{h^2}{9} : a^2$. Nach Pythagoras ist $h^2 = \frac{3}{4}a$, und es folgt $A_1 : A_2 = \frac{1}{12}$. Also ist der Flächeninhalt des Dreiecks ESC gleich $\frac{1}{6}$ des Flächeninhalts von ABC.

6.15 (Landeswettbewerb Mathematik BW 2012)

Die beiden Quadrate ABCD und BEFG liegen so, dass C ein innerer Punkt der Strecke BG ist. Der Punkt P ist der von B verschiedene Schnittpunkt der Umkreise dieser Quadrate.
Zeige: Die Geraden DF, CE und AG schneiden sich in P.

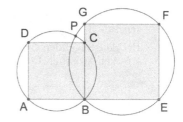

Man führe das folgende Programm aus:

1. Dass die Punkte D, P und F kollinear sind, zeigt man wie in Aufgabe 4.3, indem man nachweist, dass $\sphericalangle DPF = 180°$ ist.

2. Die Geraden AG und CG stehen senkrecht aufeinander. Dies folgt aus der Tatsache, dass die Dreiecke ABG und CBE kongruent sind, oder einfach daraus, dass man die Steigungen m_1 und m_2 der beiden Geraden in einem geeignet gewählten Koordinatensystem berechnet und zeigt, dass $m_1 \cdot m_2 = -1$ ist.

3. Der Schnittpunkt S der Geraden AG und CG ist nach der Umkehrung des Satzes von Thales auf den Halbkreisen über EG bzw. AC. Daraus folgt $S = P$ und die Behauptung.

6.16 (Landeswettbewerb Mathematik BW 2013)

Ein Kreis berührt die Parallelen g und h in den Punkten A und B. Zwei Verbindungsstrecken AC und BD der Parallelen schneiden sich auf dem Kreis im Punkt P.

Zeige: Die Kreistangente durch P halbiert die Strecken AD und BC.

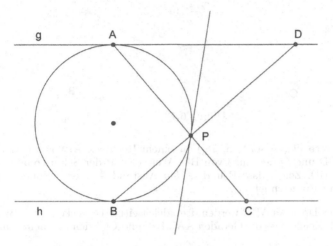

Wie geht man an eine solche Aufgabe heran? Eine Möglichkeit, wenn auch sicherlich nicht die eleganteste, ist das „Nachrechnen" mithilfe von Koordinaten. Wir wählen einen Kreis um den Ursprung mit Radius 1 (offenbar kommt es nicht auf die Größe an), der durch $x^2 + y^2 = 1$ beschrieben wird, und wir haben die beiden Geraden $y = 1$ und $y = -1$, die die Tangenten in $A(0|1)$ bzw. in $B(0|-1)$ sind. Wir wählen einen beliebigen Punkt $P(r|s)$ auf dem Kreis (haben also $r^2 + s^2 = 1$), und schneiden die Geraden AP bzw. BP mit den beiden Tangenten. Die beiden Schnittpunkte nennen wir D bzw. C. Nachzurechnen ist, dass der Mittelpunkt M von AD gleich dem Schnittpunkt der Tangente in P mit $y = 1$ ist, oder, was damit gleichbedeutend ist, dass die Gerade MP gleich der Tangente in P ist.

Aufgabe 6.7. *Führe diese Rechnungen durch.*

Weitaus eleganter ist die „elementargeometrische" Methode. Dazu überlegt man sich folgende Schritte, die sich alle mit den hier vorgestellten Sätzen beweisen lassen:

1. $\overline{MP} = \overline{MA}$

2. $\sphericalangle MAP = \sphericalangle MPA$

3. $\sphericalangle MPD = \sphericalangle MDP$ (Winkel ausrechnen)

4. $\overline{MP} = \overline{MD}$

Daraus folgt dann die Behauptung.

6.17 (IMO talent search, mathematical digest **92**, July 1993, S. 6) Im Quadrat ABCD liegt ein Punkt P mit $\sphericalangle PAD = \sphericalangle PDA = 15°$. Man zeige auf zwei verschiedene Arten, dass das Dreieck BCP gleichseitig ist.

Mögliche Lösungsstrategien sind:

a) Spiegle alles an AB und zeige, dass BPP' gleichseitig ist.

b) Zeige, dass B, P und D auf einem Kreis mit Mittelpunkt C liegen.

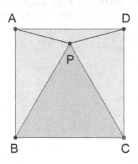 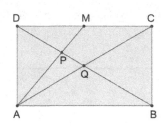

Übung 6.17

Übung 6.18

6.18 (Känguru Wettbewerb [98, A 4.51, S. 78]) In einem Rechteck ABCD ist M der Mittelpunkt von CD und Q derjenige von BD. Weiter ist P der Schnittpunkt der Geraden AM und BD. Zeige, dass P und Q den Abstand $\frac{d}{6}$ haben, wobei d die Länge der Diagonalen bezeichnet.

6.19 Auf den Seiten eines Dreiecks ABC werden drei gleichseitige Dreiecke ABC', BCA' und CAB' errichtet. Zeige, dass die Geraden AA', BB' und CC' sich in einem Punkt schneiden.

A. Auf die Schnelle ...

A.1 Vereinfache den Bruch
$$\frac{2+4+6+\cdots+200}{3+6+9+\cdots+300}.$$

A.2 Vereinfache den Bruch
$$\frac{1\cdot 2\cdot 4+2\cdot 4\cdot 8+3\cdot 6\cdot 12+\ldots+7\cdot 14\cdot 28}{1\cdot 3\cdot 9+2\cdot 6\cdot 18+3\cdot 9\cdot 27+\ldots+7\cdot 21\cdot 63}.$$

A.3 Berechne das Produkt $\left(1-\frac{1}{2}\right)\left(1-\frac{1}{3}\right)\left(1-\frac{1}{4}\right)\cdots\left(1-\frac{1}{100}\right)$.

A.4 Berechne das Produkt $\left(1+\frac{1}{2}\right)\left(1+\frac{1}{3}\right)\left(1+\frac{1}{4}\right)\cdots\left(1+\frac{1}{100}\right)$.

A.5 Berechne das Produkt $\left(1-\frac{1}{4}\right)\left(1-\frac{1}{9}\right)\left(1-\frac{1}{16}\right)\cdots\left(1-\frac{1}{100}\right)$.

A.6 Berechne das Produkt $\left(1+\frac{1}{2^2-1}\right)\left(1+\frac{1}{3^2-1}\right)\left(1+\frac{1}{4^2-1}\right)\cdots\left(1+\frac{1}{99^2-1}\right)$.

A.7 Berechne das Produkt $\quad (x-a)(x-b)(x-c)\cdots(x-y)(x-z)$.

A.8 (Monoid) Welche Zahl ist größer,
$$a=\frac{1}{10}\left(1+\frac{1}{2}+\frac{1}{3}+\ldots+\frac{1}{10}\right)\quad\text{oder}\quad b=\frac{1}{11}\left(1+\frac{1}{2}+\ldots+\frac{1}{10}+\frac{1}{11}\right)?$$

A.9 Zeige, dass
$$\sqrt{6+\sqrt{6+\sqrt{6+\sqrt{6+\cdots+\sqrt{6}}}}}<3$$
ist.

A.10 (Olympiade Rumänien, Klasse 6) Berechne den Wert von
$$\frac{3b}{2a+3b}\quad\text{für}\,\frac{a}{b}=\frac{3}{5}.$$

A.11 Was ist die Hälfte von 2^{20}?

A.12 Welche Zahl ist größer: $\sqrt{10}$ oder $\sqrt{2}+\sqrt{3}$?

A.13 Löse die Gleichung
$$4^{20}+4^{20}=2^x.$$

A.14 [94, Aufg. 12, S. 51] Löse die Gleichung

$$\frac{23^9 - 23^8}{22} = 23^x.$$

A.15 [94, Aufg. 19, S. 52] Ordne die folgenden Zahlen der Größe nach:

$$2^{800}, \; 3^{600}, \; 5^{400}, \; 6^{200}.$$

A.16 (Math. Teacher Jan. 1996) Löse die Gleichung

$$(x^2 - 5x + 5)^{x^2 - 9x + 20} = 1.$$

A.17 Zeige, dass die Zahl $(121)_n$ in jeder Basis $n \geq 3$ eine Quadratzahl ist; im System mit Basis 5 ist beispielsweise

$$(121)_5 = 1 \cdot 5^2 + 2 \cdot 5 + 1 = 36 = 6^2.$$

A.18 Welche Einerziffer hat das Produkt der 20 kleinsten Primzahlen?

A.19 (Moskau Math. Olympiade 1961) Hat das folgende Gleichungssystem eine Lösung in ganzen Zahlen?

$$\begin{aligned}
abcd - a &= 1961 \\
abcd - b &= 961 \\
abcd - c &= 61 \\
abcd - d &= 1
\end{aligned}$$

A.20 Es ist $2^x = 15$ und $15^y = 32$; bestimme xy.

A.21 Ein altes Auto fährt mit 30 km/h einen 1 km langen Berg hinauf. Wie schnell muss es auf dem Rückweg sein, damit es eine Durchschnittsgeschwindigkeit von 60 km/h erreicht?

A.22 (Alpha **3** (1991)) Begründe, dass $b \perp c$ ist.

A.23 (Alpha **3** (1991)) Bestimme α.

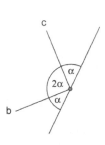

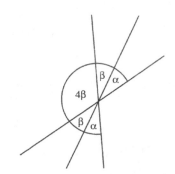

(Aufgabe A.22)   (Aufgabe A.23)

A.24 (Alpha **3** (1991)) Begründe, dass $AC \perp BC$.

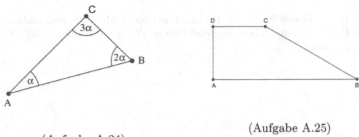

(Aufgabe A.24)

(Aufgabe A.25)

A.25 (Alpha **3** (1991)) Es ist $\sphericalangle ABC = 30°$, die Winkel in A und D sind rechte, $\overline{BC} = a$, und $\overline{CD} = \frac{1}{2}a$. Begründe, warum $\overline{AD} = \overline{CD}$ ist.

A.26 (Alpha **3** (1991)) Das Trapez ABCD ist gleichschenklig, und es gilt $\sphericalangle BAD = 45°$ und $\sphericalangle ADC = 135°$, sowie $\overline{CD} = \overline{CF} = a$. Wie lang ist $\overline{AB}$?

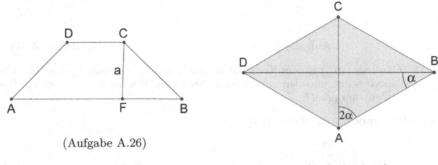

(Aufgabe A.26)

(Aufgabe A.27)

A.27 (Alpha **3** (1991)) In der Raute ABCD sei $\overline{DE} = c$. Gib den Umfang von ABCD in Abhängigkeit von c an!

A.28 (Gardner [109]) Ein Quadrat wird durch zwei Geraden in drei Teile mit gleicher Fläche geteilt. In welchem Verhältnis werden die beiden Seiten geteilt?

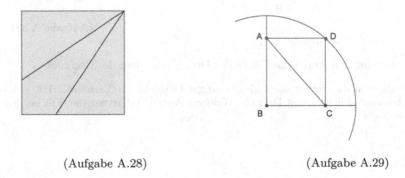

(Aufgabe A.28)

(Aufgabe A.29)

A.29 (Gardner [109]) Ein Rechteck wird wie in der Skizzee einem Quadranten eines Kreises einbeschrieben. Wie lang ist seine Diagonale $\overline{AC}$?

A.30 (Gardiner [107]) Einem Kreis mit Radius 1 werden 6 kleine Kreise einbeschrieben,
die sich selbst und den großen Kreis berühren. Wie groß ist der größte Kreis, der
ins Zentrum passt?

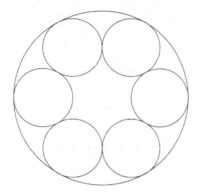
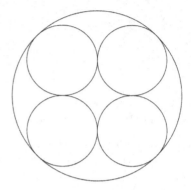

(Aufgabe A.30)   (Aufgabe A.31)

A.31 (Gardiner [107]) Einem Kreis mit Radius 1 werden 4 kleine Kreise einbeschrieben,
die sich selbst und den großen Kreis berühren. Wie groß ist der größte Kreis, der
ins Zentrum passt?

A.32 Bestimme den Winkel $\sphericalangle ACH$.

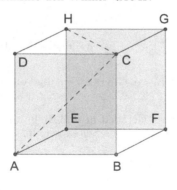
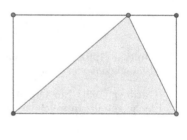

(Aufgabe A.33)

(Aufgabe A.32)

A.33 Bestimme den Anteil der Fläche des Dreiecks an dem des Rechtecks.

A.34 Teilt man die Seiten eines gleichseitigen Dreiecks im Verhältnis 1:1, entsteht ein
kleineres gleichseitiges Dreieck. Welchen Anteil hat es an der Fläche des großen
Dreiecks?

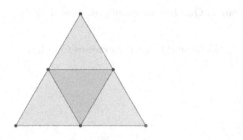

(Aufgabe A.34)   (Aufgabe A.35)

A.35 Teilt man die Seiten eines gleichseitigen Dreiecks im Verhältnis 1:2, entsteht ein kleineres gleichseitiges Dreieck. Welchen Anteil hat es an der Fläche des großen Dreiecks?

A.36 Wie kann man die Fläche dieses Rings mit einer einzigen Messung bestimmen?

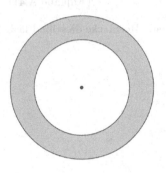

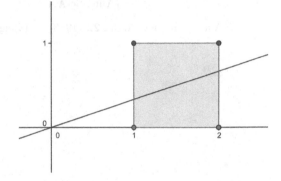

(Aufgabe A.36)   (Aufgabe A.37)

A.37 ([94, S. 19]) Wie lautet die Gleichung der Geraden durch den Ursprung, welche das angegebene Quadrat in zwei gleich große Flächen teilt?

A.38 Zwei Kreise mit den Radien 9 und 4 berühren sich. Bestimme die Entfernung der Schnittpunkte A und B der Kreise mit ihrer gemeinsamen Tangente.

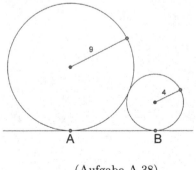

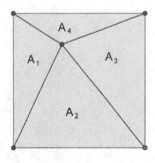

(Aufgabe A.38)

(Aufgabe A.39)

A.39 Für einen beliebigen Punkt P in einem Quadrat ist zu zeigen, dass $A_1 + A_3 = A_2 + A_4$ ist.

A.40 Die Ecke eines Quadrats liegt im Mittelpunkt eines kleineren Quadrats. Wie groß ist die sich überlappende Fläche?

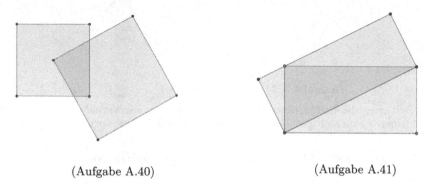

(Aufgabe A.40)   (Aufgabe A.41)

A.41 (Ch. Bey, Alpha **22** (1988), 17) Zeige, dass beide Rechtecke dieselbe Fläche haben.

B. Hinweise und Lösungen

Kapitel 1

Aufgabe 1.1: Der Neigungswinkel muss $> 45°$ sein, damit man die Länge des Schattens messen kann.

Aufgabe 1.2: Rechne nach, dass $(x_n + 2y_n)^2 - (x_n + y_n)^2 = -a$ ist.

Aufgabe 1.3: Beginne mit (x, y) und wende Theons Regel zwei Mal an; nach dem ersten Mal haben wir das Lösungspaar $(x + 2y, x + y)$, nach dem zweiten Mal $(x + 2y + 2(x + y), x + 2y + x + y)$.

Aufgabe 1.4: Eintippen von $\tan^{-1}(120/119) - 4 \cdot \tan^{-1}(1/5)$ sollte eine sehr kleine Zahl nahe bei 0 liefern.

Aufgabe 1.5: Die Pentagonalzahlen sind $1, 5, 12, \ldots$; ein geschlossener Ausdruck dafür ist $p_n = \frac{1}{2}(3n^2 - n)$.

Die ersten Hexagonalzahlen sind $1, 6, 15, \ldots$; ein geschlossener Ausdruck dafür ist $h_n = 2n^2 - n$.

Allgemein ist die n-te p-gonal-Zahl gegeben durch $p_n = \frac{1}{2}((p-2)n^2 - (p-4)n)$.

Aufgabe 1.6: Die Diagonalzahlen $(99, 70)$ ergeben $m = 49$ und $n = 35$, und es ist $\frac{49 \cdot 50}{2} = 35^2$. Die nächste Lösung ist $\frac{288 \cdot 289}{2} = 204^2$.

Aufgabe 1.7: Nachrechnen.

Aufgabe 1.8: Wir nehmen an, es sei $\sqrt[3]{2} = \frac{a}{b}$, also $a^3 = 2b^2$. Also ist $a = 2c$ gerade; Einsetzen und Division durch 2 gibt $4c^3 = b^3$. Also ist b ebenfalls gerade: Widerspruch!

Aufgabe 1.9: Es ist $2n^2 = m^2$, also $(2n)^2 = 2m^2 > m^2$, und Wurzelziehen liefert $2n > m$, also $2n - m > 0$. Andererseits ist $m^2 = 2n^2 > n^2$, also $m > n$ und damit $2n - m < m$.

Die Ungleichung $m - n < n$ ist äquivalent zu $m < 2n$, und auch $m - n > 0$ haben wir bereits bewiesen.

Aufgabe 1.10: Offenbar ist $m > n$, also ergeben sich nach Subtraktion von mn positive ganze Zahlen. Die Rechnungen zeigen, dass, wenn sich $\sqrt{2}$ als Bruch natürlicher Zahlen schreiben lässt, derselbe Bruch auch mit kleineren natürlichen Zahlen schreiben lässt. Das ist aber unmöglich.

Aufgabe 1.11: Einfaches Nachrechnen oder

$$\left(\frac{m^2+1}{2}\right)^2 - m^2 = \left(\frac{m^2+1}{2}+m\right)\left(\frac{m^2+1}{2}-m\right)$$
$$= \left(\frac{(m+1)^2}{2}\right)\left(\frac{(m-1)^2}{2}\right) = \left(\frac{m^2-1}{2}\right)^2.$$

Aufgabe 1.12: $(m^2-n^2)^2 + (2mn)^2 = (m^2+n^2)^2$.

Aufgabe 1.13: Nachrechnen.

$$(2s^2-t^2)^2 + (2st)^2 = 4s^4 - 4s^2t^2 + t^4 + 4s^2t^2$$
$$= 4s^4 + 4s^2t^2 + t^4 = (2s^2+t^2)^2.$$

Aufgabe 1.15: Ist $\sqrt{n} = \frac{p}{q}$, dann ist $\frac{p}{q} = \frac{p+nq}{p+q}$. Da wir $\frac{p}{q}$ als gekürzten Bruch annehmen dürfen, gibt es eine ganze Zahl a mit $p+nq = ap$ und $p+q = aq$. Wie im Falle $n=2$ folgt jetzt, dass $n=(a-1)^2$ eine Quadratzahl ist.

Kapitel 2

Aufgabe 2.1: 𝗧𝗧𝗧 ist 3; 𝗪 ist 5; ◀◀ 𝗪 ist 24.

Aufgabe 2.2: $1234 = 20 \cdot 60 + 34 = $ ◀◀ ◀◀◀ 𝗪

$4321 = 1 \cdot 60^2 + 12 \cdot 60 + 1 = $ 𝗬 ◀ 𝗧𝗧 𝗬

$\frac{1}{2} = $ ◀◀◀ ; $\frac{1}{6} = $ ◀ ; $\frac{1}{10} = $ 𝗧𝗧𝗧

$\frac{1}{7} = \frac{8}{60} + \frac{34}{60^2} + \frac{17}{60^3} + \frac{8}{60^4} + \ldots$ ist ein periodischer Bruch mit Periode 8; 34; 17.

Aufgabe 2.3: Wegen $\frac{p}{q} - \frac{1}{n} = \frac{np-q}{qn}$ ist $0 < np - q < p$ zu zeigen. Wir wissen, dass $n-1 < \frac{q}{p} < n$ ist, also $pn - p < q < pn$. Die linke Ungleichung zeigt $np - q < p$, die rechte $pn - q > 0$.

Aufgabe 2.4: Gewinnstellungen sind Häufchen, bei denen die Anzahl der Hölzer durch 5 teilbar ist.

Aufgabe 2.5: Bei 2, 4, 6 etc. Haufen mit je einem Hölzchen ist die Sache klar, da jeder Spieler immer nur jeweils ein Strichhölzchen nehmen darf (und muss). Bei zwei Haufen mit je zwei Hölzchen kann der Gegenspieler entweder einen ganzen Haufen wegnehmen, und dann nimmt der andere Spieler den letzten Haufen, oder er nimmt nur ein Hölzchen von einem Stapel, dann nimmt der andere ein Hölzchen vom anderen.

Aufgabe 2.6: Wenn sich die Strategie durchführen lässt, kann man nie in eine Stellung geraten, in der nur ein Hölzchen übrig geblieben ist, weil dann in der Einerstelle eine ungerade Anzahl von Einsen (nämlich eine) stehen würde. Zu zeigen ist also nur, dass man immer so viele Hölzchen wegnehmen kann, dass man eine Stellung erhält, für die an allen Stellen eine gerade Anzahl von Einsen steht.

Nehmen wir also an, dass wir am Zug sind; dann ist an mindestens einer Stelle eine ungerade Anzahl von Einsen. Wir betrachten die höchste Stelle mit einer ungeraden Anzahl von Einsen und betrachten einen der Stapel, die an dieser Stelle eine 1 haben. Würden wir den ganzen Stapel wegnehmen, würde diese 1 verschwinden; unter Umständen würden wir aber an anderen Stellen, die zuvor eine gerade Anzahl von Einsen hatten, jetzt eine ungerade Anzahl von Einsen haben. Hätte die Einserstelle nach dem Wegnehmen des Stapels eine ungerade Anzahl von Einsen, so nehmen wir nicht den ganzen Stapel weg, sondern ein Hölzchen weniger. Um die Sache sprachlich zu vereinfachen, sagen wir, wir würden stattdessen ein Hölzchen zurücklegen. Ist jetzt in der Zweierstelle eine ungerade Anzahl von Einsen, legen wir 2 weitere Hölzchen zurück. So gehen wir vor, bis wir eine Stellung erreicht haben, in der nur noch gerade Anzahlen von Einsern vorkommen. Offenbar muss dies der Fall sein, bevor wir an die höchste Stelle kommen, die zu Anfang eine ungerade Anzahl von Einsen gehabt hat.

Aufgabe 2.7: Das Horner-Schema für die Auswertung des Polynoms

$$f(x) = a_n x^n + a_{n-1} x^{n-1} + \ldots + a_1 x + a_0$$

lautet

$$f(x) = (((a_n x + a_{n-1})x + a_{n-2})x + \ldots + a_1)x + a_0.$$

Braucht man z.B. für Polynome dritten Grades

$$bx^3 + cx^2 + dx + e = ((bx + c)x + d)x + e$$

3 Multiplikationen und 3 Additionen, so benötigt man für Polynome 4. Grades

$$ax^4 + bx^3 + cx^2 + dx + e = (((ax + b)x + c)x + d)x + e$$

eine Multiplikation und eine Addition mehr, und dies bleibt auch bei höheren Graden so.

Kapitel 3

Aufgabe 3.1: Bezeichnen wir mit ABC die Fläche des entsprechenden Dreiecks, dann gilt offenbar aus Gründen der Symmetrie, dass CGS = CFS, AHS = AES und ABC = ADC ist. Daraus folgt aber sofort die Behauptung, dass die Rechtecke EBFS und GDHS den gleichen Flächeninhalt besitzen.

Liegt S auf der Diagonalen, so ist $\sphericalangle SAE = \sphericalangle CSF$ (Stufenwinkel), und wegen der beiden rechten Winkel sind die Dreiecke AES und CFS ähnlich. Der Strahlensatz liefert $\overline{CF} : \overline{FS} = \overline{ES} : \overline{AE}$.

Aufgabe 3.2: Es ist $\overline{a5}^2 = (10a + 5)^2 = 100a^2 + 100a + 25 = 100a(a + 1) + 25$. Die Regel gilt daher allgemein.

Aufgabe 3.3: Es ist $32 < \sqrt{1073} < 33$ und $33^2 - 1973 = 16 = 4^2$, also $1073 = 33^2 - 4^2 = (33 - 4)(33 + 4) = 29 \cdot 37$.

Entsprechend ist $87 < \sqrt{7663} < 88$, sowie $88^2 - 7663 = 81 = 9^2$ und somit $7663 = (88-9)(88+9) = 79 \cdot 97$.

Aufgabe 3.4: Wegen $54 < \sqrt{3007} < 55$ rechnen wir

$$55^2 - 3007 = 18,$$
$$56^2 - 3007 = 129,$$
$$57^2 - 3007 = 242,$$
$$\cdots \cdots$$
$$64^2 - 3007 = 1089 = 33^2,$$

und wir finden $3007 = (64-33)(64+33) = 31 \cdot 97$.

Aus $55^2 - 3007 = 2 \cdot 3^2$ und $57^2 - 3007 = 2 \cdot 11^2$ hätte man die Faktorisierung ebenfalls erhalten können: Es folgt nämlich, dass sich $(55 \cdot 57)^2$ und $(2 \cdot 3 \cdot 11)^2$ um ein Vielfaches von 3007 unterscheiden, und aus $\text{ggT}(55 \cdot 57 - 2 \cdot 3 \cdot 11, 3007) = 31$ erhält man den Primfaktor 31 von 3007.

Zerlegt man $3N = 9021$ mit der Fermatschen Methode, so erhält man im ersten Schritt $95^2 - 9021 = 4$, also $3N = 93 \cdot 97$. Dass dies so schnell geht, liegt daran, dass das Verhältnis der beiden Primfaktoren von N gleich $97/31 \approx 3$ ist; damit sind die Faktoren $3 \cdot 31 = 93$ und 97 fast gleich groß.

Aufgabe 3.5: Aus $b = m = b^2 + b - 1$ folgt $b^2 = 1$, also $b = \pm 1$.

Aufgabe 3.6: Im ersten Schritt ist $17^2 < 300 < 18^2$, also $1{,}7 < \sqrt{3} < 1{,}8$. Aus $(170+x)^2 < 30\,000$ folgt $x^2 + 340x - 1100 = 0$, also $173^2 < 30\,000 < 174^2$. Im nächsten Schritt erhält man entsprechend $1732^2 < 3 \cdot 10^6 < 1733^2$.

Aufgabe 3.7: Die Gleichung $p_n^2 - 2q_n^2 = 1$ kann man (mit vollständiger Induktion) allgemein nachrechnen. Sie ist sicherlich für $n = 1, 2, 3, 4$ richtig. Stimmt sie für einen bestimmten Index n, dann ist

$$x_{n+1} = \frac{x_n}{2} + \frac{1}{x_n} = \frac{p_n}{2q_n} + \frac{q_n}{p_n} = \frac{p_n^2 + 2q_n^2}{2p_nq_n},$$

d.h. es ist $p_{n+1} = p_n^2 + 2a_n^2$ und $q_{n+1} = 2p_nq_n$, also

$$p_{n+1}^2 - 2q_{n+1}^2 = (p_n^2 + 2q_n^2)^2 - 2(2p_nq_n)^2 = (p_n^2 - 2q_n^2)^2 = 1.$$

Um $\frac{577}{408}$ im Sexagesimalsystem darzustellen, rechnen wir $\frac{577}{408} = 1 + \frac{169}{408}$, und wegen $\frac{169}{408} \cdot 60 \approx 24{,}85$ ist

$$\frac{577}{408} = 1 + \frac{24}{60} + \frac{29}{2040}.$$

Fährt man so fort, findet man

$$\frac{577}{408} = 1 + \frac{24}{60} + \frac{51}{60^2} + \frac{10}{60^3} + \frac{1}{367200}.$$

Kapitel 4

Aufgabe 4.1: Von den drei Punkten A, B, C liegen mindestens zwei auf einer Seite der Geraden. Die Dreiecksseite zwischen diesen beiden Punkten wird von der Geraden nicht geschnitten.

Aufgabe 4.2: In diesem Fall erhält man das Bild auf S. 7, das schon Sokrates dem Sklaven Menons gezeigt hat. Auch der Satz des Pythagoras läuft in diesem Fall auf die Quadratverdopplung $2a^2 = c^2$ hinaus.

Aufgabe 4.3: Die Punkte H, C und K sind kollinear, da $\sphericalangle HCK = \sphericalangle HCA + \sphericalangle ACB + \sphericalangle BCK = 45° + 90° + 45° = 180°$ ist.

Da man das obere Viereck HIKL durch Spiegeln des Vierecks HKBA an der Geraden HK erhält, schneiden sich AB und IL auf der Spiegelachse HK.

Endlich sind AI und BL parallel, weil sie senkrecht auf die Gerade HK stehen.

Aufgabe 4.4: Das große Quadrat hat einerseits den Flächeninhalt c^2, andererseits besteht es aus vier rechtwinkligen Dreiecken, deren Flächeninhalt zusammen $2ab$ ist, und dem kleinen Quadrat mit Flächeninhalt $(b - a)^2 = b^2 - 2ab + a^2$. Also ist $c^2 = 2ab + b^2 - 2ab + a^2 = a^2 + b^2$.

Aufgabe 4.5: Das linke Quadrat hat Flächeninhalt c^2, die rechte Figur, die durch geeignetes Verschieben der Teile entstanden ist, besteht aus den beiden Quadraten mit Flächen a^2 und b^2. Dabei liegen die drei unteren Punkte in der rechten Figur auf einer Geraden wegen $\alpha + 90° + beta = 180°$.

Aufgabe 4.6: Das obere Viereck besteht aus dem rechtwinkligen Dreieck und den beiden halben Quadraten über den Katheten, das untere aus dem halben Quadrat über der Hypotenuse und zwei Teilen, die zusammen das rechtwinklige Dreieck ergeben. Also folgt $\frac{1}{2}a^2 + \frac{1}{2}b^2 = \frac{1}{2}c^2$, und Multiplikation mit 2 ergibt den Satz des Pythagoras. Der Nachweis, dass die beiden Vierecke kongruent sind, ist zwar etwas mühsam, aber nicht wirklich schwer.

Aufgabe 4.7: Dreht man das Viereck um 90° im Uhrzeigersinn, wandert der Winkel in A nach F, ist also gleich 45°. Also ist AN die Winkelhalbierende des rechten Winkels in A.

Zum Beweis der zweiten Behauptung betrachtet man die Winkelsumme im Dreieck AGZ. Es ist $\sphericalangle ZAG = 45°$, $\sphericalangle BGZ = 45°$, folglich ergänzen sich $\sphericalangle AZG$ und $\sphericalangle BGA$ zu 90°. Aber auch $\sphericalangle ABG + \sphericalangle BGA = 90°$, und die Behauptung folgt.

Aufgabe 4.8: Dieser Beweis ist im Wesentlichen der gleiche wie derjenige von Nairizi (Aufgabe 4.5).

Aufgabe 4.9: Hier zerlegt man ein Quadrat mit Kantenlänge 5 und findet folgende „Zerlegung", die auf $5^2 = 3 \cdot 8 + 1$ beruht anstatt auf $8^2 = 5 \cdot 13 - 1$:

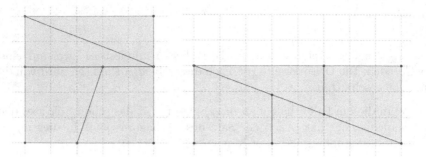

Aufgabe 4.10: Dies ist, wie gesagt, im Wesentlichen der euklidische Beweis. Die „Scherung", welche das untere Rechteck in ein Parallelogramm verwandelt, ändert den Flächeninhalt ebenso wenig wie die „Verschiebung" nach oben und die anschließende Scherung, die das Parallelogramm in das Quadrat verwandelt.

Aufgabe 4.11: Fasst man die Figur als Trapez auf, so ist der Flächeninhalt gleich $\frac{a+b}{2} \cdot (a + b) = \frac{1}{2}(a + b)^2$. Auf der andern Seite besteht das Trapez aus zwei rechtwinkligen Dreiecken und einem halben Quadrat, hat also Flächeninhalt $ab + \frac{1}{2}c^2$. Die binomische Formel erledigt den Rest.

   Zu zeigen ist, dass die linke Seite auf einer Geraden liegt, und dass die untere und die obere Seite parallel sind. Dies funktioniert wie immer durch Ausnutzen der rechten Winkel und der Winkelsumme im Dreieck.

Aufgabe 4.12: Nach Pythagoras und der binomischen Formel ist

$$p^2 + h^2 = a^2,$$
$$q^2 + h^2 = b^2,$$
$$a^2 + b^2 = c^2 = (p + q)^2 = p^2 + 2pq + q^2.$$

Addieren und Vereinfachen liefert $h^2 = pq$.

Aufgabe 4.13: Wenn der Lotfußpunkt F von C in einem Dreieck ABC die Grundseite AB in die Abschnitte p und q teilt, dann folgt aus $h^2 = pq$, dass das Dreieck rechtwinklig ist.

Aufgabe 4.14: Da die Diagonale AC das Parallelogramm ABCD halbiert, sind die folgenden Flächen gleich:

$$ABC = ADC, \quad AES = AHS, \quad CFS = CGS.$$

Daraus folgt, dass auch die Differenzflächen $EBFS = ABC - AES - CFS$ und $HSGD = ADC - AHS - CGS$ gleich sind.

   Angewandt auf das Rechteck im rechten Diagramm liefert dieser Satz sofort $h^2 = pq$.

Aufgabe 4.15: Schneidet man das linke Dreieck ab und fügt es rechts an, wird aus dem Parallelogramm ein Rechteck mit Grundseite g und Höhe h.

Aufgabe 4.16: Ist ein Parallelogramm mit „zu kleiner" Grundseite g gegeben, kann man natürlich g und h einfach vertauschen. Eine zweite Möglichkeit ist, den Beweis erst wie in Aufgabe 4.15 zu führen für Parallelogramme, deren Grundseite so groß ist, dass nicht beide Höhen außerhalb des Parallelogramms liegen, und dann den Beweis für Parallelogramme mit kleiner Grundseite g und Höhe h dadurch zu führen, dass man an das kleine Parallelogramm ein großes mit hinreichend langer Grundseite g_1 und derselben Höhe anfügt. Dann gilt der erste Beweis für die beiden Parallelogramme mit Grundseite g_1 und $g + g_1$, und dann nach Bildung der Differenz auch für das kleine.

Es gibt auch einen Zerschneidungsbe-weis, der ohne Hilfsparallelogramm aus-kommt; die nebenstehende Skizze sollte die Idee deutlich machen.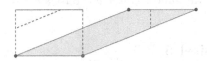

Aufgabe 4.17: Im rechtwinkligen Dreieck ist

$$(s - a)(s - b) = \frac{c + b - a}{2} \cdot \frac{c + a - b}{2} = \frac{c^2 - a^2 - b^2 + 2ab}{4} = \frac{ab}{2},$$

sowie

$$s(s - c) = \frac{a + b + c}{2} \cdot \frac{a + b - c}{2} = \frac{a^2 + 2ab + b^2 - c^2}{4} = \frac{ab}{2}.$$

Aufgabe 4.18: Denkt man sich $(2 + \sqrt{3})^k$ ausmultipliziert und fasst man die ganzen Zahlen und die Vielfachen von $\sqrt{3}$ zusammen, schreibt also $(2 + \sqrt{3})^k = m_k + n_k\sqrt{3}$, dann erhält man, wenn man $(2 - \sqrt{3})^k = m + n\sqrt{3}$ schreibt, sofort $m = m_k$ (bei den geraden Hochzahlen ändert sich nichts) und $n = -n_k$ (bei den ungeraden Hochzahlen überlebt immer ein Vorzeichen). Also ist $(2 - \sqrt{3})^k = m_k - n_k\sqrt{3}$.

Nach den Potenzgesetzen ist nun

$$m_k^2 - 3n_k^2 = (m_k + n_k\sqrt{3})(m_k - n_k\sqrt{3}) = (2 + \sqrt{3})^k(2 - \sqrt{3})^k$$
$$= [(2 + \sqrt{3})(2 - \sqrt{3})]^k = 1^k = 1.$$

Die angegebenen Gleichungen erhält man leicht aus

$$m_{k+1} + n_{k+1}\sqrt{3} = (2 + \sqrt{3})^{k+1} = (2 + \sqrt{3})^k \cdot (2 + \sqrt{3})$$
$$= (m_k + n_k\sqrt{3})(2 + \sqrt{3}) = (2m_k + 3n_k) + (m_k + 2n_k)\sqrt{3}.$$

Dabei haben wir stillschweigend benutzt, dass $\sqrt{3}$ irrational ist: Aus $a + b\sqrt{3} = c + d\sqrt{3}$ haben wir nämlich geschlossen, dass $a = c$ und $b = d$ gilt. Aber aus $a + b\sqrt{3} = c + d\sqrt{3}$ folgt erst einmal nur $a - c = (d - b)\sqrt{3}$. Wäre $d \neq b$, so würde daraus $\sqrt{3} = \frac{a-c}{d-b}$ folgen, was der Irrationalität von $\sqrt{3}$ aber widerspricht.

Aufgabe 4.19: 1. Der Ausdruck unter der Wurzel hat die Einheit der vierten Potenz einer Längeneinheit, die Wurzel also die Einheit einer Fläche.

2. Das ist die *Dreiecksungleichung*: Damit es ein Dreieck mit den Seitenlängen a, b, c gibt, muss $a + b > c$, $b + c > a$ und $c + a > b$ sein.

3. Vertauschen von a, b und c ändert an der Formel nur die Reihenfolge der Faktoren.

4. Ist $a = b = c$, also $s = \frac{3}{2}a$ und $s - a = \frac{1}{2}a$, so liefert Herons Formel $A = \frac{a}{4}\sqrt{3}$, was mit der üblichen Formeln $A = \frac{1}{2}gh$ übereinstimmt. Ist nur $a = b$, das Dreieck also gleichschenklig, so ist $s = a + \frac{c}{2}$, $s - a = s - b = \frac{c}{2}$, sowie $s - c = a - \frac{c}{2}$. Herons Formel liefert also $A = \frac{c}{2}\sqrt{a^2 - \frac{c^2}{4}}$; da der Wurzelausdruck nach Pythagoras genau die Höhe auf c beschreibt, stimmt dies mit der gewöhnlichen Formel überein.

5. Im Falle von $a + b = c$ ist $s - c = \frac{a+b-c}{2} = 0$, also auch $A = 0$.

Kapitel 5

Aufgabe 5.1: Wenn in der angegebenen Figur $BD : DA = CE : EA$ ist, dann sind BC und DE parallel.

Aufgabe 5.2: Um den Abstand eines Punktes $P(a|b)$ von der Geraden $g : y = mx + c$ zu bestimmen, stellt man die Lotgerade ℓ zu g durch P auf. Deren Steigung ist $m' = -\frac{1}{m}$, die Gleichung daher $\ell : y = -\frac{1}{m}(x - a) + b$. Schneiden von g und ℓ liefert $(m + \frac{1}{m})x = \frac{1}{m}a + b - c$, also nach Beseitigen des Nenners und Auflösen nach x und Einsetzen von x in die Geradengleichung

$$x = \frac{a + mc - mb}{m^2 + 1}, \quad y = \frac{m^2 b + ma + c}{m^2 + 1}.$$

Für den Abstand des durch diese Koordinaten gegebenen Lotfußpunkts von P ergibt sich damit

$$d = \sqrt{(x - a)^2 + (y - b)^2} = \frac{|ma + c - b|}{\sqrt{m^2 + 1}},$$

wobei der Betrag von der Identität $\sqrt{z^2} = |z|$ herrührt und die Rechnung durch die Beobachtung vereinfacht wird, dass man aus $x - a$ und $y - b$ den Faktor $\frac{ma+c-b}{m^2+1}$ ausklammern kann.

Aufgabe 5.3: Die Steigung der Geraden AP ist $m_1 = \frac{y_P - y_A}{x_P - x_A} = \frac{y}{x+a}$, die von BP gleich $m_2 = \frac{y}{x-a}$. Diese stehen senkrecht aufeinander genau dann, wenn $-1 = m_1 m_2 = \frac{y^2}{x^2 - a^2}$ ist, was zu $-(x^2 - a^2) = y^2$ und damit zur Kreisgleichung $x^2 + y^2 = a^2$ (mit Mittelpunkt $O(0|0)$ und Radius a) äquivalent ist.

Aufgabe 5.4: Der Beweis funktioniert nur, wenn alle vier Geraden eine endliche Steigung haben; er geht also schief, wenn Tangente oder Normale Steigung 0 haben, also für die Punkte $(\pm r|0)$ und $(0|\pm r)$.

Aufgabe 5.6: Wir haben schon gesehen, dass die Sichtweite w bis zum Horizont näherungsweise gegeben ist durch $w^2 = 2Rh$, also durch

$$w = \sqrt{2R} \cdot \sqrt{h} = \frac{\sqrt{2R}}{\sqrt{1000}} \cdot \sqrt{h},$$

wenn R in km und h in m gemessen wird. Einsetzen von $R \approx 6400$ km liefert eine Sichtweite $w \approx 3,6\sqrt{h}$.

Bei zwei Leuchttürmen der Höhe h_1 bzw. h_2 kann man, wie eine Skizze schnell zeigt, die Sichtweiten einfach addieren.

Aufgabe 5.7: Auch hier zeigt man, dass die Dreiecke ADP und CBP ähnlich sind. Nach dem Satz über den Umfangswinkel ist nämlich $\sphericalangle ABC = \sphericalangle ACD$, also gilt auch $\sphericalangle CBP = \sphericalangle ADP$. Der Strahlensatz liefert dann das Gewünschte.

Aufgabe 5.8: Eine direkte Anwendung des Sehnensatzes liefert mit den üblichen Bezeichnungen

$$pq = \overline{PA} \cdot \overline{PB} = \overline{PC}^2 = h^2,$$

also den Höhensatz.

Setzt man $\overline{PA} = x$ und $\overline{OA} = r$, so ist weiter

$$h^2 = pq = \overline{PA} \cdot \overline{PB} = (r + x)(r - x) = r^2 - x^2,$$

also $x^2 + h^2 = r^2$; das ist der Satz des Pythagoras für das rechtwinklige Dreieck QPC. Dieser Beweis stammt wohl von E. García Quijano [68] und findet sich auch bei Wilhelm Wenk, Archimedes 3 (1962), S. 43.

Kapitel 6

Aufgabe 6.1: Proposition I.1 ist die Konstruktion des gleichseitigen Dreiecks, die wir im Text behandelt haben. Proposition I.2 gibt die Übertragung einer Strecke an einen anderen Punkt (auch hier lässt Euklid das Hilfsmittel eines festgestellten Zirkels nicht zu). Proposition I.3 zeigt, wie man zwei Strecken zeichnerisch voneinander subtrahiert. Proposition I.4 ist der erste Kongruenzsatz: Zwei Dreiecke, die in zwei Seiten und dem eingeschlossenen Winkel übereinstimmen, sind kongruent. Proposition I.5 ist endlich ein Satz von Thales, wonach gleichschenklige Dreiecke gleiche Basiswinkel besitzen.

Aufgabe 6.2: Da die Dreiecke AIY und AIZ dieselben Winkel haben (Stichwort Winkelhalbierende und rechte Winkel) und die Seite AI beiden Dreiecken gemeinsam ist, sind sie kongruent, und es folgt $\overline{AY} = \overline{AZ}$.

Dass $y + z = a$, $z + x = b$ und $x + y = c$ ist, ist klar. Ebenso folgt nach Addition dieser Gleichungen und Division durch 2, dass $x + y + z = s$ ist. Eliminiert man z aus den ersten beiden Gleichungen, erhält man $y - x = a - b$; subtrahiert man diese Gleichung von der zweiten, folgt $x = \frac{b+c-a}{2}$.

Die Formel für den Flächeninhalt erhält man, wenn man das Dreieck ABC in die drei Teildreiecke AIB, BIC und CIA zerlegt.

Aufgabe 6.3: Da Höhen senkrecht stehen, sind die Dreiecke ARL_A und BRL_B ähnlich, wobei L_A, L_B und L_C die Lotfußpunkte von A, B und C auf der Geraden RQ bezeichnen. Die Behauptung folgt jetzt durch Multiplikation der Gleichungen

$$\frac{\overline{AR}}{\overline{RB}} = \frac{h_a}{h_b}, \qquad \frac{\overline{BP}}{\overline{PC}} = \frac{h_b}{h_c}, \qquad \frac{\overline{CQ}}{\overline{QA}} = \frac{h_c}{h_a}.$$

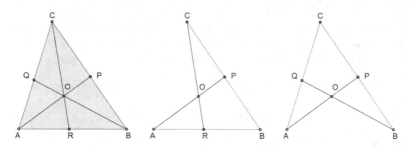

Wendet man den Satz des Menelaos einmal auf das Dreieck ABP und die Geraden ROC, und dann auf das Dreieck APC und die Gerade BOQ an, so folgt

$$\frac{\overline{CP}}{\overline{CB}} \cdot \frac{\overline{RB}}{\overline{RA}} \cdot \frac{\overline{OA}}{\overline{OP}} = 1 \quad \text{und} \quad \frac{\overline{BC}}{\overline{BP}} \cdot \frac{\overline{QA}}{\overline{QC}} \cdot \frac{\overline{OP}}{\overline{OA}} = 1.$$

Multiplikation dieser Gleichungen liefert nach Kürzen den Satz von Ceva:

$$\frac{\overline{PC}}{\overline{PB}} \cdot \frac{\overline{QA}}{\overline{QC}} \cdot \frac{\overline{RB}}{\overline{RA}} = 1,$$

Aufgabe 6.4: Offenbar sind folgende Aussagen gleichbedeutend:
a) Die Geraden AY, BZ und CX schneiden sich in einem Punkt.
b) Der Flächeninhalt des inneren Dreiecks ist 0.
c) Es ist $xyz = 1$, also $\frac{x}{1} \cdot \frac{y}{1} \cdot \frac{z}{1} = 1$.

Aufgabe 6.5: Da sich die Seitenhalbierenden im Verhältnis 1 : 2 teilen, hat das Dreieck BMS die halbe Grundseite und nach dem Strahlensatz ein Drittel der Höhe des Dreiecks ABC, folglich ist $F_{BMS} = \frac{1}{6} F_{ABC}$. Aus dem gleichen Grund ist $F_{ANS} = \frac{1}{6} F_{ABC}$. Weiter folgt nach demselben Argument $F_{ABS} = \frac{1}{3} F_{ABC}$, sodass sich endlich auch $F_{CMSN} = \frac{1}{3} F_{ABC}$ ergibt.

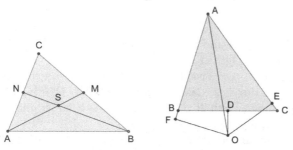

Aufgabe 6.6: In einer korrekten Zeichnung (s. oben rechts) liegt der Schnittpunkt O außerhalb des Dreiecks.

C. Zeittafel

Die folgende Tabelle soll eine kleine Übersicht über die Entwicklung der Ursprünge der Mathematik geben. Die Publikation von Fibonaccis *Liber abaci*, in dem das Rechnen mit den neuen „arabischen" Ziffern in Europa gelehrt wurde, markiert den Beginn einer neuen Epoche: Europa lernte danach über die Araber die griechischen Manuskripte kennen, was zu einer „Wiedergeburt" (Renaissance) der klassischen Werke führte.

Der dunkle Teil des Mittelalters war damit in der Wissenschaft vorbei, auch wenn es noch etwas dauern sollte, bis die Mathematik durch Cardano, Fermat, Descartes und andere wesentlich über die klassische griechische Mathematik hinaus erweitert wurde (darauf soll an anderer Stelle genauer eingegangen werden); in der Gesellschaft dauerte der Prozess um einiges länger: Ich verweise nur auf die Stichworte Leibeigenschaft, Inquisition, Hexenprozesse und Sklaverei. In welche Richtung wir heute gehen ist alles andere als klar. Die westliche „Führungsmacht" hat die Folter wieder in die Gerichtsbarkeit eingeführt (bisher nur für Leute ohne US-amerikanischen Pass) und vollstreckt Todesurteile des Präsidenten (der mit dem Friedensnobelpreis) ohne vorherigen Gerichtsprozess und auf dem Boden fremder und souveräner Staaten. Wenn es möglich ist, aus der Geschichte zu lernen, dann wäre jetzt ein guter Zeitpunkt, damit zu beginnen.

Wo wir schon bei der Geschichte sind: aus der Masse der Angebote im Netz möchte ich an dieser Stelle eine Seite herausheben, auf der man sich schnell einen ersten Überblick über die geschichtliche Entwicklung der Mathematik verschaffen kann, von den Anfängen bei Babyloniern, Ägyptern und Griechen bis hin zu einigen Mathematikern des 20. Jahrhunderts wie Kurt Gödel und Alexander Grothendieck, nämlich „Planet Schule":

`http://www.planet-schule.de`

Dort findet man Videos über die Mathematik in der Antike (Sendung 8342), in China, Indien und im Orient (Sendung 8343), in Europa nach Fermat und Descartes bis hin zu Riemann (Sendung 8344), sowie über neuere Entwicklungen im 20. Jahrhundert (Sendung 8345).

Zeittafel

Jahr	Ereignis
3000 v.Chr.	Die Ägypter benutzen Hieroglyphen zur Darstellung von Zahlen, die Babylonier führen das Sexagesimalsystem ein
2560 v.Chr.	Vollendung der Cheopspyramide
2500 v.Chr.	Mammuts sterben aus
2200 v.Chr.	Stonehenge
2000 v.Chr.	Die Babylonier lösen Aufgaben, die auf quadratische Gleichungen führen
1850 v.Chr.	Die Babylonier kennen den Satz des Pythagoras
1800 v.Chr.	Die Phönizier entwickeln das erste Alphabet
1700 v.Chr.	Der Schreiber Ahmes fertigt den Rhind-Papyrus an
720 v.Chr.	Homer schreibt die *Ilias* und die *Odyssee*
570 v.Chr.	Thales bringt babylonisches und ägyptisches Wissen nach Griechenland
530 v.Chr.	Pythagoras zieht nach Kroton
509 v.Chr.	Athen führt die Demokratie ein
425 v.Chr.	Theodorus beweist die Irrationalität von Quadratwurzeln ($\sqrt{3}$, $\sqrt{5}$, etc.)
399 v.Chr.	Sokrates wird hingerichtet
378 v.Chr.	Platon gründet die Akademie in Athen; zu seinen bekanntesten Schülern und Kollegen gehört Aristoteles
360 v.Chr.	Eudoxos entwickelt die Ausschöpfungsmethode zur Berechnung von Flächen und Volumina
300 v.Chr.	Euklid veröffentlicht seine *Elemente*
290 v.Chr.	Aristarch bestimmt den Abstand von Mond und Sonne zur Erde
250 v.Chr.	Archimedes bestimmt Oberfläche und Volumen der Kugel
235 v.Chr.	Eratosthenes bestimmt den Erdumfang
225 v.Chr.	Appolonius schreibt seine Bücher über Kegelschnitte
212 v.Chr.	Ein römischer Soldat erschlägt Archimedes bei der Eroberung von Syrakus
200 v.Chr.	In China erscheint das Werk *Mathematik in neun Büchern*
146 v.Chr.	Die Römer erobern Griechenland
47 v.Chr.	Die Römer marschieren in Alexandria ein; Teile der Bibliothek verbrennen
150 n.Chr.	Ptolemäus schreibt Bücher über Astronomie und Mathematik
250 n.Chr.	Die Maya entwickeln ein Zahlensystem, das auf der 20 aufgebaut ist Diophant schreibt seine *Arithmetika* über „diophantische Gleichungen"
500 n.Chr.	Der Inder Aryabhata I berechnet die Näherung 3,1416 für π
628 n.Chr.	Der Inder Brahmagupta benutzt die 0 und negative Zahlen im Dezimalsystem
800 n.Chr.	Arabische Mathematiker beginnen mit der Übersetzung griechischer Werke
830 n.Chr.	Al-Khwarizmi schreibt seine *Algebra*
1088 n.Chr.	Die erste europäische Universität wird in Bologna gegründet
1140 n.Chr.	Der Inder Bhaskara II schreibt Bücher über zahlentheoretische Probleme
1150 n.Chr.	Die „arabischen Ziffern" (ursprünglich aus Indien) tauchen erstmals im westlichen Europa auf
1200 n.Chr.	Fibonacci schreibt sein *Liber Abaci* über das Rechnen mit den „arabischen Ziffern"

Literatur

1. K. Doehlemann, *Georg von Vega*, Z. Math. Phys. **39** (1894), 204–211; s. S. 76

2. R.L. Eisenman, *An easy way from a point to a line*, Math. Mag. **42** (1969), 40–41; s. auch [95, S. 40]; s. S. 119

3. D.L. Goodstein, J.R. Goodstein (Hrsg.), *Feynman's lost lecture. The motion of planets around the sun*, Norton & Company, 2000; s. S. vii

4. R. Honsberger, *Episodes in nineteenth and twentieth century Euclidean geometry*, MAA 1995; s. S. 133

5. J. Hynes, *Question 331*, Mathematical Repository IV (1819); s. S. 33

6. R. Kaender, *Von Wiskunde und Windmühlen: Über den Mathematikunterricht in den Niederlanden*, Hauptvortrag GDM-Tagung in Oldenburg, GDM WTM-Verlag Münster, 2009; s. S. v

7. L. Lafforgue, L. Lurçat (Hrsg.), *La débacle de l'école: une tragédie incomprise*, Guibert 2007; s. S. v

8. E. Panke, Archimedes, Jan./Febr. 1952; s. S. 51

9. L. Profke, *Grundlagen der Schulgeometrie*, online verfügbar auf http://www.inst.uni-giessen.de/math-didaktik/profke.htm; s. S. 155

10. R. Ryden, *Astronomical Math*, Math. Teacher Dec. 1999, 786–792; s. S. 10, 11

11. E. de Shallit, *A traditional perspective*, in *Controversial issues in K-12 mathematical education*, Proceedings ICM 2006, 1651–1659; s. S. 61

12. Th. Sonar, *Der langsame Tod der Analysis. Eine Begräbnisrede*, Mathematik-Information **57**; online verfügbar auf http://www.mathematikinformation.info/pdf2/MI57Sonar.pdf; s. S. 145

13. A. Ungnad, *Die Religion der Babylonier und Assyrer*, Jena 1921; s. S. 38

14. M. van Veenendaal, *Introduction to classical mechanics and electricity and magnetism*, online verfügbar auf www.niu.edu/~veenendaal/p252.pdf; s. S. 131

15. P. Yiu, *Euclidean Geometry*; online verfügbar auf http://math.fau.edu/yiu/EuclideanGeometryNotes.pdf; s. S. 158

Wurzelziehen

16. R. Dedekind, *Stetigkeit und irrationale Zahlen*, Braunschweig 1872; 2. Aufl. 1892; 3. Aufl. 1905; 4. Aufl. 1912; 5. Aufl. 1927; s. S. 34

17. G. Deslauriers, S. Dubuc, *Le calcul de la racine cubique selon Héron*, Elem. Math. **51** (1996), 28–34; s. S. 73

18. M. Gardner, *The square root of two* = 1.41421 35623 73095 . . ., Math Horizons, April 1997, 5–8; s. S. 21, 34

19. H. Heilermann, *Bemerkungen zu den Archimedischen Näherungswerten der irrationalen Quadratwurzeln*, Zeitschrift f. Math. u. Phys. **26** (1881), 121–126; s. S. 75

20. R. Hoshino, *Discovering the human calculator in you*, Crux Math. **25**, March 1999, 95–99; s. S. 80

21. F. Jarvis, *Square roots by subtraction*, Applied probability trust 2005; online auf `http://www.afjarvis.staff.shef.ac.uk/maths/`; s. S. 82

22. C. Moler, D. Morrison, *Replacing square roots by Pythagorean sums*, IBM J. Res. Develop. **27** (1983), 577–581; s. S. 83

23. H.-J. Schmidt, *In alten Formelsammlungen geblättert: über eine Näherungs-formel zum Wurzelziehen*, alpha **24** (1990), 62–63; s. S. 77

24. S.A. Shirali, *The Bhakshali Square Root Formula*, Resonance, Sept. 2012, 884–894; s. S. 74, 75

25. G. Vega, *Logarithmische, trigonometrische und andere zum Gebrauch der Mathematik eingerichtete Tafeln und Formeln*, Wien 1783; s. S. 77

26. G. Wertheim, *Über die Ausziehung der Quadrat- und Kubikwurzel bei Heron von Alexandria*, Zeitschr. Math. Naturwiss. Unterricht **30** (1899), 253–254; s. S. 73

Feynmans Dreieck

27. J.M. Ash, M.A. Ash, P.F. Ash, *Constructing a quadrilateral inside another one*, Math. Gazette **93** (2009), 522–532; arxive 0704.2716; s. S. 164

28. Th. Clausen, *Geometrische Sätze*, J. Reine Angew. Math. **3** (1828), 196–198; s. S. 162

29. R.J. Cook, G.V. Wood, *Feynman's triangle*, Math. Gaz. **88** (2004), 299–302; s. S. 162

30. A.S.B. Holland, *Concurrencies and areas in a triangle*, Elemente der Mathematik **22** (1967), 49–55; s. S. 162

31. W. Johnston, Math. Teacher **85**, Feb. 1992, S. 89, 92; s. S. 161

32. R. Mabry, *Crosscut convex quadrilaterals*, Math. Mag. **84** (2011), 16–25; s. S. 162

33. I. Niven, *A New Proof of Routh's Theorem*, Mathematics Magazine **49** (1976), 25–27; s. S. 162

34. J. Satterly, *The Nedians of a plane triangle*, Mathematics Teacher Jan. **44** (1951), 46–48; s. auch 310–312, 496–497, 559–560; s. S. 162

35. J. Scheffer, *On the ratio of the area of a given triangle to that of an inscribed triangle*, The Analyst **8** (1881), 173–174; s. S. 162

36. J. Steiner, *Bemerkungen zu der zweiten Aufgabe in der Abhandlung No. 17 in diesem Hefte*, J. Reine Angew. Math. **3** (1828), 201–204; s. S. 162

37. M. de Villiers, *Feedback: Feynman's triangle*, Math. Gaz. **89** (2005), 107; s. S. 162

Klassiker

38. Aristoteles, *Prior analytics*; siehe *Selections illustrating the history of Greek mathematics. I. From Thales to Euclid*, Englische Übersetzung von Ivor Thomas, Cambridge MA, 1991; s. S. 21

39. A. Einstein, *Albert Einstein als Philosoph und Naturforscher* (P.A. Schilpp, Hrsg.), Vieweg 2013; s. S. 143

40. L. Euler, *Correspondence of Leonhard Euler with Christian Goldbach*, Opera Omnia (IV A), herausgegeben von F. Lemmermeyer und M. Mattmüller, Birkhäuser 2015; s. S. 109

41. P. Fermat, *Œuvres de Fermat, publiées par les soins de MM. Paul Tannery et Charles Henry*, Paris, 1891–1922; s. S. 19

42. C.F. Gauß, *Werke*, Springer-Verlag 1924–1929; s. S. 159

43. T.L. Heath (Hrsgb.), *The Thirteen Books of the Elements*, vol. 1, Cambridge Univ. Press 1968; s. S. 89

44. Multatuli, *Verzameld Werk van Multatuli*, Amsterdam 1888; s. S. 116

45. Platon, *Sämtliche Werke*, Drei Bände, Verlag Lambert Schneider, Berlin; s. S. 3

46. C. Thaer, *Die Elemente von Euklid*, Verlag Harri Deutsch, 2005; s. S. 64, 144, 149

Eine der wenigen deutschen Ausgaben von Euklids Elementen, die auch heute noch erhältlich ist.

Geschichte der Mathematik

47. H.-W. Alten, A. Djafari Naini, M. Folkerts, H. Schlosser, K.-H. Schlote, H. Wußing, *4000 Jahre Algebra*, Springer-Verlag 2003; s. S. 38

48. B. Artmann, *Euclid. The Creation of Mathematics*, Springer-Verlag 1999; s. S. 149

49. J. Friberg, *A remarkable collection of Babylonian mathematical texts*, Springer-Verlag 2007; s. S. 41

50. L.V. Gurjar, *Ancient Indian Mathematics and Vedha*, Poona, 1947; s. S. 74, 87

51. F. Hidetoshi, T. Rothman, *Sacred Mathematics. Japanese Temple Geometry*, Princeton Univ. Press 2008; s. S. 137

52. G. Ifrah, *Universalgeschichte der Zahlen*, Frankfurt 1991; s. S. 53

53. A.P. Juschkewitsch, *Geschichte der Mathematik im Mittelalter*, Teubner 1964; s. S. 138

54. S.N. Kramer, *Schooldays: a Sumerian composition relating to the education of a scribe*, J. Amer. Oriental Soc. **69** (1949), 208; s. S. 44

55. J. Lehmann, *So rechneten Griechen und Römer*, Urania Verlag 1994; s. S. 38

56. J. Lehmann, *So rechneten Ägypter und Babylonier*, Urania Verlag 1994; s. S. 38

Diese beiden vorzüglichen Büchlein waren als die ersten Bände einer sechsteiligen Reihe geplant, von denen der nächste Band über Chinesen, Inder und Araber wohl bereits geschrieben war, als der Autor verstarb. Der Verlag hat ebenfalls nicht überlebt, und die Manuskripte sind inzwischen verschollen.

57. P. Mäder, *Mathematik hat Geschichte*, Metzler 1992; s. S. 38

Ein „Schulbuch", in dem man zu einigen Themen der Schulmathematik Geschichtliches findet.

58. A. Ostermann, G. Wanner, *Geometry by its history*, Springer-Verlag 2012; s. S. 155

Eine deutsche Übersetzung soll 2015 erscheinen.

59. J. Tropfke, *Geschichte der Elementar-Mathematik*, de Gruyter Berlin, 1940; s. S. 163

Die Bücher über die Geschichte der Elementarmathematik von Johannes Tropfke enthalten eine Unmenge von Informationen, die man anderswo (auch im Internet) nicht findet.

60. P.S. Rudman, *The Babylonian Theorem*, Prometheus Books, 2010; s. S. 38

61. C.J. Scriba, P. Schreiber, *5000 Jahre Geometrie*, Springer-Verlag 2005; s. S. 38

62. Th. Sonar, *3000 Jahre Analysis*, Springer-Verlag 2011; s. S. 38

63. A. Szabo, *Entfaltung der griechischen Mathematik*, BI 1994; s. S. 23

64. H. Wußing, *6000 Jahre Mathematik. 1. Von den Anfängen bis Leibniz und Newton*, Springer-Verlag 2008; s. S. 37, 38

65. H. Wußing, *6000 Jahre Mathematik. 2. Von Euler bis zur Gegenwart*, Springer-Verlag 2008; s. S. 38

Pythagoras

66. H. v. Baravalle, *A dynamic proof in a succession of five steps*, Scripta Math. **13** (1947), 186; s. auch N.C.T.M. **18** (1945), 80–81; s. S. 99

67. H. v. Baravalle, *A model for demonstrating the Pythagorean theoem*, Scripta Math. **16** (1950), 203–207; s. S. 99

68. E. García Quijano, *Demostración de un teorema de Geometría elemental*, Periódico mensual de Ciencias Matemáticas y Físicas, **1** (1848), 26–28; s. S. 183

69. J. A. Garfield, *Pons Asinorum*, New England J. Educ. **3** (1876), 161; s. S. 100

70. L. Hoehn, *A neglected Pythagorean-like formula*, Math. Gaz. **84** (2000), 71–73; s. S. 141

71. Josef Ignaz Hoffmann, *Der Pythagorische Lehrsatz mit zwey und dreysig theils bekannten, theils neuen Beweisen*, Mainz 1821; s. S. 91

72. R. Kaplan, E. Kaplan, *Hidden Harmonies. The live and times of the Pythagorean Theorem*, Bloomsbury Press 2011; s. S. 44, 89

73. F. Lemmermeyer, *Leonardo da Vinci's Proof of the Theorem of Pythagoras*, Coll. J. Math., eingereicht; s. S. 91

74. W. Lietzmann, *Der Pythagoreische Lehrsatz*, Teubner, 6. Aufl. 1951; s. S. 89, 103

75. E.S. Loomis, *Another proof of the Pythagorean theorem*, Amer. Math. Monthly **8** (1901), 233; s. S. 132

76. E.S. Loomis, *The Pythagorean Proposition*, 1940; s. S. 89

Dies ist eine ausführliche Sammlung von Hunderten von Beweisen des Satzes von Pythagoras.

77. E. Maor, *The Pythagorean Theorem, a 4000-year history*, Princeton Univ. Press 2007; s. S. 89, 112

Ein sehr schönes und äußerst lesenswertes Buch über den Satz des Pythagoras.

78. F.L. Sawyer, *The Pythagorean Theorem*, Amer. Math. Monthly **8** (1901), 258; s. S. 133

79. J.C. Sparks, *The Pythagorean Theorem, Crown Jewel of Mathematics*, Ohio, 2008; s. S. 89

80. F.J. Swetz, T.I. Kao, *Was Pythagoras Chinese?*, Pennsylvania State Univ. Press 1977; s. S. 137

81. O. Terquem, *Nouveau manuel de Géométrie*, Paris 1838; s. S. 91

Fundgruben

82. Alpha. Mathematische Schülerzeitschrift, Volk und Wissen Berlin; s. S. 80, 114, 140, 164, 165

Diese Schülerzeitschrift für Mathematik war die beste, die Deutschland je zustande gebracht hat. Nach der Wende ging es mit ihr schnell bergab.

83. Girls' Angle Bulletin; online auf `www.girlsangle.org`; s. S. 162

Eine Zeitschrift über Mathematik auf Schulniveau für Mädchen.

84. C. Alsina, R.B. Nelsen, *Bezaubernde Beweise. Eine Reise durch die Eleganz der Mathematik*, Springer-Verlag 2013; engl. Original: *Charming Proofs – A Journey Into Elegant Mathematics*, MAA 2010; s. S. 155

85. J. Casey, *A sequel to the first six books of the Elements of Euclid*, Part I, Dublin 1904; s. S. 109, 110

86. H. Dörrie, *Triumph der Mathematik*, Breslau 1932; 2. Aufl. 1940

Diese hervorragende Sammlung von 100 Problemen mit Lösungen wurde in viele andere Sprachen übersetzt.

Vom gleichen Autor stammt auch eine ganze Reihe von Büchern, von denen jedes Einzelne lesenswert ist.

87. G. Glaeser, *Der mathematische Werkzeugkasten*, 3. Aufl., Spektrum 2008; s. S. 10

Die Pflichtlektüre für alle, die wissen wollen, wie man *elementare Mathematik* z.B. in Biologie und Technik anwenden kann. Inzwischen ist auch die vierte Auflage (2014) erschienen.

88. Xu Jiagu, *Lecture Notes on Mathematical Olympiad Courses*, Mathematical Olympiad Courses vol. 6, World Scientific 2010; s. S. 113

89. I.M. Kipnis, *Aufgabensammlung für Ungleichungen*, Berlin 1964; s. S. 111

90. A.G. Konforowitsch, *Guten Tag, Herr Archimedes*, Berlin 1986; s. S. 35, 79, 86

91. A.G. Konforowitsch, *Logischen Katastrophen auf der Spur*, Fachbuchverlag Leipzig 1990; s. S. 95

92. W. Lietzmann, *Lebendige Mathematik* (1943); 2. Aufl. Physica-Verlag Würzburg 1955; s. S. 79

93. W. Lietzmann, *Altes und Neues vom Kreis*, Teubner 1966; s. S. 117

94. J.G. McLoughlin, *Calendar Problems from the Mathematics Teacher*, NCTM 2002; 2. Aufl. 2006; s. S. 170, 173

95. R.B. Nelsen, *Proofs without words*, MAA 1993; s. S. 115, 136, 187

96. R.B. Nelsen, *Proofs without words II*, MAA 2000; s. S. 89, 111, 164

97. I. Niven *Maxima and Minima without Calculus*, MAA 1981; s. S. 124

98. M. Noack, R. Geretschläger, H. Stocker (Hrsg.), *Mathe mit dem Känguru. Die schönsten Aufgaben von 1995 bis 2005*, Hanser Verlag 2007/2008; s. S. 113, 168

99. G. Polya, *Die Mathematik als Schule des plausiblen Schließens*, Archimedes **8** (1956), 111–114; ursprünglich abgedruckt in „Gymnasium Helveticum"; s. S. 107

100. G. Polya, *Mathematik und Plausibles Schließen. Band I, Induktion und Analogie in der Mathematik*, Birkhäuser, 3. Aufl. 1988; s. S. 107

101. V. Prasolov, *Problems in plane and solid geometry. I. Plane Geometry*, s. S. 141

Diese Sammlung enthält fast 2000 geometrische Probleme.

102. H. Reeker, E. Müller (Hrsg.), *Mathe ist cool! Eine Sammlung mathematischer Probleme*, Cornelsen 2001; s. S. vi, 77

103. J. Tanton, *Mathematics Galore!*, MAA 2012; s. S. 34

Lesenswertes

104. M. Aigner, E. Behrends, *Alles Mathematik. Von Pythagoras bis zum CD-Player*, Vieweg + Teubner 2000; s. S. 32, 57

Aus diesem Buch kann man lernen, wie wenig einem Schulbücher über Anwendungen der Mathematik erzählen, nämlich ziemlich genau gar nichts.

105. F. Court, *Die Asche meiner Mitter. Irische Erinnerungen*, München 1996; s. S. 145

106. R.P. Feynman, *Sie belieben wohl zu scherzen, Mr. Feynman!*, Piper 1991; s. S. 162

107. A. Gardiner, *Mathematical Puzzling*, Dover 1987; s. S. 172

108. M. Gardner, *Mathematische Hexereien*, Ullstein 1965; s. S. 53

109. M. Gardner (Dana Richards, Hrsg.), *The colossal book of short puzzles and problems*, Norton & Company, New York, London 2006; s. S. 171, 172

Zwei typische Gardner. Unterhaltsam verpackte Elementarmathematik.

110. D.R. Hofstadter *Gödel, Escher, Bach. Ein endlos geflochtenes Band*, 18. Auflage, Stuttgart 2008; s. S. 31

Das englische Original erschien 1979, die deutsche Übersetzung 1985, und landete prompt auf Platz 1 der Bestsellerlisten. Es war in den 1980ern ein Buch, das man ebenso gelesen haben musste wie die Trilogie „Herr der Ringe".

111. A.A. Kolosow, *Kreuz und quer durch die Mathematik*, Volk und Wissen 1963; s. S. 58

Hier kann man sehen, wie man in der DDR versucht hat, Mathematik attraktiv zu machen. Diese Bücher sind für junge Leser zwar ein bisschen zu angestaubt, aber hin und wieder findet man darin doch interessante Sachen.

112. R. Netz, W. Noel, *Der Kodex des Archimedes. Das berühmteste Palimpsest der Welt wird entschlüsselt*, Beck 2007; s. S. 1, 12

113. M. du Sautoy, *Die Musik der Primzahlen. Auf den Spuren des größten Rätsels der Mathematik*, dtv 2006; s. S.

Dieses Buch eines echten Mathematikers versucht, den Zusammenhang zwischen Primzahlen und der Riemannschen Zetafunktion ohne Formeln zu erklären, und stellt dabei eine ganze Reihe von Mathematikern des 20. Jahrhunderts und deren Resultate vor.

114. D. Paul, *PISA, Bach, Pythagoras*, Vieweg 2008; s. S. 18, 31, 51

115. D. Paul, *Was ist an Mathematik schon lustig?*, Vieweg + Teubner 2011; s. S. 31

Diese beiden Bücher eines mathematisch angehauchten Kabarettisten erzählen dem Leser ziemlich genau, wo es mit der Bildung unserer Jugend klemmt.

116. B. Russell, *Autobiography*, London 1975; s. S. 144

117. S. Singh, *Fermats letzter Satz: Die abenteuerliche Geschichte eines mathematischen Rätsels*, dtv 2000; s. S. 25

Singhs Klassiker erzählt die Geschichte der Fermatschen Vermutung bis hin zum Beweis durch Wiles und andere.

Sehenswertes

118. Th. F. Banchoff, *Dimensionen. Figuren und Körper in geometrischen Räumen*, Spektrum 1990; s. S. 31

119. G. Glaeser, *Wie aus der Zahl ein Zebra wird. Ein mathematisches Fotoshooting*, Spektrum 2011; s. S. 10, 31, 155

120. G. Glaeser, K. Polthier, *Bilder der Mathematik*, Spektrum 2009; s. S. 10

Die Bücher von Glaeser sind allesamt empfehlenswert. Die beiden hier aufgeführten bestechen vor allem durch ihre Optik.

121. R. Mankiewicz, *Zeitreise Mathematik*, VGS 2000; s. S. 31

In diesem reich bebilderten Buch findet man Abbildungen babylonischer Tontafeln, Ausschnitte aus dem Rhind-Papyrus, arabische und chinesische Manuskripte zum Satz des Pythagoras, und auch Bilder moderner Kunst mit mathematischem Hintergrund.

122. C.A. Pickover, *The MαTH βOOK. From Pythagoras to the 57th Dimension. 250 Milestones in the History of Mathematics*, Sterling, New York, 2009; s. S. 37, 44, 48

Ebenfalls ein reich bebildertes Buch, in dem man mit Genuss schmökern kann.

123. B. Polster, *Schönheit der Mathematik*, Artemis & Winkler 2004; s. S. 31, 89

Ein ganz kleines Büchlein mit diversen mathematischen Leckerbissen.

124. G.A. Sarcone, M.-J. Waeber, *Optische Illusionen. Mit über 150 visuellen Rätseln*, Weltbild 2006 viii

Puzzles

125. M. Gardner, *Mathematics Magic and Mystery*, Dover 1956; s. S. 95

126. M. Gardner, *Mathematical Puzzles of Sam Loyd*, vols. 1 and 2, Dover 1960; s. S. 96

127. M. Gardner, *Mathematical Carnival: A New Round-up of Tantalizers and Puzzles from Scientific American*, New York, 1965

Gardners Bücher über mathematische Rätsel sind absolut empfehlenswerte Klassiker.

128. C. Pearson, *The twentieth century standard puzzle book*, London 1907

129. S. Pickard, *The Puzzle King. Sam Loyd's chess problems and selected mathematical puzzles*, 1996; s. S. 96

130. O. Schlömilch, *Ein geometrisches Paradoxon*, Zeitschrift für Mathematik und Physik **13** (1868), 162; s. S. 96

Mathematische Olympiaden

131. Mathematik-Olympiaden, `http://www.mathematik-olympiaden.de/`

Diese Seite enthält eine Unmenge an Aufgaben aus deutschen Wettbewerben, sowie Hinweise auf die Jahresbände, in denen die Aufgaben mit Lösungen und Kommentaren im Hereus-Verlag publiziert werden.

132. M. Doob, *The Canadian Mathematical Olympiad, 1969–1993*, Canad. Math. Soc. 1993; vgl. auch `http://cms.math.ca/Competitions/CMO/`; s. S. 111, 113, 137

133. M. Kuczma, E. Windischbacher, *Polish and Austrian Mathematical Olympiads 1981–1995*, Australien 1998; s. S. 136

Schulbücher

134. F. Barth, G. Krumbacher, E. Matschiner, K. Ossiander, *Anschauliche Geometrie 2*, Ehrenwirth 1986; s. S. 138, 139

135. F. Barth, G. Krumbacher, E. Matschiner, K. Ossiander, *Anschauliche Geometrie 3*, Ehrenwirth 1988; s. S. 89, 112, 163

136. F. Barth, G. Krumbacher, E. Matschiner, K. Ossiander, *Anschauliche Geometrie 4*, Ehrenwirth 1989; s. S. 113

137. K. Wellnitz *Geometrie der Ebene I*, Mentor Repetitorien Band 5, Berlin-Schöneberg 1953; s. S. 145

138. K. Wellnitz *Geometrie der Ebene II*, Mentor Repetitorien Band 6, Berlin-Schöneberg 1953; s. S. 145

139. K. Wellnitz *Geometrie der Ebene III*, Mentor Repetitorien Band 7, Berlin-Schöneberg 1952; s. S. 145

Namensverzeichnis

Sachverzeichnis